ABITUR

Prüfungsaufgaben mit Lösungen

2014

Physik

Grund- und Leistungskurs
Gymnasium • Gesamtschule
Nordrhein-Westfalen

2009–2013

mit CD-ROM

STARK

ISBN 978-3-8490-0503-0

8. neu bearbeitete und ergänzte Auflage
www.stark-verlag.de

Inhalt

Abiturprüfungsaufgaben 2011

Abiturprüfungsaufgaben 2012

Abiturprüfungsaufgaben 2013

CD-ROM

Zentrale Abiturprüfungsaufgaben Grundkurs

Übungsaufgaben

Jeweils zu Beginn des neuen Schuljahres erscheinen die neuen Ausgaben der Abiturprüfungsaufgaben mit Lösungen.

Vorwort

Liebe Schülerin, lieber Schüler,

Sie haben Physik in Nordrhein-Westfalen als Grund- oder Leistungskurs belegt und planen, in diesem Fach ihr Abitur abzulegen. Für die schriftliche Abiturprüfung in Nordrhein-Westfalen bearbeiten seit 2007 die Schülerinnen und Schüler aller Gymnasien und Gesamtschulen – und seit 2008 auch die der Weiterbildungskollegs – dieselben **zentral gestellten Aufgaben**.

Mit diesem Buch möchten wir Ihnen helfen, sich effektiv auf dieses Zentralabitur vorzubereiten:

- Der Band enthält die **Original-Prüfungsaufgaben** der Jahrgänge 2009 bis 2013 für den **Leistungskurs**.
- Auf der beiliegenden **CD-ROM** finden Sie die **Original-Prüfungsaufgaben** der Jahrgänge 2009 bis 2013 für den **Grundkurs** sowie zusätzliche **Übungsaufgaben**.
- Auf sämtliche Aufgaben folgen **vollständige, kommentierte Lösungsvorschläge** sowie separate **Tipps zum Lösungsansatz**, die Ihnen das selbstständige Lösen der Aufgaben erleichtern.
- Sie erhalten im ersten Teil des Buches zahlreiche **Informationen zum Abitur**, deren Kenntnis für die gezielte Vorbereitung auf die Abiturklausur hilfreich und wichtig ist. Dazu gehören u. a. eine komplette, kommentierte Aufstellung der für die Prüfung 2014 relevanten Themen, Hinweise zum genauen Ablauf der Prüfung sowie alles Wissenswerte zur Struktur und zu den Anforderungen der Prüfungsaufgaben.
- Sie finden darüber hinaus viele **praktische Hinweise**, die Ihnen sowohl in der Vorbereitung auf das Abitur als auch während der Prüfung dazu verhelfen, Prüfungsaufgaben gut zu lösen.

Sollten nach Erscheinen dieses Bandes noch wichtige Änderungen in der Abiturprüfung 2014 vom Ministerium für Schule und Weiterbildung bekannt gegeben werden, finden Sie aktuelle Informationen dazu im Internet unter
www.stark-verlag.de/info.asp?zentrale-pruefung-aktuell.

Wir wünschen Ihnen viel Erfolg bei der Abiturprüfung!

Ihr Stark Verlag

Stichwortverzeichnis

Hinweise und Tipps zum Zentralabitur

Allgemeine Hinweise zum schriftlichen Abitur im Fach Physik

1 Die inhaltlichen Vorgaben für die schriftliche Prüfung

Der derzeit gültige Lehrplan Physik, wie der für alle anderen Fächer, stammt aus dem Jahre 1999, also einer Zeit noch ohne zentrale Abschlussprüfungen. Er bleibt bis zum Abiturjahrgang 2016 gültig. Darüber hinaus hat das Ministerium für Schule und Weiterbildung des Landes an alle Schulen Informationen mit zusätzlichen Konkretisierungen im inhaltlichen Bereich gegeben, sodass sowohl die Lehrerinnen und Lehrer als auch die Schülerinnen und Schüler rechtzeitig zu Beginn der Qualifikationsphase darüber informiert sind, aus welchen Sachbereichen die inhaltlichen Schwerpunkte der späteren Abituraufgaben zu erwarten sind. Die dort benannten inhaltlichen Schwerpunkte der Unterrichtsinhalte werden für die Bearbeitung der zentral gestellten Aufgaben unbedingt vorausgesetzt. Diese Schwerpunktsetzung soll zusichern, dass Sie über die notwendigen Voraussetzungen für eine angemessene Bearbeitung der zentral gestellten Aufgaben verfügen können.

Die **fachspezifischen Schwerpunktsetzungen für das Physikabitur 2014** zeigt die nachfolgende Tabelle. Die Angaben in der rechten Spalte verweisen auf die entsprechenden Prüfungsaufgaben in diesem Buch (LK) bzw. auf die beiliegende CD-ROM (GK).

Schwerpunkt	**Aufgabe**
Ladungen und Felder • elektrisches Feld, elektrische Feldstärke, Spannung (Feldkraft auf Ladungsträger im homogenen Feld, radialsymmetrisches Feld) • magnetisches Feld, magnetische Feldgröße B, Lorentzkraft, (Stromwaage) • Bewegung von Ladungsträgern in elektrischen und magnetischen Feldern (Fadenstrahlrohr, Wien-Filter, Halleffekt)	GK/LK 2009 I.1; II.1 GK/LK 2010 I.1 GK/LK 2011 I.1 GK/LK 2011 II.2 GK/LK 2012 1; 3
Elektromagnetismus • elektromagnetische Induktion, Induktionsgesetz mit zeitlicher Veränderung von A und B *Im Leistungskurs zusätzlich:* • Selbstinduktion, Induktivität (verzögerter Einschaltvorgang bei Parallelschaltung von L und R, Ein- und Ausschaltvorgänge bei Spulen)	GK/LK 2009 I.1 GK/LK 2011 I.1 LK 2012 1 GK/LK 2013 1

Elektromagnetische Schwingungen und Wellen • Interferenz (Mikrowelleninterferenz, Wellenwanne, Lichtbeugung am Spalt, Doppelspalt und Gitter, Wellenlängenmessung) *Im Leistungskurs zusätzlich:* • elektromagnetischer Schwingkreis	GK 2009 II.2; LK 2009 II.1 GK/LK 2010 II.1 GK/LK 2011 II.1 GK 2012 2; 4 LK 2012 1; 2; 4 GK/LK 2013 2
Atom- und Kernphysik • Linienspektren in Absorption und Emission und Energiequantelung des Atoms, Atommodelle (Bohr'sches Atommodell, Beobachtung von Spektrallinien am Gitter, Franck-Hertz-Versuch) • Potenzialtopfmodell (eindimensional) • Röntgenspektroskopie, Röntgenbeugung • ionisierende Strahlung und ihre Energieverteilung • radioaktiver Zerfall (Halbwertszeitmessung, Reichweite von Gammastrahlung, Absorption von Gammastrahlung) • Bindungsenergie, Massendefekt (Interpretation des Diagramms „Nukleonenzahl-Bindungsenergie“) • Kernspaltung und Kernfusion, Kettenreaktion	GK 2009 I.2 LK 2009 I.2; II.1 GK/LK 2010 I.1, I.2, II.1 GK/LK 2011 I.2 GK/LK 2012 4 GK/LK 2013 2 GK/LK 2013 3 GK/LK 2013 4
Quanteneffekte • Teilchenaspekt des Lichts: lichtelektrischer Effekt (h-Bestimmung mit Fotozelle und Gegenfeldmethode) • Wellenaspekt des Elektrons: de-Broglie-Theorie des Elektrons (Elektronenbeugung an polykristalliner Materie) • Wellen- und Teilchenaspekt von Quantenobjekten: Grenzen der Anwendbarkeit klassischer Begriffe in der Quantenphysik (Doppelspaltversuch mit Elektronen und Licht reduzierter Intensität) *Im Leistungskurs zusätzlich:* • Heisenberg'sche Unbestimmtheitsrelation	GK/LK 2011 II.2 LK 2012 4
Im Leistungskurs zusätzlich: Relativitätstheorie • Konstanz der Lichtgeschwindigkeit und deren Konsequenzen, Michelson-Experiment • Zeitdilatation und Längenkontraktion • relativistischer Impuls, Äquivalenz von Masse und Energie	LK 2009 II.2 LK 2011 I.2 LK 2012 2

***Tipp:** Die Klausuren in der Qualifikationsphase sollen bereits in ihrer Art auf die Abiturprüfung vorbereiten. Daher ist es sinnvoll, wenn Sie festhalten, wie in Ihren Klausuren die oben genannten Themen zu bearbeiten gewesen sind.*

Übersicht Prüfungsaufgaben und Sachgebiete – Leistungskurs 2009 bis 2011

Prüfungsaufgabe		Ladungen und Felder	Elektromagnetismus	Elektromagnetische Schwingungen und Wellen	Relativitätstheorie	Atom- und Kernphysik	Radioaktivität	Quantenmechanik
LK 2009.1	Induktionsspannungen	×	×					
	Radioaktiver Zerfall						×	
LK 2009.2	Fraunhofer'sche Linien			×		×		
	Hochenergetische Elektronen	×			×			
LK 2010.1	Fadenstrahlrohr	×				×		
	Entstehung/Analyse v. Röntgenstrahlung					×		
LK 2010.2	Energieniveaus im Quecksilberatom			×		×		
LK 2011.1	Definition und Messung der Feldstärke B	×	×					
	Radioaktive Strahlung				×		×	
LK 2011.2	Doppelspalt			×				
	Lichtelektrischer Effekt	×						×

Übersicht Prüfungsaufgaben und Sachgebiete – Leistungskurs 2012 bis 2013

	Prüfungsaufgabe	kombinierbar mit (vgl. Abschnitt 3)	Ladungen und Felder	Elektromagnetismus	Elektromagnetische Schwingungen und Wellen	Relativitätstheorie	Atom- und Kernphysik	Radioaktivität	Quantenmechanik
LK 2012	1. Elektromagnetische Schwingungen; Resonanz	2; 4	×	×	×				
	2. Das Michelson-Interferometer	1; 3; 4			×	×			
	3. Helmholtzspule; Erdmagnetfeld	2; 4	×						
	4. Farbstoffmoleküle	1; 2; 3			×		×		×
LK 2013	1. Experimentelle Überprüfung des Induktionsgesetzes	2; 3; 4		×					
	2. Untersuchung von Spektren mit Gitter	1; 4			×		×		
	3. Bohr'sches Atommodell: Rydberg-Atome	1; 4					×		
	4. Anregung von Vanadium und Silber	1; 2; 3						×	

2 Ergänzende Hinweise zu den inhaltlichen Vorgaben

Zu den oben genannten Vorgaben müssen folgende Ergänzungen gemacht werden:

- Das **Bohr'sche Atommodell** (unter Punkt V „Atommodelle") soll allgemein verbindlich sein und dieses ist unverzichtbar im Rahmen der Behandlung der Röntgenspektroskopie (quantifizierte Behandlung der charakteristischen Röntgenstrahlung). Die Kenntnis des sogenannten **Potenzialtopfmodells** wird nur für den Leistungskurs vorausgesetzt.
- Das **Induktionsgesetz** muss in der allgemeinen Form $U_{ind} = -n \cdot \dot{\Phi}$ bekannt sein, wobei die zeitliche Änderung des magnetischen Flusses Φ sowohl durch eine Änderung der vom Magnetfeld durchsetzten Fläche A als auch durch eine Änderung der magnetischen Feldstärke (resp. Flussdichte) B verursacht sein kann.
- Aus dem vorgenannten Punkt ergibt sich, dass die mathematische **Schreibweise der (zeitlichen) Ableitung** in der „Punktnotation" und mithilfe von Differenzialen bekannt sein muss. Es ist daher ratsam, dass Sie mit beiden Schreibweisen für die zeitliche Ableitung vertraut sind: $\dot{\Phi}$ und $\frac{d\Phi}{dt}$.
- **Lineare Differenzialgleichungen mit konstanten Koeffizienten** können in den Leistungskursaufgaben auftreten. Solche Differenzialgleichungen treten auf bei Schwingungen in verschiedenen Bereichen, bei Einschalt- und Ausschaltvorgängen bei Kondensatoren und Spulen oder auch beim radioaktiven Zerfall. Es geht bei der Lösung von Differenzialgleichungen jedoch sicher nicht um irgendwelche Lösungstricks, sondern um eine gewisse Vertrautheit mit der Struktur von Differenzialgleichungen und um die Bearbeitung von Anfangswertproblemen, bei der ggf. deutliche Hilfen für den Lösungsprozess gegeben werden.
- Sie sollten – mindestens ein – Verfahren kennen (z. B. Existenz einer Halbwertsgröße, halblogarithmische Darstellung), mit denen Sie nachprüfen können, ob es sich bei gegebenen Daten für eine Messkurve um exponentiell anwachsende oder abfallende Werte handelt.
- Eine algebraische Beschreibung von **Vektoroperationen** wird nicht gefordert, obwohl es sich damit, wie z. B. beim Vektorprodukt, gut rechnen lässt.
- In der **Relativitätstheorie**, die nur im Leistungskurs verpflichtend ist, wird erwartet, dass Ihnen Zeitdilatation und Lorentzkontraktion (als Folge der Konstanz der Lichtgeschwindigkeit) bekannt sind. Die Lorentztransformationen werden nicht gefordert, obwohl diese einen besonders einfachen Zugang zum Additionstheorem für Geschwindigkeiten und zur Einführung der dynamischen Masse liefern. Im Bereich der relativistischen Dynamik ist die Kenntnis der sogenannten Invarianzbeziehung $E^2 - p^2c^2 = E_0^2$ wichtig. Aufgrund der bisher gestellten Aufgaben ist es sehr wahrscheinlich, dass keine vollständige Prüfungsaufgabe über die Relativitätstheorie gestellt wird. In der Regel werden relativistische Rechnungen nur in Teilaufgaben, etwa in Ergänzung zu einer Newton'schen Rechnung bei der Bewegung schnell bewegter Elektronen, auftreten..
- Die für den Unterricht im Leistungskurs obligatorische Thermodynamik ist bisher in Zentralabituraufgaben nicht vorgekommen. Sie ist auch aus den Vorgaben gestrichen, sodass keine Aufgabe aus diesem Gebiet zu erwarten ist.

Tipp: Verfolgen Sie genau, wie die in diesem Abschnitt genannten, für die Prüfung wichtigen Inhalte in Ihrem Unterricht besprochen werden und fragen Sie bei Verständnisschwierigkeiten beim Lehrer bzw. der Lehrerin sofort nach.

3 Organisatorisches

Als **Hilfsmittel** werden während der Abiturarbeit zugelassen: Physikalische Formelsammlung, ein wissenschaftlicher Taschenrechner (ohne oder mit Grafikfähigkeit), eine Nuklidkarte sowie ein deutsches Wörterbuch. Auch CAS-Rechner sind zugelassen. Die Aufgaben werden so konstruiert, dass deren Verwendung keinen ungebührlichen Vorteil darstellt.

Für den zentral festgelegten Tag der schriftlichen Prüfung im Fach Physik erhält die Schule für den Grundkurs und für den Leistungskurs jeweils vier Aufgaben, von denen die Fachlehrerin bzw. der Fachlehrer des jeweiligen Kurses zwei zur Bearbeitung für die Schülerinnen und Schüler vor Beginn der Arbeit auswählt. Dabei sind nicht immer alle möglichen Kombinationen zugelassen (etwa wenn zwei Aufgaben zu demselben Sachbereich gehören). Welche Aufgaben jeweils miteinander kombiniert werden dürfen, können Sie den Tabellen auf den Seiten III und IV entnehmen. Wichtig: Sie selbst haben also (wie im Fach Mathematik und anders als in den meisten anderen Fächern) im Fach Physik keine Auswahlmöglichkeit und müssen alle Aufgaben bearbeiten, die Ihnen vorgelegt werden!

Da für das Fach Physik **Experimente** charakteristisch sind, enthalten einige Aufgaben die Bearbeitung eines Demonstrationsexperimentes. Dabei handelt es sich um einen Versuch mit einem gängigen Experimentalaufbau, der in seinen Grundlagen aus dem Unterricht bereits bekannt sein dürfte. Zur Sicherheit werden Messdaten mitgeliefert, die Sie auf Anweisung der Lehrerin oder des Lehrers ggf. verwenden dürfen bzw. müssen. Im Zentralabitur 2012 ist im Grundkurs zum ersten Mal eine Aufgabe mit einem (kleinen und einfach durchzuführenden) **Schülerexperiment** vorgekommen. Ob dies in den kommenden Jahren wiederholt wird und ggf. auf den Leistungskurs ausgeweitet wird, kann derzeit noch nicht abgeschätzt werden

Tipp: Klären Sie bei Experimenten im Unterricht (ggf. durch Nachfragen) stets, ob der jeweilige Versuch ein grundlegender ist oder lediglich eine Vertiefung darstellt.

Für den Fall, dass mit einem Experiment quantitative Arbeitsunterlagen während der Prüfung gewonnen werden sollen, werden Versuchsergebnisse mitgeliefert, damit beim Misslingen eines Experimentes bzw. bei fehlendem Experimentiergerät die erforderlichen Daten zur weiteren Bearbeitung zur Verfügung stehen.

4 Zum Aufbau der Prüfungsaufgaben

Die Prüfungsaufgabe, die im Grund- wie im Leistungskurs aus bis zu zwei verschiedenen voneinander unabhängigen Aufgaben aus verschiedenen Sachbereichen bestehen kann, bezieht sich in der Regel auf konkrete Experimente oder auf vorgelegtes fachspezifisches Material (siehe unten). Jede der Aufgaben wird in der Regel in mehrere Teilaufgaben gegliedert sein. Dabei ist die Aufgliederung einer Aufgabe jedoch nicht so detailliert, dass dadurch ein Lösungsweg zwingend vorgezeichnet wird. Es können auch offene Aufgabenstellungen erwartet werden, die mehrere Lösungswege ermöglichen.

Die Teilaufgaben einer Aufgabe sind weitestgehend unabhängig voneinander lösbar. Sollte Ihnen also eine Teilaufgabe misslingen, macht dies nicht die Bearbeitung der anderen Teilaufgaben unmöglich. Ggf. wird durch die Angabe von Zwischenergebnissen gesichert, dass man spätere Teilaufgaben auch ohne die Lösung vorangegangener bearbeiten kann. Lesen Sie die Aufgabentexte immer sehr sorgfältig; manchmal werden Informationen bei einzelnen Teilaufgaben genannt, die bei späteren Teilaufgaben auch benötigt werden. Es ist in der Regel so, dass sich schwierigere Teilaufgaben eher am Ende der Aufgabe befinden.

Insgesamt erwarten die Aufgaben vorrangig,
- vorgeführte (oder selbst durchgeführte) Experimente zu beschreiben und auszuwerten,
- fachspezifisches Material (z. B. Diagramme, Tabellen, dokumentierte Experimente) auszuwerten, zu kommentieren, zu interpretieren und zu bewerten,
- fachspezifische Fragen zu beantworten,

und darüber hinaus,
- Formeln kommentiert herzuleiten und kommentierte Berechnungen durchzuführen,
- fachliche Sachverhalte in historische Bezüge oder aktuelle Kontexte einzuordnen,
- begründete Stellungnahmen zu Aussagen oder vorgelegtem Material zu geben oder
- strukturiertes Fachwissen in einem größeren Zusammenhang darzustellen.

Jede Prüfungsaufgabe erstreckt sich auf die drei sogenannten „Anforderungsbereiche". Die drei Anforderungsbereiche sind für jedes Fach in den „Einheitlichen Prüfungsanforderungen für das Abitur" (EPA) sogar bundesweit einheitlich beschrieben. Sie sind wie folgt gekennzeichnet:

Der **Anforderungsbereich I** umfasst die Wiedergabe von Sachverhalten (z. B. Daten, Fakten, Regeln, Formeln, Aussagen) aus einem abgegrenzten Gebiet im gelernten Zusammenhang und die Beschreibung und Verwendung gelernter und geübter Arbeitstechniken und Verfahrensweisen in einem begrenzten Gebiet und in einem wiederholenden Zusammenhang.

Der **Anforderungsbereich II** umfasst selbstständiges Auswählen, Anordnen, Verarbeiten und Darstellen bekannter Sachverhalte unter vorgegebenen Gesichtspunkten in einem durch Übung bekannten Zusammenhang und selbstständiges Übertragen des Gelernten auf vergleichbare neue Situationen, wobei es entweder um veränderte Fragestellungen oder um veränderte Sachzusammenhänge oder um abgewandelte Verfahrensweisen gehen kann.

Der **Anforderungsbereich III** umfasst planmäßiges Verarbeiten komplexer Gegebenheiten mit dem Ziel, zu selbstständigen Lösungen, Gestaltungen oder Deutungen, Folgerungen, Begründungen, Wertungen zu gelangen. Dabei werden aus den gelernten Denkmethoden bzw. Lösungsverfahren die zur Bewältigung der Aufgabe geeigneten selbstständig ausgewählt und einer neuen Problemstellung angepasst.

Die Aufgaben werden so konstruiert, dass das Schwergewicht der zu erbringenden Prüfungsleistungen im Anforderungsbereich II liegt und der Anforderungsbereich I in deutlich höherem Masse als der Anforderungsbereich III berücksichtigt wird.

Die Prüfungsaufgaben stellen Problemstellungen dar, zu deren Lösung sowohl fundierte Fachkenntnisse vorhanden sein müssen als auch Fachmethoden richtig angewandt werden müssen. Die Prüfungsaufgabe umfasst immer mehr als nur einen der fünf Sachbereiche, wie sie im Lehrplan benannt werden: Diese Sachbereiche sind Mechanik[1], Elektrik, Relativitätstheorie, Thermodynamik[2] und Atom- und Quantenphysik und man findet dazu im Lehrplan die auf den folgenden Seiten aufgelisteten Angaben. Dabei sind zur besseren Übersicht hier nur die **obligatorischen**, d. h. auf jeden Fall als verpflichtend zu behandelnden Gegenstände für Grund- und Leistungskurse dargestellt; *kursiv* gedruckt sind zusätzliche obligatorische Gegenstände für Leistungskurse.

Mechanik

Kinematik und Dynamik des Massenpunktes

- Gesetze der gleichförmigen und gleichmäßig beschleunigten Bewegung
- träge Masse, Trägheitssatz
- Kraft, Grundgleichung der Mechanik
- Impuls, Impulserhaltung
- Kreisbewegung, Zentripetalkraft

Energie und Arbeit

- Lageenergie und Hubarbeit
- Bewegungsenergie und Beschleunigungsarbeit
- *Spannenergie und Spannarbeit*
- Energieentwertung und Reibungsarbeit
- Energiebilanzierung bei Übertragung und Umwandlung – Erhaltung und Entwertung der Energie
- *Stoßvorgänge*

Gravitation

- Gravitationsgesetz, *Gravitationsfeld*
- *Energie und Arbeit im Gravitationsfeld*

Mechanische Schwingungen

- Schwingungsvorgänge und Schwingungsgrößen
- harmonische Schwingung
- *nichtlineare Schwingungen*

1 Der Sachbereich Mechanik ist in den Vorgaben für das Gymnasium und die Gesamtschule zwar nicht explizit vorgesehen, dennoch können gewisse Analogiebetrachtungen, wie es sie beispielsweise bei mechanischen und elektrischen Schwingungen gibt, vorkommen.

2 Die Thermodynamik erscheint nicht mehr in den verbindlichen Vorgaben. Daher ist nicht damit zu rechnen, dass eine Aufgabe aus diesem Bereich vorkommen wird

Mechanische Wellen
- Entstehung und Ausbreitung von Transversal- und Longitudinalwellen
- Beugung
- Interferenz von Wellen

Elektrik

Ladungen und Felder
- Elektrisches Feld, elektrische Feldstärke E
- potenzielle Energie im elektrischen Feld, Spannung
- *elektrische Kapazität*
- magnetisches Feld, magnetische Feldgröße B
- Lorentzkraft
- Bewegung von Ladungsträgern in elektrischen und magnetischen Feldern

Elektromagnetismus
- Elektromagnetische Induktion, Induktionsgesetz
- Selbstinduktion, *Induktivität*

Elektromagnetische Schwingungen und Wellen
- *Elektromagnetischer Schwingkreis*
- *Erzeugung und Ausbreitung elektromagnetischer Wellen (Hertz'scher Dipol)*
- Ausbreitung von Licht (Beugung, Interferenz)

Relativitätstheorie
- *relativistische Kinematik*
- *Äquivalenz von Masse und Energie*

Thermodynamik

Energieerhaltung und Energieentwertung
- *Hauptsatz der Thermodynamik*
- *Entropie* und *2. Hauptsatz der Thermodynamik*
- *dissipative Strukturen*

Atom- und Quantenphysik

Atombau und Kernphysik
- Atommodelle
- Radioaktive Strahlung (Strahlungsarten, *Nachweismethoden*)
- Radioaktiver Zerfall (Zerfallsgesetz, Zerfallsprozesse)
- Kernspaltung *und Kernfusion* (Kernbausteine, Bindungsenergie, Kettenreaktion)

Quanteneffekte
- Lichtelektrischer Effekt und Lichtquantenhypothese
- Linienspektren und Energiequantelung des Atoms
- de-Broglie-Theorie des Elektrons
- *Heisenberg'sche Unbestimmtheitsrelation*

5 Durchführung der schriftlichen Abiturprüfung

Am Tag der schriftlichen Prüfung erhalten Sie von Ihrer Lehrerin bzw. Ihrem Lehrer die zuvor ausgewählten Aufgaben, wofür Ihnen dann im Grundkurs drei und im Leistungskurs viereinviertel Stunden **Bearbeitungszeit** zur Verfügung stehen, die bei experimentellen Aufgaben erst nach der Demonstration des Experiments beginnt. Für die Durchführung eines Schülerexperiments wird Ihnen noch eine zusätzliche Zeit von bis zu 30 Minuten gegeben.

6 Bewertung der Prüfungsarbeiten

Alle einzelnen Lösungsschritte der Abituraufgaben werden mit einer landesweit verbindlichen zu erreichenden Maximalpunktzahl versehen, sodass die Fachlehrerin bzw. der Fachlehrer anhand des Grades der erreichten richtigen Lösung Punkte zwischen 0 und dieser Maximalpunktzahl vergibt. Diese Punktzahlen werden zusammen mit den Aufgaben angegeben.

Aus der ermittelten Gesamtpunktzahl ergibt sich dann unmittelbar die Endnote der Klausur, wie dies die folgende Tabelle wiedergibt:

Note	1+	1	1–	2+	2	2–	3+	3	3–	4+	4	4 –	5+	5	5–	6
Mindestpunktzahl in %	95	90	85	80	75	70	65	60	55	50	45	40	33	26	20	0

Eine solche Bewertungsskala sollte bereits in der Qualifikationsphase für die Klausuren selbstverständlich gewesen sein, sodass sich hier in der Abiturarbeit eigentlich nichts ändert.

Die Aufgaben werden so konstruiert, dass auf die Leistungen der Aufgabenteile mit dem Anforderungsbereich I etwa 30 % bis 40 % und mit dem Anforderungsbereich III bis zu etwa 15 % der gesamten Punkte entfallen. Dabei wird auch deutlich, dass das Schwergewicht der zu erbringenden Leistung im Anforderungsbereich II liegt und darüber hinaus der Anforderungsbereich I deutlich stärker repräsentiert ist als der Anforderungsbereich III. Dies bedeutet, dass Sie mit der Wiedergabe des gelernten Unterrichtsstoffs durchaus bereits ein „ausreichend“ erzielen können.

Wichtig ist für Sie zu wissen, dass die Korrektoren verpflichtet sind, deutliche Verstöße gegen die sprachliche Richtigkeit leistungsmindernd zu berücksichtigen. Daher folgender

Tipp: *Achten Sie darauf, die Klausuren in sprachlich richtiger, gut lesbarer und logisch einwandfreier Darstellung zu bearbeiten. Geben Sie kurze Überschriften zu Ihren Überlegungen an.*

Methodische Hinweise für die Anfertigung der Abiturklausur

Die folgenden Tipps helfen Ihnen, Klausuraufgaben – nicht nur im Abitur, sondern bei allen Klausuren der gymnasialen Oberstufe – gut zu lösen. Da bei der Bearbeitung häufig die gleichen, ganz typischen Fehler gemacht werden, ist es zunächst wichtig, dass Sie diese Fehler kennen und dass Sie feststellen, zu welchen Fehlertypen Sie selbst neigen. Wenn Sie durch gezielte Übung diese Fehler abstellen, können Sie viele Schwierigkeiten beim Lösen der Aufgaben von vornherein vermeiden. Häufig anzutreffende Fehlertypen im Fach Physik sind:

- **Falsches Arbeiten mit Vektoren**
  Man muss ganz genau darauf achten, bei welchen der vorkommenden Größen es sich um Vektoren handelt, insbesondere muss auf beiden Seiten einer Gleichung entweder ein Vektor oder eine skalare Größe stehen. Übrigens: Durch einen Vektor kann man nicht dividieren, also bitte nie (!) einen Vektor in den Nenner eines Bruches schreiben (auch wenn dies beim Umstellen von Termen manchmal nahe gelegt werden könnte). Denken Sie auch daran, in Skizzen vektorielle Größen als solche mit dem Vektorpfeil zu kennzeichnen.
- **Falsches oder fehlerhaftes Umrechnung der Einheiten**
  Beispiel zur Übung: Berechnung der spezifischen Elektronenladung $\frac{e}{m}$ aus Messdaten beim Fadenstrahlrohr. Eine ganz wichtige Umformung zwischen mechanischen und elektrischen Einheiten basiert auf der Definition der elektrischen Spannung $U = \frac{W}{q}$, nämlich: $[W_{elektr}] = 1\ VAs = 1\ Nm = [W_{mech}]$)
- **Fehlende oder unvollständige Angabe physikalischer Einheiten**
  Fast jede physikalische Größe hat eine Einheit; geben Sie diese immer an.
- **Unzureichende Beschreibung des Lösungsweges**
  Hier muss man üben, durch geeignete kurze Überschriften dem Lehrer bzw. der Lehrerin deutlich zu machen, was im jeweils folgenden Abschnitt errechnet wird und warum man die entsprechenden Umformungen etc. vornimmt.
- **Notieren von offensichtlich falschen Ergebnissen**
  Prüfen Sie, ob das Ergebnis Ihrer Rechnung die richtige Größenordnung besitzt. Diese lässt sich anhand der gegebenen Größen, die in die Rechnung eingehen, abschätzen. Bei offensichtlich falschen Ergebnissen, die Sie während der Prüfungszeit nicht mehr korrigieren können, sollten Sie unbedingt einen kurzen Hinweis geben, sodass Sie noch Bewertungspunkte „retten“ können – erst recht dann, wenn Sie vielleicht sogar die Fehlerquelle umreißen können.

Auf jeden Fall sollten Sie Folgendes beachten:

- Auch bei Aufgaben, die vielleicht aus Zeitgründen nicht mehr vollständig bearbeitet werden können, sollte der weitere **Lösungsweg mit Worten skizziert** werden. Das zeigt, dass Sie im Stande gewesen wären, die Aufgabe noch zu bearbeiten, und kann ebenfalls zum Erreichen einiger Bewertungspunkte führen.
- Prüfen Sie genau, ob Sie tatsächlich **alle Teilaufgaben bearbeitet** haben. Manchmal übersieht oder vergisst man Zusatzfragen innerhalb einer Teilaufgabe. Markieren Sie am besten mit einem Farbstift die einzelnen Arbeitsaufträge, sodass Sie Ihnen bei jedem Lesedurchgang sofort ins Auge fallen, und versehen Sie sie mit einem Häkchen, wenn Sie sie bearbeitet haben.
- Prüfen Sie anhand einer separaten Umrechnung der Einheiten, ob Ihnen bei der **Umformung von Gleichungen** eventuell ein Fehler unterlaufen ist: Für die beiden Seiten einer Gleichung müssen sich immer dieselben Einheiten ergeben.

- Achten Sie auf fachsprachlich **richtige Formulierungen** und logisch einwandfreie Darstellungen.
- Notieren Sie – ggf. stichwortartig in Kurzform – ihre **begründenden Gedanken**. Ein Beispiel: Wenn Sie eine Formel für die gleichmäßig beschleunigte Bewegung verwenden, schreiben Sie auf, dass und aus welchem Grund es sich um eine gleichmäßig beschleunigte Bewegung handelt (z. B.: „F_G = const, also: …“).
- Verwechseln Sie nicht Ursache und Wirkung, Beobachtung und Deutung.

Wie man richtig für die Abiturprüfung lernt

1 Umgang mit Operatoren

Jede Aufgabe im Fach Physik enthält Angaben zu dem, was in der jeweiligen Teilaufgabe vom Bearbeiter verlangt wird. In der Aufgabenstellung werden dazu Verben wie etwa „skizzieren“, „darstellen“, „erläutern“, „erklären“ usw. verwendet. Nicht immer verstehen dabei alle Personen, sowohl Lehrerinnen und Lehrer wie auch Schülerinnen und Schüler, unter demselben Verb immer das gleiche. Daher gibt es eine sogar bundesweit gültige Liste in den „Einheitlichen Anforderungen für die Abiturprüfung im Fach Physik“ (kurz EPA genannt), in der diese Tätigkeiten präzisiert werden. An den in dieser Liste benannten sogenannten „Operatoren“ orientieren sich auch die Aufgabenstellungen in den Zentralabituraufgaben des Landes Nordrhein-Westfalen.

Die Operatoren sowie deren Beschreibung in der folgenden Tabelle sollten Sie daher sehr genau studieren, damit Sie exakt wissen, was von Ihnen verlangt wird. Wenn also beispielsweise „Zeichnen Sie …“ verlangt ist, müssen Sie eine möglichst exakte (!) Darstellung anfertigen, eine einfache Skizze („Skizzieren Sie …“) reicht dann nicht aus.

Tipp: *Auch hier ist es sehr sinnvoll, dass Sie bereits im Unterricht und besonders in den Klausuren in der Qualifikationsphase mit Ihrem Lehrer bzw. Ihrer Lehrerin über die Bedeutung dieser Verben sprechen und die korrekte Anwendung in den Klausuren einüben.*

Operator	**Beschreibung der erwarteten Leistung**
abschätzen	durch begründete Überlegungen Größenordnungen physikalischer Größen angeben
analysieren/ untersuchen	unter einer gegebenen Fragestellung wichtige Bestandteile oder Eigenschaften herausarbeiten „Untersuchen“ beinhaltet unter Umständen zusätzlich praktische Anteile.
anwenden	einen bekannten Sachverhalt oder eine bekannte Methode auf etwas Neues beziehen
aufbauen (Experimente)	Objekte und Geräte zielgerichtet anordnen und kombinieren

auswerten	Daten, Einzelergebnisse oder sonstige Elemente in einen Zusammenhang stellen und ggfs. zu einer Gesamtaussage zusammenführen
begründen	Sachverhalte auf Regeln, Gesetzmäßigkeiten bzw. kausale Zusammenhänge zurückführen
berechnen	aus Größengleichungen physikalische Größen bestimmen
beschreiben	Strukturen, Sachverhalte oder Zusammenhänge strukturiert und fachsprachlich richtig mit eigenen Worten wiedergeben
bestätigen	die Gültigkeit einer Hypothese, Modellvorstellung oder eines Naturgesetzes durch ein Experiment verifizieren
bestimmen	einen Lösungsweg darstellen und das Ergebnis formulieren
beurteilen/ entscheiden	zu einem Sachverhalt ein selbstständiges Urteil unter Verwendung von Fachwissen und Fachmethoden formulieren und begründen
bewerten	Sachverhalte, Gegenstände, Methoden, Ergebnisse etc. an Beurteilungskriterien oder Normen und Werten messen
darstellen	Sachverhalte, Zusammenhänge, Methoden und Bezüge in angemessenen Kommunikationsformen strukturiert wiedergeben
diskutieren/ erörtern	in Zusammenhang mit Sachverhalten, Aussagen oder Thesen unterschiedliche Positionen bzw. Pro- und Contra-Argumente einander gegenüberstellen und abwägen
entwickeln/ aufstellen	Sachverhalte und Methoden zielgerichtet miteinander verknüpfen. Eine Skizze, eine Hypothese, ein Experiment, ein Modell oder eine Theorie schrittweise weiterführen und ausbauen
erklären	einen Sachverhalt nachvollziehbar und verständlich machen
erläutern	einen Sachverhalt durch zusätzliche Informationen veranschaulichen und verständlich machen
ermitteln	einen Zusammenhang oder eine Lösung finden und das Ergebnis formulieren
herleiten/zeigen	aus Größengleichungen durch mathematische Operationen eine physikalische Größe freistellen
interpretieren/ deuten	kausale Zusammenhänge in Hinblick auf Erklärungsmöglichkeiten untersuchen und abwägend herausstellen
nennen/angeben	Elemente, Sachverhalte, Begriffe, Daten ohne Erläuterungen aufzählen
skizzieren	Sachverhalte, Strukturen oder Ergebnisse auf das Wesentliche reduziert übersichtlich darstellen
überprüfen/ prüfen/testen	Sachverhalte oder Aussagen an Fakten oder innerer Logik messen und eventuelle Widersprüche aufdecken
vergleichen	Gemeinsamkeiten, Ähnlichkeiten, Unterschiede ermitteln
zeichnen	eine möglichst exakte grafische Darstellung beobachtbarer oder gegebener Strukturen anfertigen

2 Anlage von Mindmaps während des Unterrichts in der Oberstufe

Um die Übersicht über die vielen im Unterricht behandelten Themen zu behalten, ist es sinnvoll, die behandelten Sachbereiche jeweils nach geraumer Zeit in Form von Mindmaps zu strukturieren. Solche Übersichten mit grafischen Elementen sind besonders hilfreich als Vorbereitung auf die schriftliche wie auch die mündliche Abiturprüfung.

Auf den folgenden Seiten sind als Anregung für das Erstellen eigener Mindmaps beispielhaft einige Mindmaps angegeben, wie sie in früheren Leistungs- und Grundkursen während des Unterrichts in der Oberstufe tatsächlich entstanden sind.

Mindmap 1: Elektrische Felder
Inhalte rund um das elektrische Feld, wie es typischerweise in vielen Grund- und Leistungskursen behandelt wird.

Mindmap 2: Auf der Spur des Elektrons
Inhalte rund um die Ablenkung elektrisch geladener Teilchen in elektrischen und magnetischen Feldern. Hier ist die Lorentzkraft auch rechnerisch in vektorieller Form behandelt worden, daher konnten mithilfe des Vektorprodukts auch Simulationen mit computergestützten Modellbildungswerkzeugen durchgeführt werden.

Mindmap 3: Die Quantenobjekte Elektron und Photon
Hier werden die beiden in der Schule wichtigsten Quantenobjekte, das Elektron und das Photon, zusammen mit den grundlegenden Versuchen hinsichtlich der Beschreibungsformen mit den Mitteln der Wellen- und Teilchenaspekte gegenübergestellt.

Mindmap 4: Atommodelle
Gegenstand ist die Entwicklung der wichtigsten Atommodelle. Insbesondere steht hier im Vordergrund die Quantisierung der Energieniveaus im Atom, wie sie sich – in vereinfachter Form – einerseits aus Sicht der Wellenbeschreibung und andererseits auch aus Sicht der Quantenmechanik ergibt.

Mindmap 5: Ionisierende Strahlung
Hier geht es um radioaktive Strahlung, das Zerfallsgesetz und Absorption von Strahlung. Darüber hinaus werden kurz andere ionisierend wirkende Strahlen sowie Kernspaltung und Fusion dargestellt.

Mindmap 6, 7 und 8: Mechanische Schwingungen und Wellen
Diese drei letzten Mindmaps geben einen recht vollständigen Überblick über diesen Sachbereich und sind hier beigefügt, auch wenn mechanische Schwingungen und Wellen nicht explizit Gegenstand in den Zentralabituraufgaben sein werden. Da Schwingungen und Wellen aber häufig in der Qualifikationsphase, eingebettet in die Behandlung der Elektrik, behandelt werden, sind sie beigefügt.

Mindmap 1: Elektrische Felder

← Gravitationsfeld

Magnetische Felder →

Vorkommen in Lebenswelt:
- Blitze, Blitzschutz (Faraday-Käfig)
- EKG, EEG
- Fernsehbildröhre
- Xerographie
- elektrostatischer Lautsprecher
- Erde (als Kondensator)
- „Erdstrahlung“

- Elektrosmog (Handys...)

Elektrische Feldstärke $\vec{E}$; Potential φ:
- $\vec{E} := \frac{\vec{F}}{q}$ $\quad [\vec{E}] = 1\frac{N}{C}$
- $W_{P_0}(P) = \int_{P_0}^{P} \vec{F}(\vec{s})d\vec{s} = -q\int_{P_0}^{P} \vec{E}(\vec{s})d\vec{s}$
- $\varphi_{P_0}(P) := -\int_{P_0}^{P} \vec{E}(\vec{s})d\vec{s}$
- $U := \Delta\varphi$ $\quad [U] = [\Delta\varphi] = 1\frac{J}{C} =: 1V$
- homogenes Feld: $\vec{E} :=$ const
- radialsymmetrisches Feld: $\vec{E} = -c \cdot \frac{Q}{r^3}\vec{r}$

  betragsmäßig $E = c \cdot \frac{Q}{r^2}$

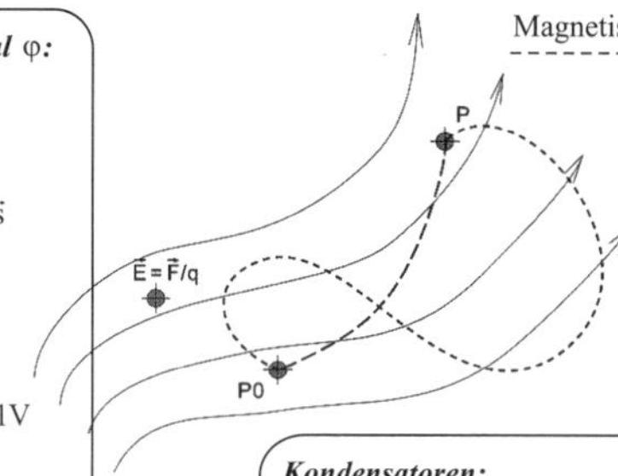

W=UIt
U=W/Q

Kondensatoren:
- $C := \frac{Q}{U}$ $\quad [C] = 1\frac{C}{V} =: 1F$
- Platten-, Zylinder-, Kugelkondensator
- Schaltung von Kondensatoren
- $E = \frac{1}{2}CU^2$
- Auf- und Entladung

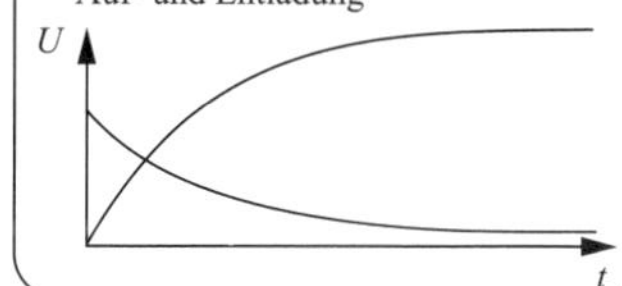

Ladung und Stromstärke:
- Q als Grundgröße
- $I := \frac{dQ}{dt}$

Flächenladungsdichte:
- $\sigma := \frac{Q}{A}$
- Gesetz: $\sigma \sim E, \sigma = \varepsilon_0 E$

C=C1+C2
1/C=1/C1+1/C2

Physikalische Begriffe:
- Ladung und Stromstärke
- Spannung
- elektrische Arbeit, Leistung
- Widerstand, Kapazität
- Feldlinien, elektrisches Feld
- Influenz
- Elektronen

Radialsymmetrisches Feld:
- $E = \frac{1}{4\pi\varepsilon_0} \cdot \frac{Q}{r^2}$ bzw. $F = \frac{1}{4\pi\varepsilon_0} \cdot \frac{qQ}{r^2}$
- $W_\infty(r) = \frac{1}{4\pi\varepsilon_0} \cdot \frac{qQ}{r}$

homogenes Feld:
- $E = \text{const} = \frac{U}{d}$
- $W = qEd = qU$

R=R1+R2
1/R=1/R1+1/R2

I=I1+I2
U=U1+U2

Mindmap 2: Auf der Spur des Elektrons

Kreisbewegung

Vorkommen in Lebenswelt / Wissenschaft:
- Elektromotoren / Transrapid (Linearmotor)
- Fernsehbildröhre / Oszilloskop
- Polarlicht / Van-Allen-Gürtel („magnetische Flasche“)
- Hallsonde
- Teilchenbeschleuniger (Linear-B.; Zyklotron)
- Massenspektroskop
- Elektronenmikroskop

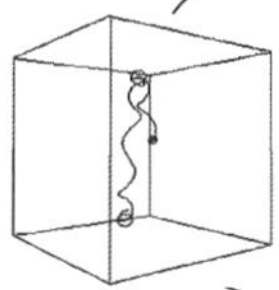

Eigenschaften des Elektrons:
Elementarladung e (Millikan-Versuch, Kombination von elektrischen und Gravitationskräften): $e = 1{,}60 \cdot 10^{-19}\,\mathrm{C}$
Spezifische Elementarladung e/m (Fadenstrahlrohr, Kombination von elektrischen und magnetischen Kräfte): $e/m = 1{,}76 \cdot 10^{11}\,\mathrm{C/kg}$
Masse des Elektrons: $m = 9{,}11 \cdot 10^{-31}\,\mathrm{kg}$
Hinweis: Die Ablenkung im elektrischen Feld allein liefert keine Erkenntnis über eine Eigenschaft des Elektrons.

Grundlagen zu den deduktiven Betrachtungen:
- ➢ kinetische Energie durch Beschleunigung $\frac{1}{2} m v^2 = eU$
- ➢ elektrische Kraft: $\vec{F} = q\vec{E}$
- ➢ magnetische (Lorentz-) Kraft: $\vec{F} = \ell \cdot \vec{I} \times \vec{B}$ bzw. $\vec{F} = q \cdot \vec{v} \times \vec{B}$ (Zentralkraft: $F_Z = mv^2 / r$)
- ➢ Vektorprodukt $\vec{a} \times \vec{b} = \begin{pmatrix} a_x \\ a_y \\ a_z \end{pmatrix} \times \begin{pmatrix} b_x \\ b_y \\ b_z \end{pmatrix} = \begin{pmatrix} a_y b_z - a_z b_y \\ -a_x b_z + a_z b_x \\ a_x b_y - a_y b_x \end{pmatrix}$ („Rechte (Linke)-Hand-Regel“)

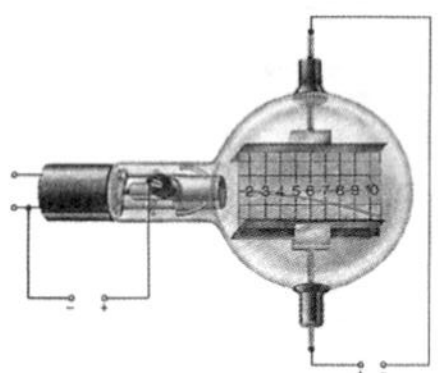

Methoden:
- Realexperimente
- Deduktive Herleitungen
- Computermodelle (Modellbildungswerkzeuge, Tabellenkalkulationen)

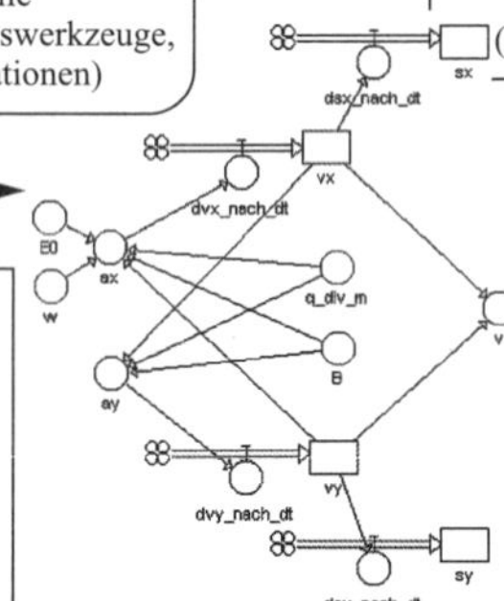

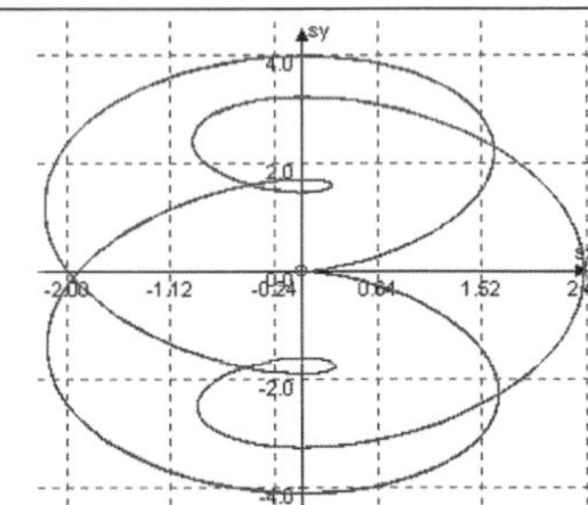

Realexperimente:
- ➢ Ablenkung in (homogenen) elektrischen Feldern (z. B. Braun'sche Röhre)
- ➢ Ablenkung in (homogenen / inhomogenen) magnetischen Feldern (z. B. Fadenstrahlrohr / mit Stabmagnet)
- ➢ Ablenkung in elektrischen und magnetischen Feldern

Mindmap 3: Die Quantenobjekte Elektron und Photon

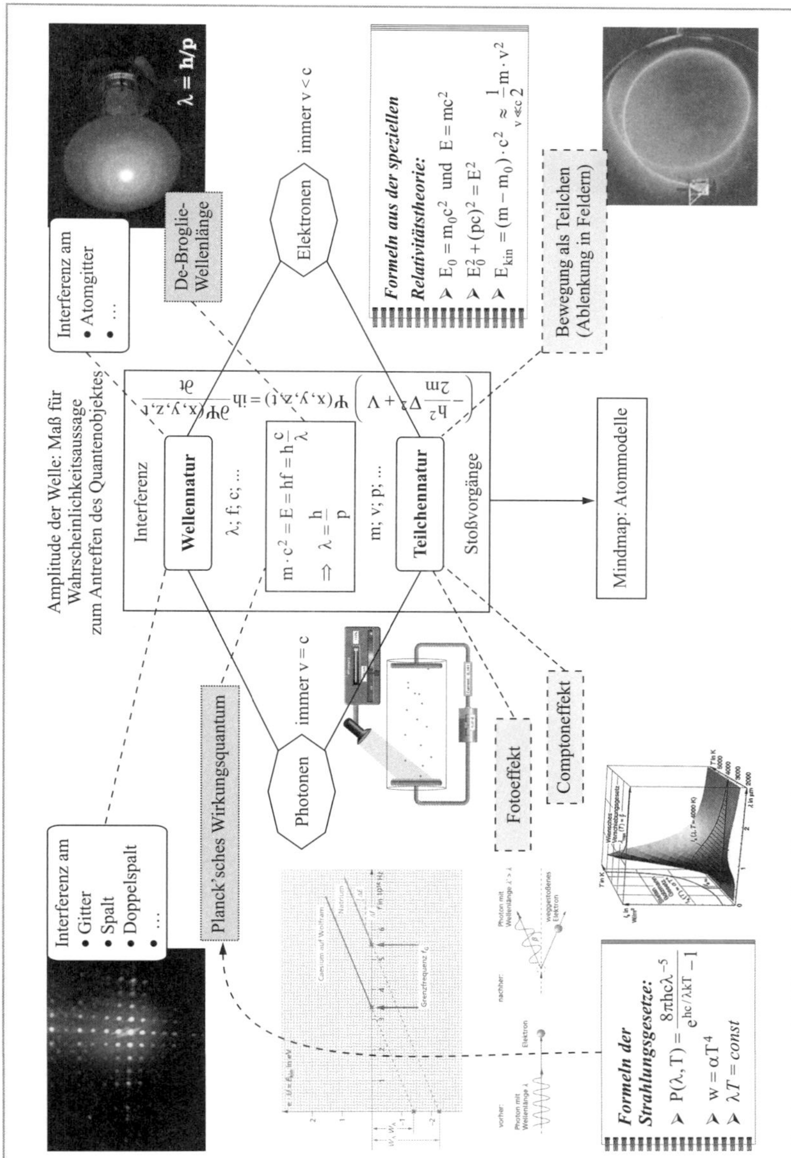

Mindmap 4: Atommodelle

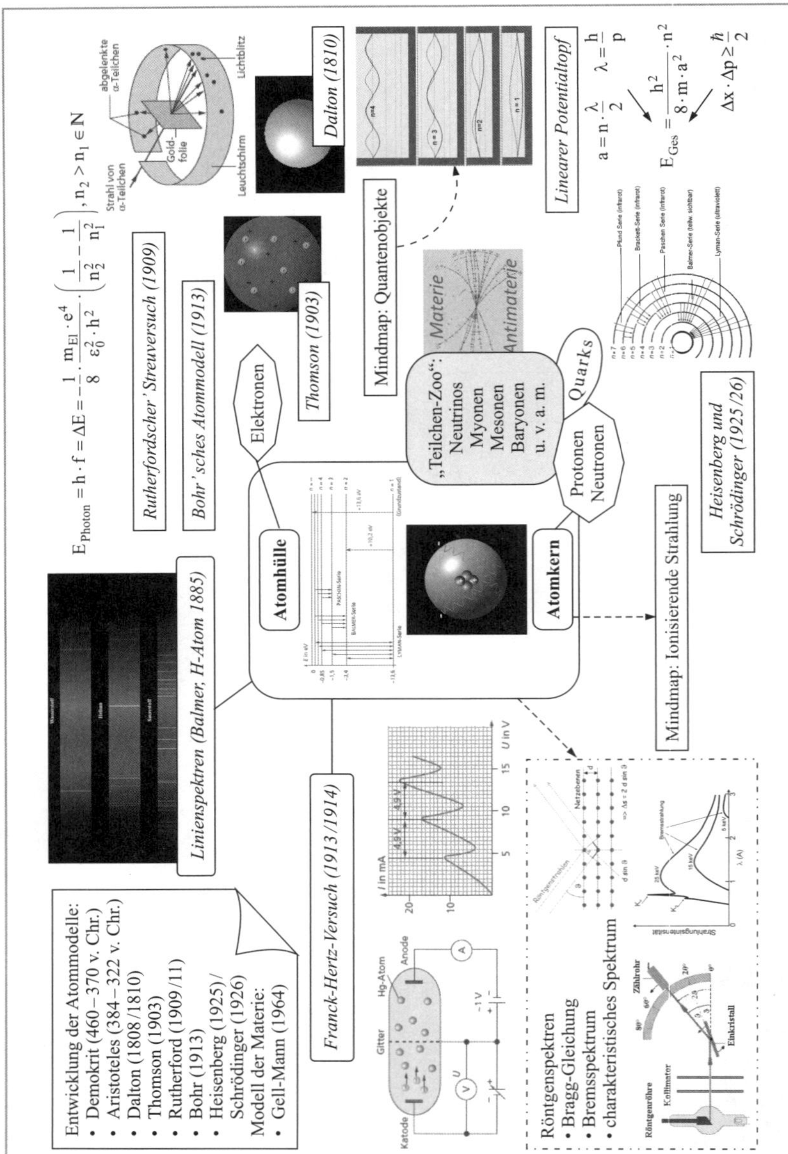

Entwicklung der Atommodelle:
• Demokrit (460 – 370 v. Chr.)
• Aristoteles (384 – 322 v. Chr.)
• Dalton (1808/1810)
• Thomson (1903)
• Rutherford (1909/11)
• Bohr (1913)
• Heisenberg (1925)/ Schrödinger (1926)
Modell der Materie:
• Gell-Mann (1964)
Linienspektren (Balmer, H-Atom 1885)
$E_{Photon} = h \cdot f = \Delta E = -\frac{1}{8} \cdot \frac{m_{El} \cdot e^4}{\varepsilon_0^2 \cdot h^2} \cdot \left(\frac{1}{n_2^2} - \frac{1}{n_1^2}\right), n_2 > n_1 \in N$
Rutherfordscher' Streuversuch (1909)
Strahl von α-Teilchen
Gold-folie
Leuchtschirm
abgelenkte α-Teilchen
Lichtblitz
Bohr' sches Atommodell (1913)
Elektronen
Thomson (1903)
Dalton (1810)
Mindmap: Quantenobjekte
Materie
Antimaterie
Linearer Potentialtopf
$a = n \cdot \frac{\lambda}{2}$ $\lambda = \frac{h}{p}$
$E_{Ges} = \frac{h^2}{8 \cdot m \cdot a^2} \cdot n^2$
$\Delta x \cdot \Delta p \geq \frac{\hbar}{2}$
Atomhülle
Atomkern
„Teilchen-Zoo“: Neutrinos Myonen Mesonen Baryonen u. v. a. m.
Quarks
Protonen Neutronen
Pfund-Serie (infrarot)
Brackett-Serie (infrarot)
Paschen-Serie (infrarot)
Balmer-Serie (teilw. sichtbar)
Lyman-Serie (ultraviolett)
Heisenberg und Schrödinger (1925/26)
Mindmap: Ionisierende Strahlung
Franck-Hertz-Versuch (1913/1914)
Katode
Gitter
Hg-Atom
Anode
-1 V
I in mA
U in V
4,9 V
4,9 V
Röntgenspektren
• Bragg-Gleichung
• Bremsspektrum
• charakteristisches Spektrum
Röntgenröhre
Kollimator
Einkristall
Zählrohr

Mindmap 5: Ionisierende Strahlung

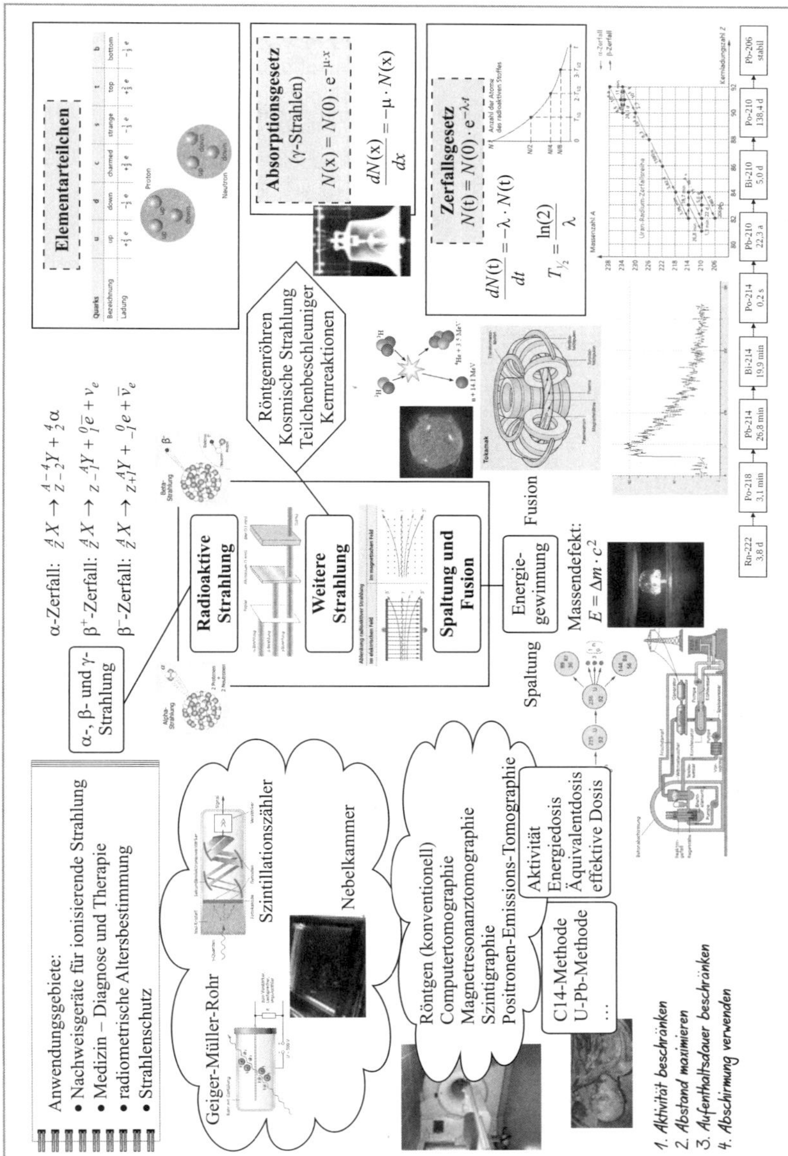

Anwendungsgebiete:
• Nachweisgeräte für ionisierende Strahlung
• Medizin – Diagnose und Therapie
• radiometrische Altersbestimmung
• Strahlenschutz
Geiger-Müller-Rohr
Szintillationszähler
Nebelkammer
Röntgen (konventionell)
Computertomographie
Magnetresonanztomographie
Szintigraphie
Positronen-Emissions-Tomographie
Aktivität
Energiedosis
Äquivalentdosis
effektive Dosis
C14-Methode
U-Pb-Methode
...
1. Aktivität beschränken
2. Abstand maximieren
3. Aufenthaltsdauer beschränken
4. Abschirmung verwenden
α-, β- und γ-Strahlung
α-Zerfall: $^{A}_{Z}X \rightarrow ^{A-4}_{Z-2}Y + ^{4}_{2}\alpha$
β⁺-Zerfall: $^{A}_{Z}X \rightarrow ^{A}_{Z-1}Y + ^{0}_{1}\bar{e} + \nu_e$
β⁻-Zerfall: $^{A}_{Z}X \rightarrow ^{A}_{Z+1}Y + ^{0}_{-1}e + \bar{\nu}_e$
Radioaktive Strahlung
Weitere Strahlung
Spaltung und Fusion
Röntgenröhren
Kosmische Strahlung
Teilchenbeschleuniger
Kernreaktionen
Energiegewinnung
Spaltung
Fusion
Massendefekt:
$E = \Delta m \cdot c^2$
Tokamak
Elementarteilchen
Proton
Neutron
Absorptionsgesetz
(γ-Strahlen)
$N(x) = N(0) \cdot e^{-\mu \cdot x}$
$\frac{dN(x)}{dx} = -\mu \cdot N(x)$
Zerfallsgesetz
$N(t) = N(0) \cdot e^{-\lambda \cdot t}$
$\frac{dN(t)}{dt} = -\lambda \cdot N(t)$
$T_{1/2} = \frac{\ln(2)}{\lambda}$
Uran-Radium-Zerfallsreihe
Massenzahl A
Kernladungszahl Z
Rn-222 3,8 d
Po-218 3,1 min
Pb-214 26,8 min
Bi-214 19,9 min
Po-214 0,2 s
Pb-210 22,3 a
Bi-210 5,0 d
Po-210 138,4 d
Pb-206 stabil

Mindmap 6: Mechanische Schwingungen und Wellen I

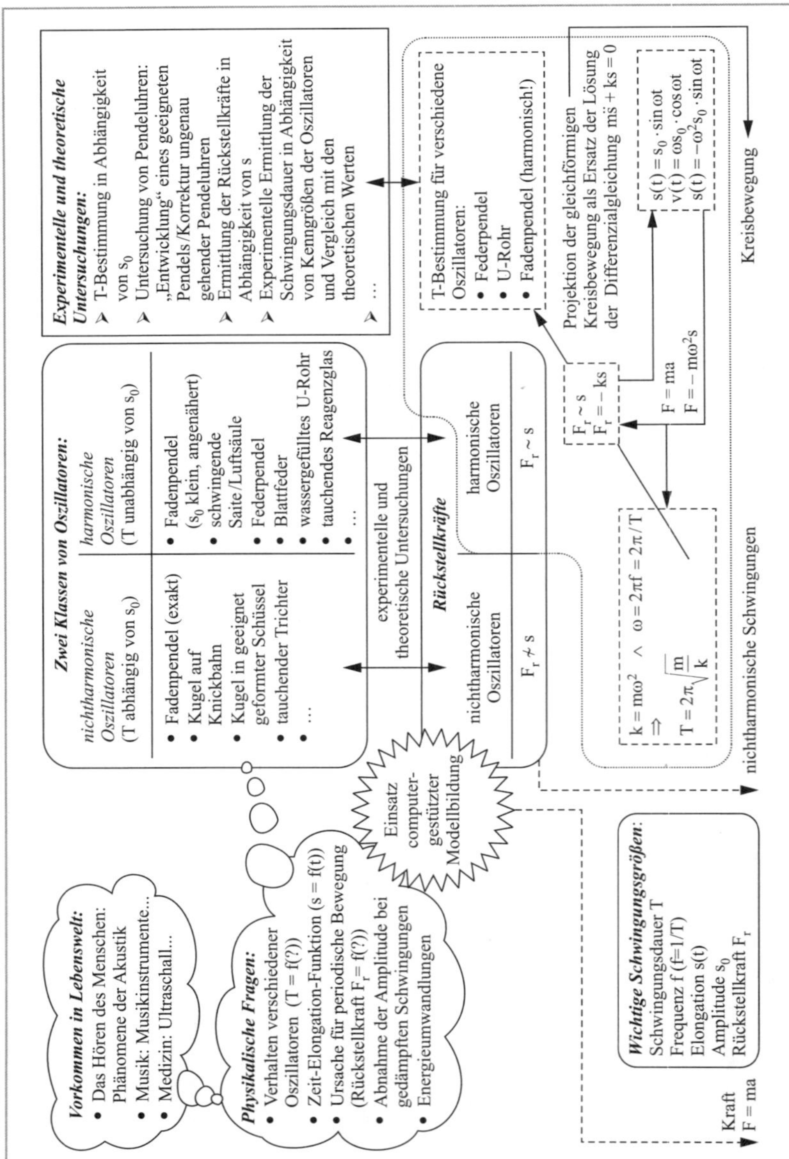

Mindmap 7: Mechanische Schwingungen und Wellen II

Parallele Überlagerung:
- Schwebungen
- Fourieranalyse, Fouriersynthese (Frequenzspektrum)
- Obertonreihe (in der Musik)
- Ton, Klang, Geräusch
- Akustische Unschärfe

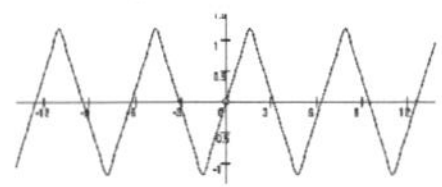

$$f(x)=\sum_{i=0}^{k}(-1)^i\frac{1}{(2i+1)^2}\sin((2i+1)x)$$

$$f(x)=\sum_{i=0}^{k}(-1)^i\frac{1}{i+1}\sin((i+1)x)$$

…(„Fourierreihen")

Besondere Phänomene:
- ➢ Antischall
- ➢ Schwebung vs. Dissonanz
- ➢ Richtungshören (aus der Mitte)
- ➢ Der fehlende Grundton eines Konzertflügels
- ➢ Das „Leben" eines Klanges
- ➢ Der dritte, nicht existierende Ton

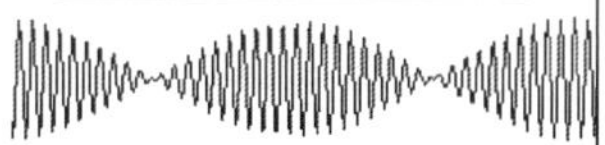

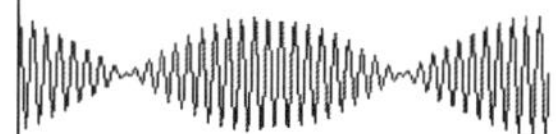

$s_1 = s_0 \sin\omega_1 t \;\wedge\; s_2 = s_0 \sin\omega_2 t$

$\Rightarrow\; s_1 + s_2 = 2s_0 \cos\frac{\omega_1-\omega_2}{2}t\cdot\sin\frac{\omega_1+\omega_2}{2}t$

Erzwungene Schwingungen:
- Resonanz, Eigenfrequenz
- Resonanzkatastrophe, Dämpfung

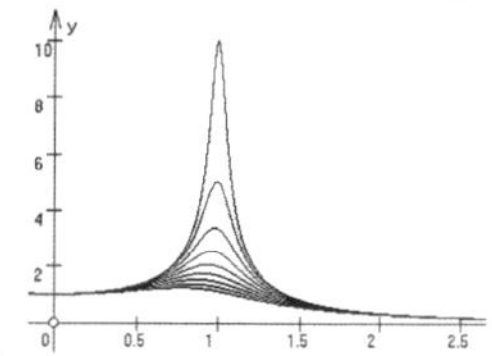

Mechanische Wellen

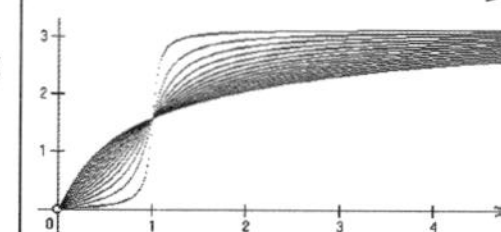

Besondere Phänomene:
- ➢ Einsturz der Tacoma-Bridge
- ➢ Stoßdämpfer
- ➢ Schutz vor Schäden durch Erdbeben
- ➢ Im Gleichschritt auf Brücken?
- ➢ Unwucht bei Rädern
- ➢ Resonanzkörper bei Musikinstrumenten

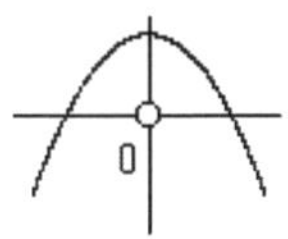

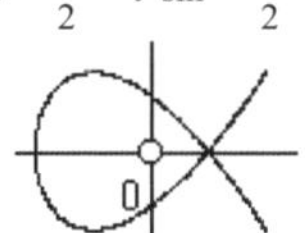

Orthogonale Überlagerung:
- Lissajous-Figuren

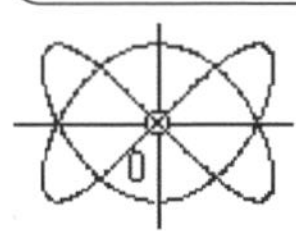

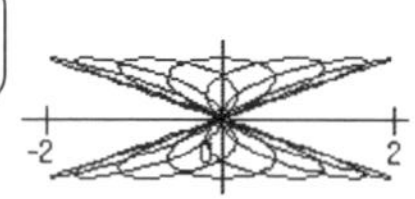

Besondere Phänomene:
- ➢ Laserkunst

Fourierspektrum des Hupsignals eines Fahrzeugs

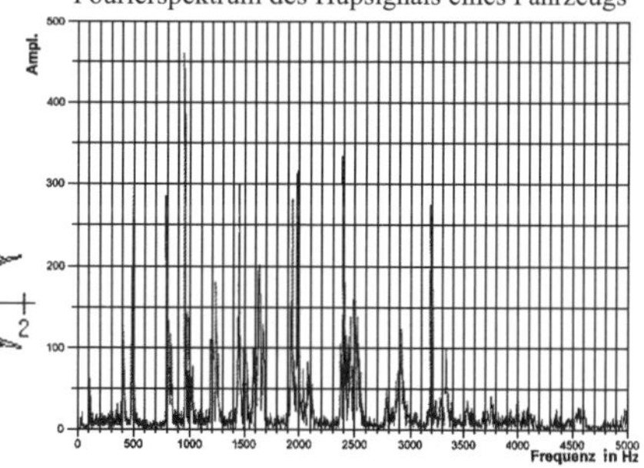

Obertonreihe:

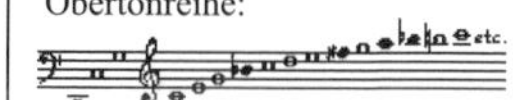

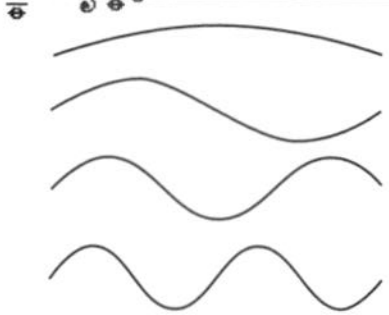

Mindmap 8: Mechanische Schwingungen und Wellen III

← Mechanische Schwingungen

Vorkommen in Lebenswelt:
- Wasserwellen, Meeresbrandung
- Erdbebenwellen
- Schallwellen: Flüstergewölbe, rollender Donner, Trittschall, Antischall...
- Biologie: das „aktive" Ohr

Von den Schwingungen zu den Wellen: Kopplung nicht selbstschwingender Oszillatoren
- Eindeutigkeit in Ausbreitung (vs. Kette gekoppelter Fadenpendel)
- Energieübertragung
- huygenssches Prinzip als unmittelbare Folge gekoppelter Oszillatoren (Computermodell) →

Licht →

Elektromagnetische Wellen →

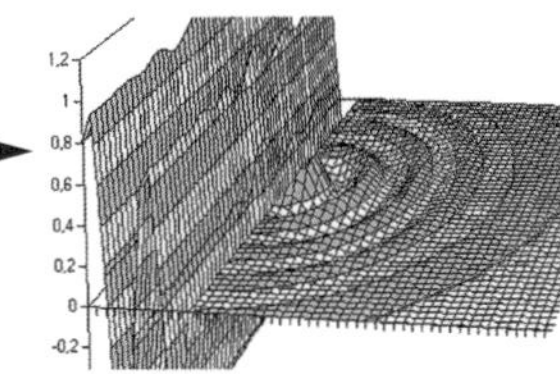

harmonische Wellen:
- „Standbild" und „Zeitdiagramm"
- $c = \lambda \cdot f$
- $s(x,t) = s_0 \sin(\frac{2\pi}{T} t - \frac{2\pi}{\lambda} x)$

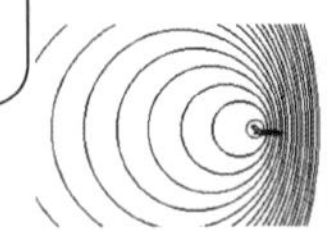

Wellen:
- ➢ eindimensional: z. B. Seilwellen
- ➢ zweidimensional: z. B. Wasserwellen
- ➢ dreidimensional: z. B. Schallwellen

Computer-Wellenmaschine

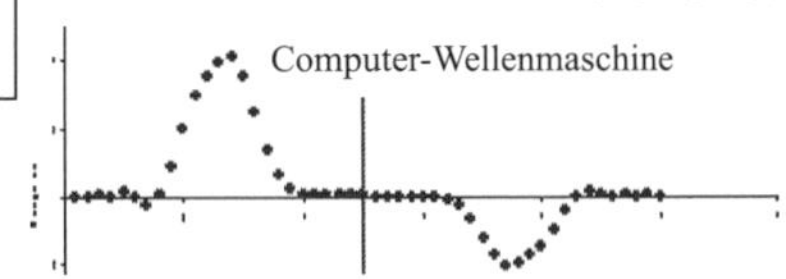

Besondere Phänomene:
- ➢ Transversal- und Longitudinalwellen
- ➢ Polarisation
- ➢ Reflexion
- ➢ Brechung
- ➢ stehende Wellen
- ➢ Dopplereffekt, Machscher Kegel
- ➢ Interferenz (Interferenzhyperbeln)

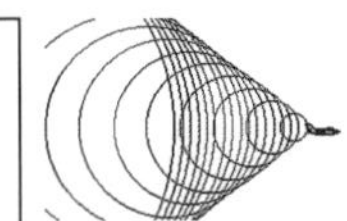

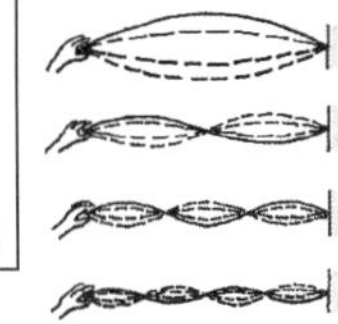

Dopplereffekt:
- Sirenenauto
- Schwimmen in Meereswellen
- Dopplersonographie (Medizin)
- Ortung der Fledermäuse, Delphine
- Zug vor Tunneleinfahrt
- (Ausblick: Rotverschiebung, Radarmessung)
- Überschallflug
- „Turbo-Enten"

Doppler-Verschiebung:
- $f_B = \frac{c \pm v}{c} f_S$ (Sender ruhend)
- $f_B = \frac{c}{c \mp v} f_S$ (Beobachter ruhend)

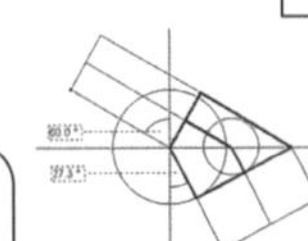

Brechungsgesetz: $\frac{\sin\alpha}{\sin\beta} = \frac{c_1}{c_2}$

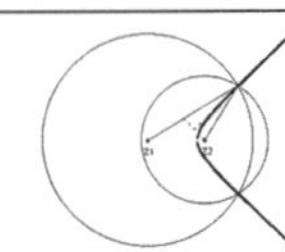

konstruktive / destruktive Interferenz:
$d_1 - d_2 = n\lambda$
$d_1 - d_2 = (n + \frac{1}{2})\lambda$

optischer Dopplereffekt →
Relativitätstheorie

3 Anlage eines Arbeitsheftes für die Oberstufe

Neben einer Übersichtsdarstellung zum behandelten Unterrichtsstoff gehört auch die „richtige“ Heft- bzw. Arbeitsmappenführung zu einer soliden und erfolgversprechenden Abiturvorbereitung. Im Folgenden finden sich Vorschläge, wie die sinnvolle Gestaltung eines Arbeitshefts im Fach Physik (und in ähnlicher Form auch in anderen Fächern) aussehen kann.

Wesentliche Bestandteile eines solchen Heftes sind

am Anfang des Heftes:
- Inhaltsverzeichnis mit Seitenzahlen

jeweils für die einzelnen Kapitel:
- Aufzeichnungen/Mitschriften/Skizzen aus dem Unterricht
- Zusammenstellung – ggf. Neuschrift – der Unterrichtsmitschriften
- Arbeitsblätter aus dem Unterricht/Hinweise auf Computerdateien aus dem und für den Unterricht/Internetlink-Hinweise auf Applets, Programme, …
- Hinweise auf die jeweils zugehörigen Seiten im Schulbuch
- Übersichtsseiten (vorzugsweise in der Form einer Mindmap) am Ende eines jeden Kapitels mit abschließenden Trennblättern für die einzelnen Kapitel

am Ende des Heftes:
- Klausuraufgaben
- Ggf. physikalische klasseninterne/kursinterne Formelsammlung

Organisatorische Hinweise

Damit nachträglich (Um-)Ordnung geschaffen werden kann, ist ein Schnellhefter bzw. Aktenordner oder ähnliches erforderlich, der das Verschieben/Austauschen einzelner Seiten erlaubt.

Ggf. kann es sinnvoll sein, auch farbliche Blätter zu verwenden, damit man schnell etwas wiederfindet (beispielsweise für die Übersichtsseiten oder die Trennblätter).

Die Seiten können wegen der nachträglichen Umordnungen nicht fortlaufend nummeriert werden, sondern sollten sich vorzugsweise nach den Kapiteln richten. So kann beispielsweise die Gliederung aus dem Inhaltsverzeichnis übernommen werden.

Inhaltliche Hinweise

Übersichten über den gesamten Lernstoff kann man sehr informativ in Form der im vorherigen Abschnitt beispielhaft angegebenen Mindmaps organisieren. Mindmaps lassen zudem schnell erkennen, in welchen Bereichen man sich auskennt bzw. wo man noch nacharbeiten muss.

Wichtige Ergebnisse müssen schnell und auffällig beim Durchblättern erkennbar sein; daher sollte man farbige Kennzeichnungen verwenden, Formeln in Kästchen setzen usw.

4 Eigene kleine Formelsammlung

Obwohl in der Abiturklausur und daher zumeist auch in den Klausuren eine Formelsammlung verwendet werden darf, ist es nützlich, eine eigene kleine Sammlung der wichtigsten im Unterricht immer wieder vorkommenden Formeln zu erstellen. Diese Formeln sollten Sie im Idealfall auswendig beherrschen, da Sie auch im Unterricht häufiger auf sie zurückgreifen müssen und ein erforderliches Nachlesen immer einen Zeitverlust bedeutet, erst recht in der Abiturarbeit. Eine solche kleine, aber fast vollständige Formelsammlung ist im folgenden Kasten zusammengestellt (in den Kästchen können Sie jeweils abhaken, welche Formeln Sie bereits auswendig wissen).

Ausgewählte physikalische Formeln

Mechanik:

- ☐ $\vec{v} = \vec{v}_0 + \vec{a}t$
- ☐ $\vec{s} = \vec{s}_0 + \vec{v}_0 t + \frac{1}{2}\vec{a}t^2$
- ☐ $E_{kin} = \frac{1}{2}mv^2$
- ☐ $E_{pot} = mgh$
- ☐ $E_{spann} = \frac{1}{2}Ds^2$
- ☐ $W = \int \vec{F}\, d\vec{s}$
- ☐ $\vec{F} := \dot{\vec{p}} \quad \vec{F} = m\vec{a}$
- ☐ $a = \frac{v^2}{r} \quad a = \omega^2 r$
- ☐ $F = \frac{mv^2}{r}$

Optik:

- ☐ $c = f\lambda = \frac{\lambda}{T}$
- ☐ $d \sin\alpha_n = n\lambda$

Elektrizitätslehre, Magnetismus:

- ☐ $U = RI$
- ☐ $P = UI$
- ☐ $\vec{E} = \frac{\vec{F}}{q}$
- ☐ $E = \frac{U}{d}$
- ☐ $W_{el} = QU = UIt$
- ☐ $U_{ind} = -\dot{\Phi}$
- ☐ $U_{ind} = \ell vB$
- ☐ $\vec{F} = q \cdot \vec{v} \times \vec{B}$
- ☐ $F = I\ell B$
- ☐ $B = \frac{\mu_0 I}{2\pi r}$
- ☐ $F = \frac{1}{4\pi\varepsilon_0}\frac{Q_1 Q_2}{r^2}$

Interferenz:

- ☐ $n\lambda = g \sin\alpha_n$
- ☐ $n\lambda = 2d \sin\delta$

Relativitätstheorie:

- ☐ $\Delta t = \Delta t_0 \sqrt{1 - \frac{v^2}{c^2}}$
- ☐ $\ell = \ell_0 \sqrt{1 - \frac{v^2}{c^2}}$
- ☐ $m = \frac{m_0}{\sqrt{1 - \frac{v^2}{c^2}}}$
- ☐ $E_0 = m_0 c^2$

Kernphysik:

- ☐ $N(t) = N_0 e^{-\lambda t}$
- ☐ $A(t) = A_0 e^{-\mu x}$

Quantenphysik:

- ☐ $E_{Ph} = hf$
- ☐ $\lambda_{Ph} = \frac{hf}{c}$
- ☐ $hf = W_A + E_{kin}$
- ☐ $\lambda_e = \frac{h}{p} = \frac{h}{mv}$
- ☐ $\Delta p \cdot \Delta x \geq \frac{h}{4\pi}$

Tipp: *Ein gewisses auswendig gewusstes Grundgerüst der wichtigsten Formeln sichert zu, dass Sie Zusammenhänge zwischen physikalischen Größen in den Fragestellungen der Klausuren viel schneller sehen, da bekannte Formeln unmittelbar diese Verknüpfung zwischen diesen Größen liefern.*

Denken Sie etwa an das Erlernen einer Fremdsprache: Auch hier ist das Anwenden, also das Sprechen kaum möglich, ohne dass Sie über ein hinreichendes Repertoire an Vokabeln verfügen.

Tipp: Lernen Sie diese Formeln im Verlauf der Oberstufe sofort, wenn sie erstmalig im Unterricht behandelt wurden, auswendig.
Wiederholen Sie die Übung regelmäßig und vergegenwärtigen Sie sich immer die Bedeutung und die Definition der in den Formeln vorkommenden Größen.

5 Lernen aus den Klausuren der Oberstufe

Abschließend sei darauf hingewiesen, dass es selbstverständlich sehr nützlich ist, wenn Sie die Klausuren der Oberstufe immer einmal wieder, beispielsweise in den Ferien, durcharbeiten. Dazu erstellen Sie am besten einen Zeitplan, aus dem hervorgeht, wann Sie welche der früheren Aufgaben noch einmal rechnen, um die Vorbereitung rechtzeitig abschließen zu können.

Zum Umgang mit diesem Buch

Das Buch enthält die **Original-Prüfungsaufgaben** des Leistungskurses ab 2009. Auf der beigefügten CD-ROM befinden sich die entsprechenden Aufgaben des Grundkurses sowie zusätzliche Übungsaufgaben.

Zu allen Aufgaben finden Sie nach der Aufgabenstellung separate **Tipps und Hinweise** sowie im Anschluss daran komplett ausgearbeitete **Musterlösungen** mit Kommentar zum Lösungsweg und konkreten Hinweisen zur Lösungsstrategie (die Hinweise sind durch eine Raute am linken Textrand gekennzeichnet).

Für die eigene Übung ist es wichtig, zunächst zu versuchen, allein mit der Aufgabenstellung zu Recht zu kommen. Nutzen Sie daher immer **zuerst** die Tipps, wenn Sie bei der Lösung der einzelnen Teilaufgaben ins Stocken geraten. Gehen Sie dabei **schrittweise** vor, d. h., lesen Sie den zweiten Tipp, wenn Sie mit dem ersten allein nicht weiterkommen, usw. Vor den Tipps finden sich Hinweise zu dem Stellenwert der jeweiligen Aufgabe.

Die Musterlösung dient zum einen zur **Kontrolle**, ob Sie die Aufgabe richtig und vollständig gelöst haben, zum anderen gibt Sie Ihnen eine **ausführliche Hilfestellung**, wenn Sie trotz der Tipps Schwierigkeiten bei der Bearbeitung haben.

Abiturprüfung Physik 2009 (Nordrhein-Westfalen) – Leistungskurs
Prüfungsaufgabe I

Aufgabe 1: Induktionsspannungen an einer im Magnetfeld schwingenden Leiterschaukel

Ein Kupferstab der Länge $L = 14$ cm hängt wie in Abbildung 1 dargestellt an zwei sehr dünnen langen Kupferdrähten. Diese Leiterschaukel schwingt in einem homogenen Magnetfeld der Stärke $B = 2 \cdot 10^{-2}$ T. Die Längsachse des Kupferstabes steht stets senkrecht zu $\vec{B}$ und zum Geschwindigkeitsvektor $\vec{v}$. Außerdem gilt (in guter Näherung) $\vec{v} \perp \vec{B}$.

Der Versuch zeigt, dass zwischen den Enden des Kupferstabes eine Spannung auftritt. Diese Spannung wird nach Vorverstärkung durch einen Mikrovoltverstärker mit einem Digitalspeicheroszilloskop oder einem Messwerterfassungssystem aufgezeichnet. Die in den Abbildungen 2 und 3 dargestellten Graphen geben den zeitlichen Verlauf der auftretenden Spannung U(t) wieder.

Für beide Diagramme gilt:
Verstärkungsfaktor (Oszilloskop): 2 Volt pro Kästchen
Vorverstärkung (Mikrovoltverstärker): 10^4

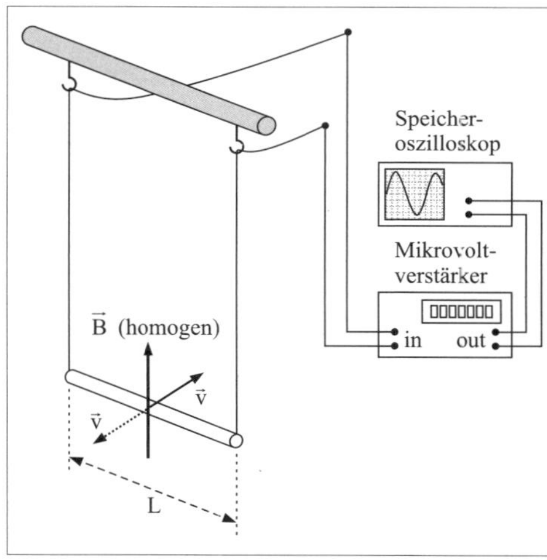

Abb. 1: Versuchsaufbau, Leiterschaukel im homogenen B-Feld

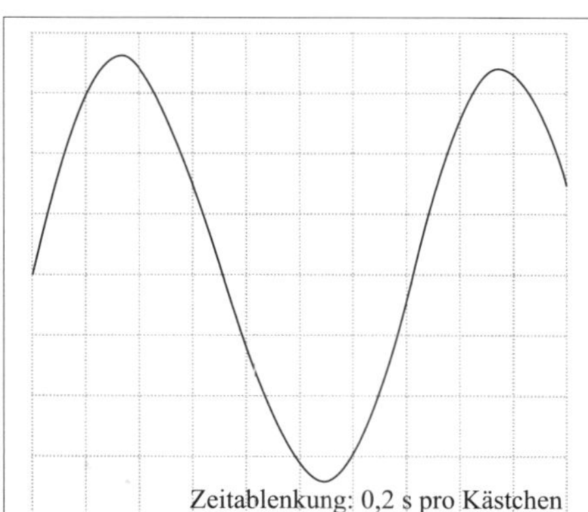

Abb. 2: Messdiagramm 1

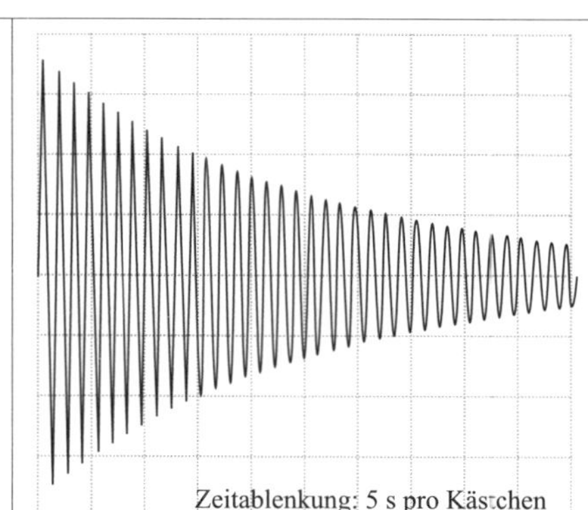

Abb. 3: Messdiagramm 2

a) Skizzieren Sie einen im Magnetfeld bewegten Leiter, indem Sie Abbildung 1 vereinfachen (zweidimensionale Prinzipskizze).

Erläutern Sie, wieso bei diesem Versuch eine Spannung U(t) zwischen den Enden des Leiters auftritt.

Leiten Sie (gegebenenfalls durch Ergänzung Ihrer Skizze) die hier gültige Beziehung $U(t) = L \cdot v(t) \cdot B$ her.
(L bezeichnet die Länge des Kupferstabes.) (13 P)

b) Sieht man zunächst noch von der Dämpfung ab, so verläuft U(t) in guter Näherung sinusförmig (siehe Abbildung 2). Bei der Bearbeitung der folgenden Aufgabe darf daher zunächst von einem rein sinusförmigen Verlauf von U(t) ausgegangen werden.

Bestimmen Sie aus dem Messdiagramm 1 (Abbildung 2) die Periodendauer T des Spannungssignals U(t).

Bestimmen Sie aus dem Messdiagramm 1 (Abbildung 2) die Höhe der (ersten) Amplitude U_0 des Spannungssignals U(t).

Geben Sie einen allgemeinen Funktionsterm für U(t) an.

Geben Sie den Funktionsterm für U(t) mit den konkreten Größen für den hier vorliegenden Fall an.

Bestimmen Sie die Geschwindigkeit v_0, mit der die Leiterschaukel durch die Ruhelage, also durch den tiefsten Punkt der Bewegung schwingt.
($L = 14$ cm; $|\vec{B}| = 2 \cdot 10^{-2}$ T) (13 P)

c) Das Oszillogramm in Abbildung 3 zeigt, dass die reale Schwingung gedämpft ist. Die Amplituden nehmen mit fortschreitender Zeit ab. Diese gedämpfte Schwingung kann durch eine Funktion der Form

$$U(t) = U_A \cdot e^{-k \cdot t} \cdot \sin\left(\frac{2\pi}{T} \cdot t\right)$$

beschrieben werden.

Beschreiben Sie (rein qualitativ) ein Verfahren, mit dem Sie nachweisen könnten, dass die Abnahme der Amplituden exponentiell erfolgt.

Hinweis: Die Anwendung des beschriebenen Verfahrens ist nicht verlangt.

Annahme: Die Amplitudenabnahme erfolgt exponentiell, das Zeit-Spannung-Diagramm wird also durch einen Funktionsterm der oben genannten Form beschrieben.

Leiten Sie mit der genannten Annahme einen Term zur Bestimmung des Dämpfungsfaktors k her.

Bestimmen Sie einen Wert für k.

Hinweis: Der Vorfaktor U_A ist nicht bekannt, er entspricht auch *nicht* der Höhe der 1. Amplitude. (Kontrollergebnis: $k \approx 0{,}04 \cdot s^{-1}$) (14 P)

d) Wie in Abbildung 4 a dargestellt, soll der Kupferstab im Magnetfeld eines großen Hufeisenmagneten schwingen. **Dabei befindet sich der Leiter zunächst im Raumgebiet zwischen den beiden Schenkeln des Magneten.** Das Oszilloskop zeigt den in Abbildung 4 b wiedergegebenen Spannungsverlauf.

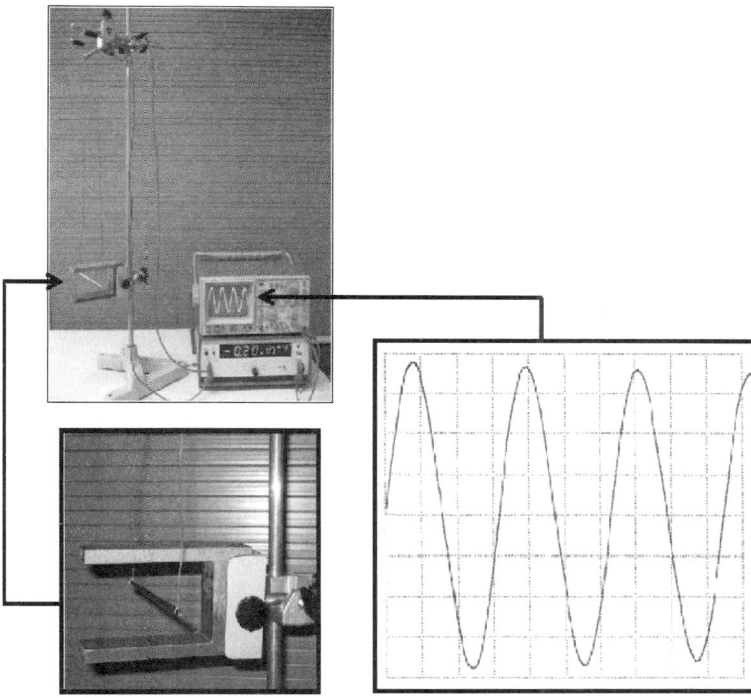

Abb. 4 a: Versuchsaufbau mit Hufeisenmagnet, der Kupferstab befindet sich in der Ruhelage.

Abb. 4 b: Zeitlicher Verlauf der Induktionsspannung

Die Leiterschaukel und der Magnet werden neu ausgerichtet. Wenn der Kupferstab **durch die Ruhelage schwingt, befindet er sich gerade noch zwischen den Schenkeln des Hufeisenmagneten (siehe Abbildung 5 a)**. Das Oszilloskop zeigt nun den in Abbildung 5 b wiedergegebenen zeitlichen Verlauf der Spannung an.

Abb. 5 a: Versuchsaufbau mit Hufeisenmagnet, der Kupferstab befindet sich in der Ruhelage.

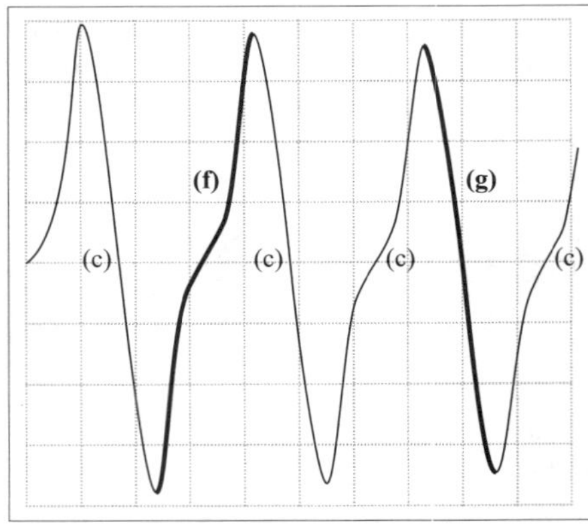

Abb. 5 b: Zeitlicher Verlauf der Induktionsspannung

Erklären Sie, warum das Zeit-Spannung-Diagramm im zweiten Fall (Abbildung 5 b) gegenüber dem Kurvenverlauf im ersten Fall (Abbildung 4 b) deutlich „verzerrt" ist.

Erklären Sie, an welchen Stellen (seiner Bahnkurve) sich der Leiter jeweils im Magnetfeld befunden haben muss, als die Nulldurchgänge (c) geschrieben wurden.

Erläutern Sie, wie sich der Leiter (relativ zum Magneten) bewegt haben muss, damit die mit (f) bzw. (g) benannten und „fett" markierten Kurvenabschnitte des Zeit-Spannung-Diagramms geschrieben werden konnten. (11 P)

e) Werden die beiden Aufhängungsdrähte der Leiterschaukel nicht mit dem (hochohmigen) Messgerät, sondern einfach mit einem Kabel (also Leiter) miteinander verbunden, wirkt auf die Leiterschaukel außer der Rückstellkraft und von der Aufhängung und dem Luftwiderstand verursachten Dämpfungskräften auch noch eine weitere Kraft

$$F_x = \frac{L^2 \cdot B^2}{R_{LS}} \cdot v(t).$$

Dabei ist R_{LS} der elektrische Widerstand der Leiterschaukel, bestehend aus dem Kupferstab und den beiden Aufhängedrähten sowie dem Verbindungskabel.

Erläutern Sie Ursache, Richtung und Wirkung dieser Kraft.

Leiten Sie den angegebenen Term her. (13 P)

Aufgabe 2: Radioaktiver Zerfall von Uran und das Alter der Erde

In dieser Aufgabe geht es um die Bestimmung des Alters der Erde mit der Uran-Blei-Methode.

a) **Allgemeines zum radioaktiven Zerfall**

Das natürlich vorkommende Uran-Isotop U-238 zerfällt über mehrere Zwischenprodukte in das stabile Blei-Isotop Pb-206. Uran-238 zerfällt in einem α-Zerfall, das erste Tochterelement zerfällt in einem β^--Zerfall.

Beschreiben Sie die beim α-Zerfall und β^--Zerfall im Atomkern stattfindenden Umwandlungsprozesse.

Geben Sie die Umwandlungsgleichungen für den Zerfall von U-238 und den Zerfall des ersten Tochterelements an.

Geben Sie an, wie viele α-Zerfälle in der Zerfallsreihe von ${}^{238}_{92}\text{U}$ bis ${}^{206}_{82}\text{Pb}$ stattfinden, und bestimmen Sie dann die Anzahl der β^--Zerfälle.

Begründen Sie jeweils die Anzahl der Zerfälle. (14 P)

b) **Ein vereinfachtes Modell für den Zerfall von U-238 in Pb-206**

Bei der Bestimmung des Alters der Erde geht man von einem vereinfachten Modell aus, in dem diese Zerfallsreihe durch einen einzigen Zerfall vom Mutterelement U-238 in das Tochterelement Pb-206 mit einer Halbwertszeit von $T_{1/2} = 4{,}47 \cdot 10^9$ a beschrieben wird.

Begründen Sie anhand der Tabelle 1, dass dieses Modell zulässig ist. (4 P)

Nuklid	Mutternuklid U-238	Nuklid 2	Nuklid 3	Nuklid 4	Nuklid 5	Nuklid 6
$T_{1/2}$	$4{,}47 \cdot 10^9$ a	24,10 d	6,7 h	$2{,}46 \cdot 10^5$ a	$7{,}54 \cdot 10^4$ a	$1{,}60 \cdot 10^3$ a

Nuklid	Nuklid 7	Nuklid 8	Nuklid 9	Nuklid 10	Nuklid 11	Nuklid 12
$T_{1/2}$	3,83 d	3,05 m	26,8 m	19,9 m	0,2 s	22,3 a

Nuklid	Nuklid 13	Nuklid 14	Endnuklid Pb-206
$T_{1/2}$	5,01 d	138 d	stabil

Tab. 1: Halbwertszeiten $T_{1/2}$ der Nuklide in der Zerfallsreihe von U-238 in Pb-206
a: Jahre, d: Tage, m: Minuten, s: Sekunden

c) **Grafische Darstellung des Zerfalls im vereinfachten Modell**

Stellen Sie in einem Diagramm den Graphen $N_M(t)$, d. h. die Anzahl der Mutterkerne U-238 in Abhängigkeit von der Zeit, dar, wenn zum Zeitpunkt $t = 0$ die Anzahl $N_{M,0}$ vorliegt.

Begründen Sie Ihr Vorgehen.

Zeichnen Sie zusätzlich in dieses Diagramm den Graphen für $N_T(t)$, d. h. die Anzahl der Tochterkerne Pb-206 in Abhängigkeit von der Zeit, unter der Voraussetzung ein, dass zum Zeitpunkt $t = 0$ keine Tochterkerne vorhanden waren.

Begründen Sie Ihr Vorgehen. (9 P)

d) **Verfahren zur Berechnung des Alters der Erde**

Gehen Sie bei der Bearbeitung dieser Aufgabe davon aus, dass bei der Bildung der festen Erdkruste Gesteine entstanden, die Uran, aber kein Blei enthielten.

Man kann die seit dem Zeitpunkt der Entstehung der Gesteine ($t = 0$) vergangene Zeit, d. h. das Alter der Gesteinsprobe, dann aus dem Verhältnis der Kerne U-238 und Pb-206 in Proben dieser Gesteine ermitteln.

Die Anzahl der Kerne des Mutterelements Uran nimmt ab nach der Beziehung

$$N_M(t) = N_{M,0} \cdot e^{-\lambda \cdot t},$$

wobei λ die Zerfallskonstante ist.

Leiten Sie daraus folgende Gleichung für das Alter der Gesteinsprobe her:

$$t = \frac{T_{1/2}}{\ln 2} \cdot \ln\left(1 + \frac{N_T(t)}{N_M(t)}\right)$$

Das Alter der ältesten gefundenen Gesteinsprobe kann man in etwa mit dem Alter der Erde gleichsetzen. In einer solchen Probe wurde für das Verhältnis der Anzahl der Kerne von Pb-206 und U-238 der Wert

$$\frac{N_{Pb\text{-}206}}{N_{U\text{-}238}} = 1{,}02$$

bestimmt.

Berechnen Sie das Alter der Erde. (9 P)

e) **Prüfung, ob eine Probe verunreinigt ist**

Eine sehr große Fehlerquelle bei der Altersbestimmung ist die „Verunreinigung“ der Proben durch Blei, sobald man sie Umwelteinflüssen aussetzt.

Erläutern Sie, warum das Hinzukommen von Blei aus der Umwelt zu einem Fehler bei der Altersbestimmung führt.

Begründen Sie, ob die Probe dadurch älter oder jünger erscheint, als sie tatsächlich ist.

Das in der Umwelt vorkommende Blei besteht aus mehreren Isotopen, unter anderen aus Pb-206 und Pb-204. Diese beiden Isotope treten stets etwa im gleichen Verhältnis (17 : 1) auf.

Um herauszufinden, ob eine Probe verunreinigt ist, analysiert man, ob die Probe das Isotop Pb-204 enthält, da dieses in der Zerfallsreihe von U-238 nicht vorkommt.

Beschreiben Sie den Rechenweg, wie man das Alter eines uranhaltigen Gesteins möglichst genau bestimmen kann, auch wenn man eine bestimmte Menge Pb-204 in der untersuchten Probe gefunden hat. (9 P)

f) **Bestimmung der Halbwertszeit von sehr langlebigen Nukliden**
Es soll die Halbwertszeit eines Nuklids bestimmt werden, die im Bereich von sehr vielen Jahren liegt. Die experimentelle Bestimmung ist auf der Grundlage der Beziehung $A(t) = \lambda \cdot N(t)$ möglich, wobei $A(t)$ die Aktivität zum Zeitpunkt t bedeutet.

Leiten Sie die Beziehung für die Aktivität

$$A(t) = \frac{\ln 2}{T_{1/2}} \cdot N(t)$$

aus dem Zerfallsgesetz begründet her.

Eine Probe besteht nur aus Mutter- und Tochterelement. Zur Ermittlung von $N(t)$ – d. h. der Anzahl der noch nicht zerfallenen Mutterkerne – wird ein kleiner Teil der Probe mithilfe eines Massenspektrometers analysiert. Zusätzlich steht eine Präzisionswaage zur Verfügung.

Beschreiben Sie, wie man dadurch zu einem Wert für $N(t)$ der Probe gelangt.

Mit einem Zählrohr wird für eine radioaktive Probe eine bestimmte Zählrate ermittelt.

Begründen Sie, warum über diese Zählrate die Aktivität nicht unmittelbar nur durch Anwendung der angegebenen Beziehung bestimmt werden kann.

Geben Sie drei Faktoren an, die man berücksichtigen muss, wenn man aus der Zählrate die Aktivität bestimmen will. (15 P)

Tipps und Hinweise zur Lösung von Prüfungsaufgabe I

Tipps zu Aufgabe 1

Vorbemerkung: Die genannte Schwingung dient lediglich dazu, dass Sie einen sich in einem Magnetfeld unterschiedlich schnell hin und her bewegenden Leiter haben, in dem aufgrund seiner Bewegung an seinen Enden eine Spannung hervorgerufen wird.

Teilaufgabe a

- Was darf (hinsichtlich der gegenseitigen Positionen/Ausrichtungen) vereinfachend angenommen werden? Beachten Sie hierzu auch den einleitenden Aufgabentext.
- Prüfen Sie, ob Sie allgemein vektoriell vorgehen müssen oder ob aufgrund der Vorgaben betragsmäßige Formulierungen und Darstellungen ausreichen.
- Denken Sie an die Kraft, die bewegte elektrische Teilchen in Magnetfeldern erfahren.
- Wann immer man (in der Schule) von Spannungen in elektrischen Feldern spricht, sollte man unbedingt an einen bestimmten (für homogene Felder einfachen) Zusammenhang zwischen der elektrischen Feldstärke und der Spannung denken.

Teilaufgabe b

- Beachten Sie die angegebenen Maßstäbe im Angabentext bzw. in Abbildung 2.
- Beachten Sie, dass das Signal durch einen Mikrovoltverstärker vorverstärkt wurde.
- Denken Sie daran, dass Ihnen in Teilaufgabe 1 a bereits eine Gleichung für die Geschwindigkeit angegeben worden ist.

Teilaufgabe c

- Hier stehen Ihnen aus fachmethodischer Sicht mehrere Möglichkeiten zur Verfügung.
- Denken Sie daran, dass k durch das Verhältnis der ablesbaren Amplituden bestimmt ist.
- Berechnen Sie das Verhältnis zweier aufeinander folgender Amplituden – oder besser: Verhältnis von Amplituden, die mehrere Schwingungsdauern voneinander entfernt sind.

Teilaufgabe d

- Erinnern Sie sich an die Gestalt des Magnetfelds eines Hufeisenmagneten – innerhalb und außerhalb seiner beiden Schenkel.
- Denken Sie daran, dass Ihnen der Kurvenabschnitt (g) bereits in Abbildung 4 b begegnet ist.
- Auffällig ist insbesondere die Form der „Verzerrung“ – danach ist aber nicht gefragt.

Teilaufgabe e

- „Hochohmig“ bedeutet inhaltlich, dass praktisch kein Strom fließt.
- Es geht um Stromfluss durch einen Leiter mit dem Widerstand R. Daher kann man U und I miteinander verknüpfen, da Strom und Spannung in einem Leiter über dessen ohmschen Widerstand miteinander verbunden sind.
- Die magnetische Kraft auf einen stromdurchflossenen Leiter entsteht aufgrund der Lorentzkraft, daher können Sie eine Gleichung nutzen, mit der sich die Kraft auf einen stromdurchflossenen Leiter berechnen lässt.
- Denken Sie an die Lenz'sche Regel.

Tipps zur Aufgabe 2

Vorbemerkung: Sie haben sicherlich im Unterricht ein Verfahren zu einer Altersbestimmung behandelt; eines der bekanntesten dürfte die C14-Methode sein zur Altersbestimmung gewisser archäologischer Funde.
Denken Sie zunächst daran, dass und wie ein radioaktives Isotop eines chemischen Elements im Verlaufe der Zeit mengenmäßig abnimmt, indem es durch Aussendung gewisser Objekte in ein Isotop eines anderen chemischen Elements übergeht.

Teilaufgabe a

- Die beiden ersten Teilaufgaben verlangen Wissen um die Umwandlungsprozesse beim radioaktiven Zerfall.
- Achten Sie darauf, dass – lediglich – der β^--Zerfall verlangt ist.
- Die Differenz der Massenzahlen von U und Pb finden Sie bereits in den Angaben der Aufgabenstellung, Sie können sie aber auch Ihrer Nuklidkarte entnehmen.
- Da ein Betazerfall nicht die Massenzahl ändert, kann die Änderung der Massenzahl nur durch Alphazerfälle realisiert sein. Beachten Sie den daraus folgenden Schluss für die Anzahl der Betazerfälle.

Teilaufgabe b

- Vergleichen Sie die angegebenen Halbwertszeiten miteinander. Welche ist die für die Gesamtzerfallszeit praktisch allein bestimmende?
- Beachten Sie auch für die weiteren Teilaufgaben, dass ab jetzt ein vereinfachtes Modell aus einer (einzigen) Muttersubstanz und einer (einzigen) Tochtersubstanz angenommen wird.

Teilaufgabe c

- Beachten Sie, dass die Summe der Anzahlen aus Mutter- und Tochterkernen immer konstant ist.
- Die Aufgabenstellung verlangt eine quantitative Darstellung, also beachten Sie die Halbwertzeit der Muttersubstanz und skalieren Sie Ihr Diagramm entsprechend.

Teilaufgabe d

- Lassen Sie sich durch den etwas „länglichen“ angegebenen Term für t nicht irritieren.
- Die Gleichung für den zeitlichen Verlauf der Anzahl der Mutterkerne ist angegeben: Wenn also $N_M(t)$ die Anzahl der Mutterkerne zu einem Zeitpunkt t darstellt, was weiß man dann über die Anzahl der Tochterkerne $N_T(t)$?
- Sie können das Verhältnis $\frac{N_T(t)}{N_M(t)}$ nutzen.
- Nutzen Sie Ihre Formelsammlung. Welche Beziehung über die Zerfallskonstante λ und der Halbwertszeit finden Sie dort (vermutlich)?

Teilaufgabe e

- Die Verunreinigungen erhöhen den Anteil des Bleis in der Probe. Daraus kann man ohne Rechnung bereits schließen, dass die Probe … erscheint.
- Achten Sie bei der letzten Teilfrage darauf, dass lediglich der Rechenweg beschrieben werden soll.
- Denken Sie daran, dass mit einer gewissen Menge Pb-204 immer das 17-Fache an Pb-206 hinzukommt, das nicht bei der Altersbestimmung berücksichtigt werden darf.

Teilaufgabe f

- Beachten Sie die Aufgabenstellung, die gesuchte Beziehung soll aus dem Zerfallsgesetz hergeleitet(!) werden. Ein Ersetzen von λ durch eine bekannte Beziehung z. B. aus der Formelsammlung reicht nicht aus.
- Gehen Sie von der Definition der Aktivität $A(t) = -\dot{N}(t)$ aus; beachten Sie dabei insbesondere auch das auftretende Minuszeichen.
- Beachten Sie, dass beim zweiten Teilauftrag lediglich ein Verfahren beschrieben werden muss.
- Denken Sie daran, dass die Zählrate eines Detektors lediglich einen gewissen Anteil der tatsächlich stattfindenden Zerfallsprozesse angibt.

Lösungen zur Prüfungsaufgabe I

Aufgabe 1

a) Im Folgenden wird von rechten Winkeln zwischen den drei Größen Magnetfeldstärke, Geschwindigkeit und Kraft ausgegangen.

Prinzipskizze (siehe Abbildung 6)

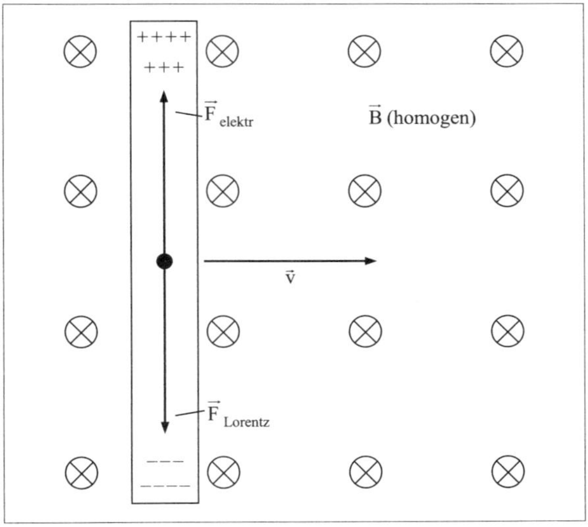

Abb. 6

Beachten Sie die üblichen Symbole für Vektorgrößen, die in die Zeichenebene hinein gehen (⊗) und die aus der Zeichenebene heraus kommen (⊙).

Spannungserzeugung

Der Kupferstab bewegt sich (vgl. Abbildung 6) mit der Geschwindigkeit v durch das (homogene) Magnetfeld der Stärke B. Auf jedes dabei mitbewegte Leitungselektron im Kupferstab wirkt die Lorentzkraft $F_L = e \cdot v \cdot B$. Die Lorentzkraft verschiebt die (frei beweglichen) Leitungselektronen, sodass es zu einer „Konzentration" von Elektronen an einem Stabende und zu einem „Elektronenmangel" am anderen Stabende kommt. Insgesamt entsteht dadurch ein elektrisches Feld der Stärke E und somit eine elektrische Spannung U zwischen den beiden Leiterenden.

Herleitung der Formel

Nimmt man näherungsweise an, dass es sich bei diesem Feld um ein homogenes Feld handelt, ergibt sich als Spannung zwischen den Stabenden

$$E = \frac{U}{L}.$$

Die Elektronen erfahren also eine elektrische Kraft $F_{elektr} = e \cdot E = e \cdot \frac{U}{L}$, die der Lorentzkraft entgegengesetzt gerichtet ist.

Wenn die elektrische Kraft so groß geworden ist, dass sie der Lorentzkraft das Gleichgewicht hält, gelangen keine weiteren Elektronen mehr an das eine Stabende. Dies geschieht in der Realität sehr schnell, fast sofort. Dann gilt betragsmäßig:

$$F_{\text{elektr.}} = F_{\text{Lorentz}} \quad \Leftrightarrow \quad e \cdot \frac{U}{L} = e \cdot v \cdot B \quad \Rightarrow \quad U = L \cdot v \cdot B$$

Wegen der zeitlichen Veränderlichkeit der Geschwindigkeit ist dann genauer:

$$\underline{\underline{U(t) = L \cdot v(t) \cdot B}}$$

Die Kraft auf bewegte elektrische Teilchen in Magnetfeldern sowie die Kraft auf (ruhende oder bewegte) elektrische Teilchen in elektrischen Feldern gehören zu den wenigen „physikalischen Vokabeln", die Sie unbedingt auswendig angeben können sollten!

Ergänzende Frage: Warum sichert die Vorgabe der kleinen Auslenkungen deutliche Vereinfachungen zu? Warum wäre die Aufgabe viel schwerer zu bearbeiten, wenn die Leiterschaukel gar bis 90° ausschwingen dürfte?

b) Unter Berücksichtigung der angegebenen Zeitablenkung bzw. der Verstärkungsfaktoren entnimmt man dem Diagramm in Abbildung 2 die

- **Periodendauer:**

$$T = 7{,}1 \text{ Kästchen} \cdot 0{,}2 \frac{\text{s}}{\text{Kästchen}} = \underline{\underline{1{,}42 \text{ s}}}$$

- **Höhe der ersten Spannungsamplitude:**

$$U_0 = 3{,}6 \text{ Kästchen} \cdot 2 \frac{\text{V}}{\text{Kästchen}} \cdot 10^{-4} = \underline{\underline{7{,}2 \cdot 10^{-4} \text{ V}}}$$

Der **allgemeine Funktionsterm** für eine sinusförmige Wechselspannung ist:

$$U(t) = U_0 \cdot \sin(\omega \cdot t) = \underline{\underline{U_0 \cdot \sin\left(\frac{2\pi}{T} \cdot t\right)}}$$

Durch Einsetzen der beiden zuerst ermittelten Werte ergibt sich **konkret**:

$$U(t) = 7{,}2 \cdot 10^{-4} \text{ V} \cdot \sin\left(\frac{2\pi}{1{,}42 \text{ s}} \cdot t\right) = \underline{\underline{7{,}2 \cdot 10^{-4} \text{ V} \cdot \sin(4{,}42 \text{ s}^{-1} \cdot t)}}$$

Bestimmung von v_0

Mithilfe der (angegebenen) Formel $U(t) = L \cdot v(t) \cdot B$, die man nach v(t) umstellt, ergibt sich:

$$v(t) = \frac{U(t)}{L \cdot B} = \frac{U_0 \cdot \sin(\omega \cdot t)}{L \cdot B} = \frac{U_0}{L \cdot B} \cdot \sin(\omega \cdot t)$$

Der Faktor $\frac{U_0}{L \cdot B}$ gibt die maximale Geschwindigkeit v_0 an, also erhält man:

$$v_0 = \frac{U_0}{L \cdot B} = \frac{7{,}2 \cdot 10^{-4} \text{ V}}{0{,}14 \text{ m} \cdot 2 \cdot 10^{-2} \text{ T}} = \underline{\underline{0{,}26 \frac{\text{m}}{\text{s}}}}$$

Beachten Sie, dass in der Aufgabenstellung eine Umformung der Einheiten in der letzten Gleichung nicht verlangt ist. Es ist aber eine gute Übung, wenn Sie diese durchführen und zeigen, dass $1\,\frac{\mathrm{V}}{\mathrm{m \cdot T}} = 1\,\frac{\mathrm{m}}{\mathrm{s}}$ ist.

Seien Sie nicht allzu kritisch, wenn Sie leichte Unterschiede in der Skalierung von Rechts- und Hochachse feststellen – sie können am Ausdruck der Dateien liegen, gegebenenfalls sollten Sie während der Arbeit ruhig nachfragen, inwieweit von Ihnen vermutete Ungenauigkeiten in der Darstellung eines Diagramms gewollt oder ungewollt sind.

c) Für beispielsweise zehn oder zwölf unmittelbar aufeinander folgende Amplituden kann man aus dem Diagramm in Abbildung 3 der Aufgabe die „Amplitudenhöhen" entnehmen.

Die Darstellung der Amplituden in einem Diagramm sieht dann folgendermaßen aus:

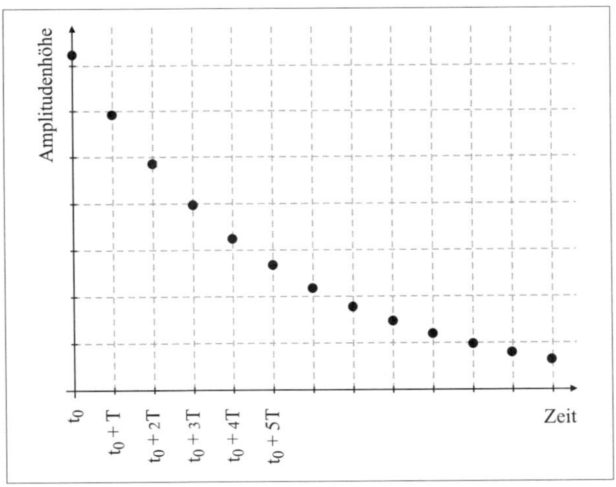

Abb. 7

Beachten Sie, dass Sie hier keinesfalls eine durchgezogene Linie durch die Messpunkte zeichnen dürfen!

Nachweisverfahren für exponentielle Abnahme

- Prüfung, ob die Amplituden nach der festen Zeit T jeweils auf den gleichen Prozentsatz abfallen – die **Quotientengleichheit** aufeinanderfolgender Werte ist charakteristisch für das Vorliegen einer exponentiellen Ab- oder Zunahme.
- **logarithmische Auftragung der Amplitudenhöhen:** bei exponentieller Veränderung muss sich als Kurve eine **Gerade** ergeben (ln und e sind Umkehrfunktionen zueinander).
- Feststellung einer **Halbwertszeit**

Natürlich ist gemäß Aufgabenstellung nur ein Verfahren zu beschreiben. Führen Sie zur Übung mindestens eins, besser alle drei Verfahren durch.
Machen Sie sich mit diesen wesentlichen Nachweismethoden vertraut, sie sind in den bisherigen Zentralabitur-Aufgaben mehrfach verlangt worden.

Herleitung eines Terms zur Berechnung von k
Da laut Aufgabenstellung ein exponentieller Abfall jetzt angenommen werden darf, wird Verfahren 1 genutzt, wobei nicht zwei unmittelbar aufeinander folgende Amplituden berücksichtigt werden, sondern aufgrund der verbesserten Genauigkeit weiter auseinander liegende Amplituden. Gegeben ist:

$$U(t) = U_A \cdot e^{-k \cdot t} \cdot \sin\left(\frac{2\pi}{T} \cdot t\right)$$

Der Quotient zweier Amplituden im zeitlichen Abstand $n \cdot T$ voneinander lautet:

$$\frac{U(t_0)}{U(t_0 + n \cdot T)} = \frac{U_A \cdot e^{-k \cdot t_0} \cdot \sin\left(\frac{2\pi}{T} \cdot t_0\right)}{U_A \cdot e^{-k \cdot (t_0 + n \cdot T)} \cdot \sin\left(\frac{2\pi}{T} \cdot (t_0 + n \cdot T)\right)}$$

$$= \frac{U_A \cdot e^{-k \cdot t_0} \cdot \sin\left(\frac{2\pi}{T} \cdot t_0\right)}{U_A \cdot e^{-k \cdot t_0} \cdot e^{-k \cdot n \cdot T} \cdot \sin\left(\frac{2\pi}{T} \cdot (t_0 + n \cdot T)\right)} = \frac{1}{e^{-k \cdot n \cdot T}}$$

In dem vorletzten Bruchterm kann man neben U_A und $e^{-k \cdot t_0}$ auch $\sin\left(\frac{2\pi}{T} \cdot t_0\right)$ gegen $\sin\left(\frac{2\pi}{T} \cdot (t_0 + n \cdot T)\right)$ kürzen, da sich beide Argumente um das n-Fache der vollen Periode unterscheiden und somit denselben Sinuswert ergeben. Durch Logarithmieren des verbleibenden, deutlich vereinfachten Terms erhält man:

$$k \cdot n \cdot T = \ln\left(\frac{U(t_0)}{U(t_0 + n \cdot T)}\right) \Rightarrow \underline{\underline{k = \frac{1}{n \cdot T} \cdot \ln\left(\frac{U(t_0)}{U(t_0 + n \cdot T)}\right)}} \quad (*)$$

Bestimmung von k
Für die Schwingungsdauer liest man aus Abbildung 3 $T \approx 1{,}4$ s ab, für die 4. und 24. Amplitude ($n = 20$) $U(t_0) = 3$ Einheiten und $U(t_0 + 20 \cdot T) = 1$ Einheit. Eingesetzt in (*) folgt:

$$k = \frac{1}{20 \cdot 1{,}4\ \text{s}} \cdot \ln\frac{3}{1} \approx \underline{\underline{0{,}04\ \text{s}^{-1}}}$$

Ergänzende Aufgabe: Versuchen Sie auch, alternative Lösungswege zu finden. Beispielsweise kann man nach Ermittlung der Halbwertszeit mittels des Zusammenhangs $k \cdot T_{1/2} = \ln 2$ die Konstante k ermitteln.

d) **Verzerrung und Nulldurchgänge**
Im ersten Fall befindet sich der bewegte Leiter stets zwischen den beiden Schenkeln des Hufeisenmagneten, also in einem Bereich, in dem die Stärke des Feldes relativ konstant ist, da das Magnetfeld in guter Näherung als homogen angesehen werden kann.

Im zweiten Fall bewegt sich der Leiter auch aus dem Raumbereich zwischen den Schenkeln heraus, also auch in einem Gebiet, in dem die Stärke des Magnetfeldes deutlich kleiner ist als zwischen den Schenkeln. Das Magnetfeld ist zudem dort stark inhomogen. Dies ist die Ursache für die Verzerrung des Kurvenverlaufs.

Die Spannung ist gleich null (Positionen c), wenn v(t) gerade gleich null ist (vgl. Teilaufgabe 1 a), wenn sich der Leiter/das Pendel also gerade in den Umkehrpunkten befindet.

Bewegung des Leiters
Da der **mit (f) benannte Kurvenabschnitt** deutlich verzerrt ist, muss sich der Leiter während dieser Phase im (stark) inhomogenen Teil des Magnetfeldes bewegt haben. Er wird sich also von der Ruhelage (Minimum der Induktionsspannung) vom Magneten weg bewegt haben, wobei die Geschwindigkeit und die Induktionsspannung dem Betrage nach abnehmen, um schließlich im Umkehrpunkt der Bewegung den Wert null zu erreichen. Danach nehmen die Geschwindigkeit des Leiters und die Induktionsspannung wieder zu, bis in der Nähe der Ruhelage das Maximum der Spannung erreicht wird.
Da der **mit (g) benannte Kurvenabschnitt** (nahezu) identisch zu dem entsprechenden Kurvenabschnitt der Abbildung 4 b ist, muss sich der Leiter während dieser Phase zwischen den Schenkeln des Magneten bewegt haben. Er wird sich also von der Ruhelage weiter in das Magnetfeld hinein bewegt haben, wobei die Geschwindigkeit und somit die Induktionsspannung bis zum Umkehrpunkt bis auf null abnehmen. Danach nehmen die Geschwindigkeit des Leiters und die Induktionsspannung dem Betrage nach wieder zu, bis beim Durchgang durch die Ruhelage das Minimum der Spannung erreicht wird.

Recht oft kommen in den zentral gestellten Abiturklausuren Fragen qualitativer Natur vor. Sie sollten daher sorgfältig üben, logisch einwandfreie und vollständige physikalische Argumentationen sprachlich zu formulieren, ohne diese jedoch ausschweifend darzustellen.

Ergänzende Aufgaben:

- Versuchen Sie, etwas detailliertere qualitative Aussagen über den sichtbaren Spannungsverlauf zu machen, indem Sie auch die Inhomogenität des Magnetfelds außerhalb des Magneten berücksichtigen; versuchen Sie also, die Art der Krümmung des verzerrten Kurvenstücks zu erläutern.
- Messen Sie in Kurve 5 b die Abstände zwischen Minimum und Maximum im Vergleich zu den Abständen zwischen Maximum und Minimum aus. Wie sind die Unterschiede zu erklären?

e) Da das Messgerät einen sehr hohen Eingangswiderstand besitzt, fließt trotz der vorhandenen Induktionsspannung kein (oder nur ein sehr kleiner) Strom durch die Reihenschaltung aus Kupferleiter, Aufhängedrähten und Messgerät. Wird aber die beschriebene Kabelverbindung hergestellt, kann aufgrund des dann sehr kleinen ohmschen Widerstandes ein nennenswerter Strom I fließen.

Aufgrund dieses Stromflusses durch den Kupferleiter erfährt dieser eine magnetische Kraft

$$|\vec{F}_{mag}(t)| = B \cdot I(t) \cdot L, \quad (**)$$

wobei L die Länge des Leiters bezeichnet. Nach der **Drei-Finger-Regel** ergibt sich die Richtung dieser Kraft anhand der Skizze in Abbildung 8 (beachten Sie dabei, dass I in der technischen Stromrichtung angegeben ist). Die aufgrund des „induzierten" Stroms auftretende magnetische Kraft ist der Geschwindigkeit der Leiterschaukel entgegen gerichtet, diese Geschwindigkeit wird also dadurch verringert, sodass sich eine insgesamt (deutlich) gedämpfte Schwingung der Leiterschaukel einstellt.

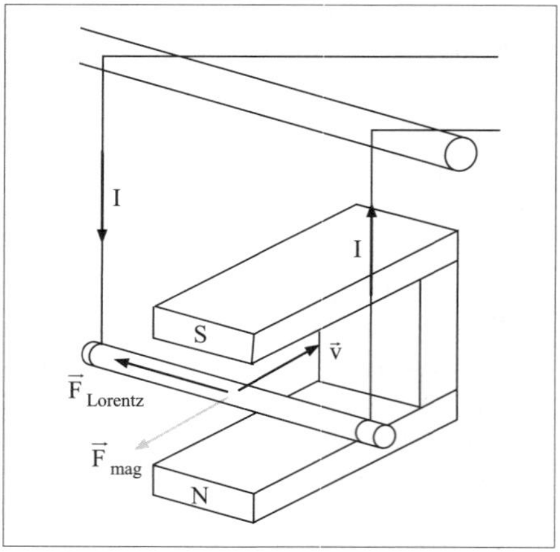

Abb. 8

Diese Aussage kann auch mithilfe der **Lenz'schen Regel** begründet werden bzw. bestätigt auch für diesen Vorgang die Allgemeingültigkeit dieser Regel:
Der Strom ist stets so gerichtet, dass seine „Wirkung", nämlich die Kraft $|\vec{F}_{mag}|$, der „Ursache", also der Bewegung des Leiters im Magnetfeld, entgegenwirkt.

Herleitung des Kraftterms

Die Stromstärke I selbst ist gemäß der Definition des ohmschen Widerstands

$$I(t) = \frac{U(t)}{R_{LS}}.$$

Nach Einsetzen in (**) erhält man mit dem angegebenen Term $U(t) = L \cdot v(t) \cdot B$ für die induzierte Spannung:

$$|\vec{F}_{mag}(t)| = B \cdot I(t) \cdot L = B \cdot \frac{U(t)}{R_{LS}} \cdot L = B \cdot \frac{L \cdot v(t) \cdot B}{R_{LS}} \cdot L = \underline{\underline{\frac{B^2 \cdot L^2}{R_{LS}} \cdot v(t)}}$$

Ergänzende Aufgabe: Geben Sie andere Beispiele an, bei denen die „bremsende" Wirkung eines induzierten Stromes zu beobachten ist.

Aufgabe 2

a) **Beschreibung der Umwandlungsprozesse**

α-Zerfall: Aussendung eines Teilstücks des Kerns, bestehend aus zwei Protonen und zwei Neutronen.

β^--Zerfall: Umwandlung eines Neutrons des Kerns in ein Proton und ein den Kern verlassendes Elektron.

Ergänzende Aufgaben: Was versteht man unter dem β^+-Zerfall? Beschreiben Sie allgemein beide Umwandlungen für ein beliebiges Isotop $^{n}_{Z}X$.

Umwandlungsgleichungen für den Zerfall von U-238

α-Zerfall: $^{238}_{92}U \rightarrow {}^{234}_{90}Th + {}^{4}_{2}He$

β⁻-Zerfall: $^{234}_{90}Th \rightarrow {}^{234}_{91}Pa + {}^{0}_{-1}e$

Beim Betazerfall kommt auch noch ein (Anti-) Neutrino vor, dessen Nennung aber hier nicht unbedingt verlangt war.

Anzahl der Zerfälle in der gesamten Reihe
Die Massenzahl ändert sich insgesamt um 32, also finden 8 α-Zerfälle statt. Durch die Emission von 8 α-Teilchen würde die Ordnungszahl um 16 sinken. Tatsächlich erniedrigt sie sich aber nur um 10, also müssen 6 β^--Zerfälle vorkommen.

b) Die Halbwertszeit für den Zerfall von U-238 in Nuklid 2 ist etwa um den Faktor 10^4 größer als alle anderen Halbwertszeiten; im Verhältnis zu dieser Zeit ist die Gesamtheit der nachfolgenden Halbwertszeiten also vernachlässigbar klein. Wenn ein Kern U-238 in Nuklid 2 zerfallen ist, ist in diesem Zeitmaßstab praktisch „unmittelbar“ danach ein Kern Pb-206 entstanden. Daher darf das vereinfachende Modell verwendet werden.

c) **Diagramm** (Abbildung 9)

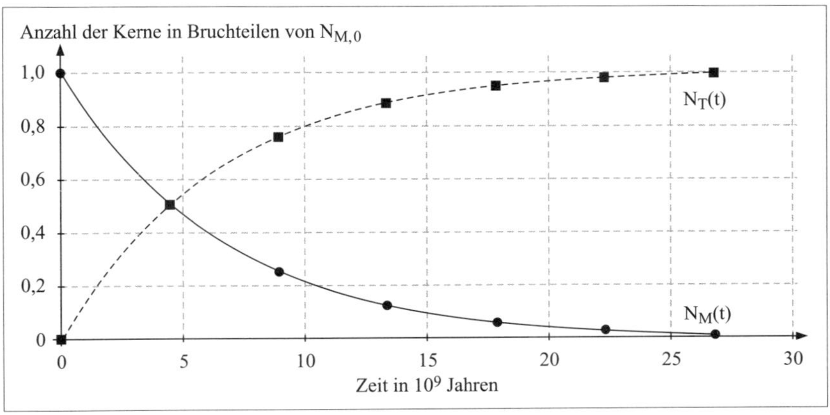

Abb. 9

Jeweils nach der Halbwertszeit von $T_{1/2} = 4{,}47 \cdot 10^9$ a halbiert sich die Anzahl der Mutterkerne. Wenn diese anfangs für $t = 0$ die Anzahl $N_{M,0}$ ist, ergeben sich für die Anzahl der Mutterkerne die im Diagramm angegebenen Werte, die dort als Anteil der anfänglich vorhandenen Kerne dargestellt sind.

Sie können auf der Hochachse auch direkt die Anzahl der Mutterkerne darstellen, indem Sie den höchsten Wert für $t = 0$ mit $N_{M,0}$ benennen.

Aus jedem Mutterkern entsteht genau ein Tochterkern, d. h., die Summe der Kerne von Mutter und Tochter ist konstant. Damit ergibt sich die Kurve für die Tochterkerne durch die Differenzbildung $N_T(t) = N_{M,0} - N_M(t)$.

d) **Herleitung der Gleichung**
Da davon ausgegangen wird, dass alle Kerne des Mutterelements sofort in Kerne des Tochterelements übergehen, gilt:

$$N_T(t) = N_{M,0} - N_M(t) \quad \Leftrightarrow \quad N_{M,0} = N_T(t) + N_M(t)$$

Setzt man die rechte Seite dieser Gleichung in das Zerfallsgesetz für $N_M(t)$ ein, folgt:

$$\begin{aligned} N_M(t) &= N_{M,0} \cdot e^{-\lambda \cdot t} \\ &= \left(N_T(t) + N_M(t)\right) \cdot e^{-\lambda \cdot t} \end{aligned}$$

Nach Division durch $N_M(t)$ auf beiden Seiten wird die Gleichung logarithmiert und nach t aufgelöst. Mit $\lambda = \frac{\ln 2}{T_{1/2}}$ ergibt sich der angegebene Term:

$$\begin{aligned} 1 &= \left(\frac{N_T(t) + N_M(t)}{N_M(t)}\right) \cdot e^{-\lambda \cdot t} \\ 1 &= \left(\frac{N_T(t)}{N_M(t)} + 1\right) \cdot e^{-\lambda \cdot t} \\ 0 &= \ln\left(1 + \frac{N_T(t)}{N_M(t)}\right) - \lambda \cdot t \\ \lambda \cdot t &= \ln\left(1 + \frac{N_T(t)}{N_M(t)}\right) \\ t &= \underline{\underline{\frac{T_{1/2}}{\ln 2} \cdot \ln\left(1 + \frac{N_T(t)}{N_M(t)}\right)}} \qquad (*) \end{aligned}$$

Alter der Erde
Man setzt die gegebenen Zahlenwerte ein und erhält:

$$t = \frac{4{,}47 \cdot 10^9 \text{ a}}{\ln 2} \cdot \ln(1 + 1{,}02) = \underline{\underline{4{,}53 \cdot 10^9 \text{ a}}}$$

Die Erde ist etwa 4,5 Milliarden Jahre alt.

e) **Fehler und Wirkung**
Durch die Verunreinigung mit Blei gelangen zusätzliche Pb-206-Atome in die Probe, die nicht Folgeprodukt des U-238 sind. Daher ändert sich das Verhältnis von Pb- und U-Atomen: Es wird größer, sodass die Probe daher älter erscheint (vgl. Gleichung (*) in Teilaufgabe 2 d).

Fehlerkorrektur

Die eigentliche Aufgabe ist es, die Anzahl der Pb-206-Atome zu ermitteln. Wenn man die Anzahl Pb-204-Atome kennt, weiß man, dass das 17-Fache an Atomen Pb-206 durch die Verunreinigung hinzu gekommen ist. Diese Anzahl der Atome Pb-206 sind einfach von der gemessenen Gesamtzahl der Atome Pb-206 zu subtrahieren, um die Anzahl derjenigen Pb-206-Atome zu ermitteln, die ihren Ursprung im Zerfall von U-238 haben.

f) **Herleitung der Beziehung zwischen A(t) und N(t)**

Setzt man das Zerfallsgesetz

$$N(t) = N_0 \cdot e^{-\lambda \cdot t}$$

in die Definitionsgleichung der Aktivität A(t) ein, ergibt sich:

$$A(t) = -\dot{N}(t) = \frac{d}{dt}\left(N_0 \cdot e^{-\lambda \cdot t}\right) = -\lambda \cdot N_0 \cdot e^{-\lambda \cdot t} = -\lambda \cdot N(t) \qquad (**)$$

Um die Zerfallskonstante durch die Halbwertszeit auszudrücken, setzt man

$$\frac{1}{2} N_0 = N(T_{1/2}) = N_0 \cdot e^{-\lambda \cdot T_{1/2}}$$

an, kürzt N_0, logarithmiert die Gleichung und stellt nach λ um:

$$\frac{1}{2} = e^{-\lambda \cdot T_{1/2}} \quad \Rightarrow \quad -\ln 2 = -\lambda \cdot T_{1/2} \quad \Rightarrow \quad \lambda = \frac{\ln 2}{T_{1/2}}$$

Dies eingesetzt in (**) führt auf:

$$A(t) = -\frac{\ln 2}{T_{1/2}} \cdot N(t)$$

Bestimmung von N(t)

Mit einem Massenspektrometer erhält man Messwerte und damit Aussagen über die relative Häufigkeit der in der Teilprobe enthaltenen Isotope (hier Mutter und Tochter). Man setzt voraus, dass dieses Verhältnis in der Gesamtprobe vorliegt, bestimmt deren Masse und berechnet N(t).

Bestimmung der Aktivität mithilfe der Zählrate

Die gemessene Zählrate entspricht nicht unmittelbar der Anzahl der tatsächlich stattgefundenen Zerfälle. Zu berücksichtigen ist insbesondere der „Geometriefaktor" des Zählrohrs, da ein Zählrohr nur einen bestimmten – meist kleinen – Anteil der in alle Richtungen ausgesandten Strahlung registriert.

Weiterhin müssen beispielsweise noch berücksichtigt werden:

- Nulleffekt
- Totzeit des Zählrohrs
- Ansprechwahrscheinlichkeit des Detektors
- Absorption von Strahlung im Detektorfenster
- Aktivität von Tochterelementen
- Absorption von Strahlung im Präparat selbst

Aufgabe 1: Untersuchung der Frauenhofer'schen Linien im Sonnenspektrum

1814 fand der deutsche Physiker Joseph von Fraunhofer **schwarze Linien im Spektrum des Sonnenlichts**, von denen er 500 genauer beschrieb. Ein Spektrum des Sonnenlichts ist in Abbildung 2 b dargestellt. Die Linien sind mit Buchstaben gekennzeichnet. Etwa ab 1817 befasste sich Fraunhofer auch mit dem Phänomen der Beugung und stellte ein **optisches Gitter** her, mit dem es gelang, eine absolute Wellenlängenmessung von Spektrallinien durchzuführen.

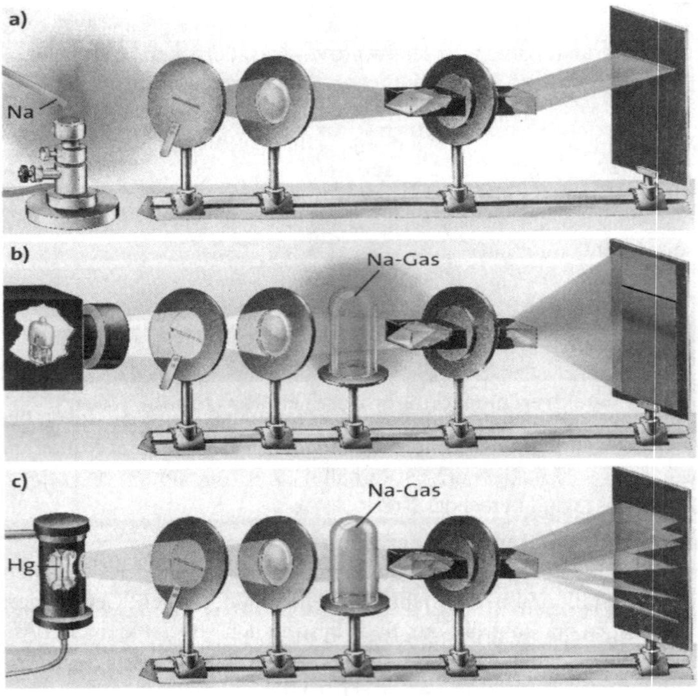

Abb. 1: Darstellung der Experimente (aus Metzler Physik, Schroedel-Verlag, 3. Aufl.)

Hinweise zur Abbildung 1: Im oberen Experiment wird Natriumchlorid (NaCl) in die Flamme gehalten. Der dann beobachtete Effekt ist allerdings nur auf den Natriumanteil zurückzuführen. Im mittleren Experiment dient eine Halogenlampe als Weißlichtquelle. Im unteren Experiment wird eine Quecksilberdampflampe (Hg) verwendet. Zum Erzeugen der Spektren werden Prismen verwendet.

a) Zur Erklärung der Fraunhofer'schen Linien werden nun die drei schematisch dargestellten Experimente (Abbildung 1) betrachtet. (Beachten Sie die Hinweise, die die Fachlehrkraft dazu angegeben hat; siehe unten.)

Beschreiben Sie die Beobachtungen in den drei Experimenten.

Erklären Sie die Entstehung der drei dargestellten Spektren, wobei Sie insbesondere die Entstehung der dunklen Linie im gelben Spektralbereich des zweiten Experiments in der Mitte begründen.

Begründen Sie, warum im unteren dritten Experiment das Natriumgas nicht aufleuchtet. (16 P)

Mündliche Zusatzinformationen der Fachlehrkraft

Versuch 1a: Es wird Kochsalz (NaCl) in die Gasbrennerflamme gehalten. Dabei kann man eine deutliche Gelbfärbung der Flamme beobachten. Dieses gelbe Licht wird mit einem Prisma spektral zerlegt und man erkennt nur eine einzige Linie im optischen Spektrum.

Versuch 1b: Das Licht einer Halogenlampe/Glühlampe passiert vor dem Prisma einen Glaskolben, in dem sich aufgeheiztes Natriumgas („Natriumfluoreszenzröhre") befindet. Im Spektrum auf dem Schirm hinter dem Prisma ist eine dunkle Linie im gelben Bereich zu erkennen. Diese dunkle Linie („Absorptionslinie", „Fraunhofer-Linie") liegt genau an der Stelle, an der im Versuch 1a die gelbe Spektrallinie liegt. Außerdem ist zu beobachten, dass das Natriumgas im Glaskolben gelb aufleuchtet.

Versuch 1c: Statt der Halogenlampe wird nun eine Quecksilberdampflampe verwendet. Das Natriumgas leuchtet nicht auf.

Hinweis: In den Experimenten der Abbildung 1 ist jeweils ein Prisma dargestellt, das das Spektrum erzeugt. In den Aufgabenteilen h und i wird aber an Stelle des Prismas ein optisches Gitter betrachtet.

b) Betrachten Sie nun die Abbildung 2.

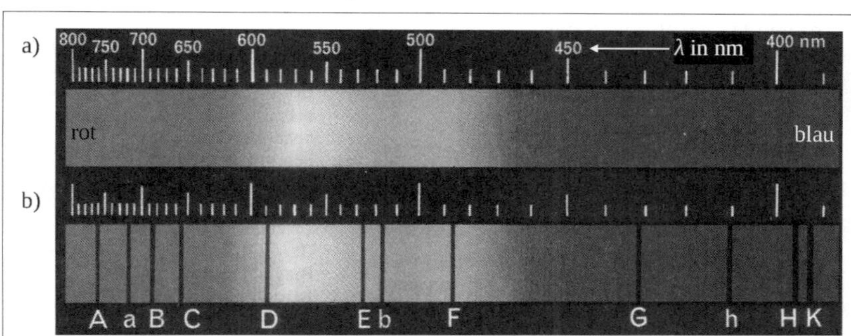

Abb. 2: Weißlichtspektrum und Sonnenspektrum (aus Dorn; Bader: Physik, Gymnasium Sek II 12/13, Schroedel Verlag, Hannover 2000)

Hierin sind zwei Spektren (in Graustufen) dargestellt. Spektrum a ist ein Spektrum von weißem Licht, Spektrum b ist ein Ausschnitt des Sonnenlichtspektrums mit einigen Fraunhofer'schen Linien in demselben Spektralbereich wie a.

Hinweis: Die Wellenlängenskala aus a gilt auch für b. Sie verläuft nicht linear. Die blaue Grenze liegt rechts, die rote Grenze links.

Werten Sie das Sonnenspektrum in Abbildung 2 b aus, indem Sie für die Fraunhofer'schen Linien A, B, C, D, F, G, a und h die zugehörigen Wellenlängen λ aus dem Spektrum ermitteln. (4 P)

c) Das weiße Sonnenlicht entsteht in der „Photosphäre" der Sonne, einer inneren Schicht der Sonnenatmosphäre. Die Sonnenatmosphäre enthält hauptsächlich Gase in Form freier Atome (unter vielen anderen Wasserstoff und Natrium).

Deuten Sie damit die Entstehung der Fraunhofer'schen Linien im Sonnenspektrum. (3 P)

d) Die Fraunhofer'sche D-Linie kann dem Element Natrium zugeordnet werden. Wenn das Sonnenspektrum vom Weltraum außerhalb unserer Erdatmosphäre aus aufgenommen wird, verschwinden die Linien A, B und a, die durch andere Elemente erzeugt werden.

Interpretieren Sie diese beiden Befunde. (6 P)

e) Jeder Stern emittiert ein Lichtspektrum, das je nach Stern Absorptionslinien in unterschiedlicher Anzahl und Wellenlängen enthält.

Deuten Sie diese Tatsache im Hinblick auf ihren Informationsgehalt über den Sternenaufbau. (3 P)

f) Im Jahre 1885 entdeckte der Schweizer Mathematiker Johann Jakob Balmer, dass die später nach ihm benannte Spektralserie des Emissionsspektrums von Wasserstoff im sichtbaren Bereich durch eine „Serienformel" wie der folgenden beschrieben wird:

$$\frac{1}{\lambda} = R_y \left(\frac{1}{2^2} - \frac{1}{n^2} \right) \quad \text{(Balmer-Formel)}$$

Hierin sind

$$R_y = \frac{m_e \cdot e^4}{8\varepsilon_0^2 \cdot h^3 \cdot c_0} \approx 1{,}10 \cdot 10^7 \text{ m}^{-1},$$

λ die Wellenlänge des Lichts der Spektrallinie, c_0 die Lichtgeschwindigkeit im Vakuum, m_e die Masse des Elektrons, e die Elementarladung, ε_0 die elektrische Feldkonstante und h das Planck'sche Wirkungsquantum. Zur Erklärung des Wasserstoffspektrums wird das Bohr'sche Atommodell herangezogen.

Die Energie des gebundenen Elektrons im Wasserstoffatom ergibt sich danach zu

$$W_n = -\frac{m_e \cdot e^4}{8\varepsilon_0^2 \cdot h^2} \cdot \frac{1}{n^2} = -13{,}6 \cdot \frac{1}{n^2}\ \text{eV}.$$

Damit werden nun die Fraunhofer'schen Linien betrachtet, die von Wasserstoffgas erzeugt werden.

Berechnen Sie mithilfe der Balmer-Formel, welche der Fraunhofer'schen Linien A, B, C, D, F, G, a und h zur Balmer-Serie des Wasserstoffspektrums gehören. (7 P)

g) Berechnen Sie die Energiewerte der ersten fünf Energiezustände des Wasserstoffatoms in der Einheit eV.

Zeichnen Sie das zugehörige Energieniveauschema.

Zeichnen Sie drei Übergänge der Balmer-Serie in das Energieniveauschema ein. (8 P)

h) In der Abbildung 1 wurde zur Spektralzerlegung des Lichts ein Prisma verwendet. Aus dem Unterricht ist Ihnen das optische Gitter bekannt, das wie ein Prisma das Licht ebenfalls spektral zerlegt. Ein solches optisches Gitter wird im Folgenden betrachtet.

Erläutern Sie Beugung und Interferenz von Licht am optischen Gitter.

Skizzieren Sie Beugung und Interferenz von Licht am optischen Gitter.

Leiten Sie mithilfe der Skizze die Gleichung

$$\sin\alpha_n = \frac{n \cdot \lambda}{g}$$

her, wobei g die Gitterkonstante, λ die Wellenlänge, α_n der Beugungswinkel und $n \in \mathbb{N}_0$ ist.

Beschreiben Sie, was Sie bei Beleuchtung des Gitters mit monochromatischem und mit weißem Licht beobachten. (11 P)

i) Ein optisches Gitter mit der Gitterkonstante $g = 1{,}75 \cdot 10^{-6}$ m wird mit Licht der Fraunhofer'schen D-Linie (siehe Abbildung 2 b) beleuchtet.

Berechnen Sie, wie weit diese Fraunhofer'sche Linie in der ersten Ordnung vom Hauptmaximum (liegt in der optischen Achse) entfernt liegt, wenn der Beobachtungsschirm 3 m vom Gitter entfernt ist. (3 P)

j) Die Spektren der Abbildung 2 wurden mit einem Prisma erzeugt. Wenn man das Prisma aus dem Strahlengang entnimmt, trifft das Licht auf eine Stelle links neben den Spektren (zum roten Ende hin).

Beschreiben Sie, was zu beobachten ist, wenn man ein optisches Gitter in den Strahlengang stellt.

Begründen Sie die von Ihnen beschriebene Beobachtung. (5 P)

Aufgabe 2: Hochenergetische Elektronen (β^--Teilchen)

Bei bestimmten radioaktiven Zerfallsprozessen entstehen Elektronen, sogenannte β^--Teilchen. Mit einer speziellen Ablenkkammer und einem Detektor können die Geschwindigkeit v, die spezifische Ladung $\frac{e}{m}$ und letztlich auch die Masse m der β^--Teilchen bestimmt werden.

Abbildung 1 zeigt den Aufbau der Ablenkkammer. In einem evakuierbaren Behälter EB befindet sich das radioaktive Präparat RP. Die β^--Teilchen durchlaufen einen Plattenkondensator K (Plattenabstand d = 0,9 mm) mit der angelegten Spannung U_1. Das resultierende elektrische Feld mit der Stärke $\vec{E}_1$ steht senkrecht auf einem variablen magnetischen Feld der Stärke $\vec{B}_1$.

Die β^--Teilchen treten danach durch das Austrittsfenster A aus und können mit einem Detektor (Zählrohr) Z nachgewiesen werden.

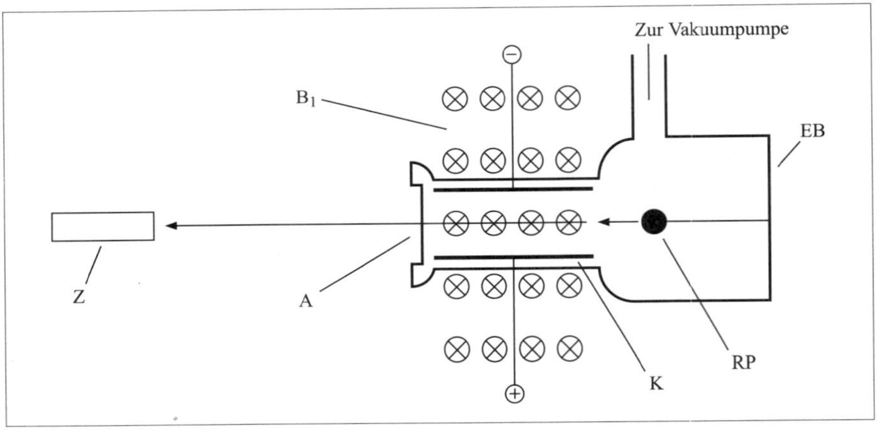

Abb. 1

a) Mit den gekreuzten Feldern $\vec{E}_1$ und $\vec{B}_1$ können geladene Teilchen einer bestimmten Geschwindigkeit aussortiert werden (Geschwindigkeitsfilter).

Skizzieren Sie die Richtung und Orientierung der aus Abbildung 1 hervorgehenden Feldstärke- und Kraftvektoren.

Zeigen Sie damit, dass Teilchen der Geschwindigkeit $v = \frac{E_1}{B_1}$ nicht abgelenkt werden.

Begründen Sie, dass dieses Geschwindigkeitsfilter sowohl für positiv als auch für negativ geladene Teilchen eingesetzt werden kann.

Die Vorrichtung zur Erzeugung des magnetischen Feldes B_1 ist (kurzzeitig) ausgeschaltet.

Skizzieren Sie für diesen Fall die Bahnkurve der β^--Teilchen innerhalb des Kondensators.

Ermitteln Sie die Gleichung der Bahnkurve in einem geeigneten Koordinatensystem. (17 P)

b) In der Ablenkkammer ist ein Sr-90-Präparat installiert, aus dem die β^--Teilchen emittiert werden. Bei konstanter Kondensatorspannung $U_1 = 3150$ V wird mit dem Zählrohr Z die in der Tabelle angegebene Zählrate R in Abhängigkeit von der Stärke des magnetischen Feldes B_1 registriert.

B_1 in mT	R in 1/min
23,2	75
17,0	152
15,0	248
14,0	360
13,4	436
13,0	482
12,7	470
12,5	435
12,3	380
12,1	262
12,0	167
11,9	92
11,8	20

Werten Sie die experimentellen Daten aus, indem Sie ein B_1-R-Diagramm erstellen.

Beschreiben Sie den Verlauf der Kurve.

Üblicherweise wird ein v-R-Diagramm zur Darstellung der Geschwindigkeitsverteilung erstellt.

Berechnen Sie für die in der Tabelle grau markierten B_1-Werte die Geschwindigkeiten der β^--Teilchen.

Zeichnen Sie damit den Kurvenverlauf in einem v-R-Diagramm.

Analysieren Sie den Kurvenverlauf hinsichtlich der Verteilung der Geschwindigkeiten und kinetischen Energien der β^--Teilchen, die von dem Sr-90-Präparat emittiert werden. (17 P)

c) Wenn man links von A (siehe Abbildung 1) ein zweites Magnetfeld B_2 parallel zu den magnetischen Feldlinien B_1 erzeugt, lässt sich die Masse m der β^--Teilchen bestimmen.

Erläutern Sie, warum sich die β^--Teilchen im Magnetfeld B_2 auf einer Kreisbahn mit dem Radius r bewegen.

Leiten Sie die Gleichung $m = \frac{e \cdot r \cdot B_1 \cdot B_2}{E_1}$ für die Massebestimmung der β^--Teilchen her.

Prüfen Sie die Übereinstimmung der Einheiten auf den beiden Seiten der Gleichung (Einheitenbetrachtung). (10 P)

d) In der erweiterten experimentellen Anordnung werden folgende Einstellungen vorgenommen: $E_1 = 3{,}50\ \frac{MV}{m}$, $B_1 = 12{,}65$ mT, $B_2 = 120$ mT. Damit wird ein Bahnradius $r = 3{,}3$ cm gemessen.

Bestimmen Sie die Geschwindigkeit und die Masse dieser β^--Teilchen.

Deuten Sie die Diskrepanz zur Ruhemasse der β^--Teilchen (Elektronen).

Berechnen Sie mit dieser Kenntnis und den Messdaten die Ruhemasse und vergleichen Sie das Ergebnis mit dem Literaturwert.

Ermitteln Sie für diese Werte die Gesamtenergie und die kinetische Energie der β^--Teilchen in der Einheit MeV. (16 P)

Tipps und Hinweise zur Lösung von Prüfungsaufgabe II

Tipps zu Aufgabe 1

Vorbemerkung: Diese Aufgabe gibt Ihnen einen Einblick in eine von Wissenschaftlern oft angewendete Methode. Sie zeigt, wie man durch die Analyse des Lichts der Sterne indirekt sehr viele Informationen über die Sterne gewinnen kann.
In dieser Aufgabe sind vor allem zwei Sachgebiete der Oberstufenphysik zentral: die Wellenoptik und die Atomphysik. Die Spektralanalyse ist ein typisches Anwendungsgebiet, die diese beiden Gebiete miteinander verknüpft und zu dem es zahlreiche weitere Aufgaben gibt (z. B. Abiturprüfung 2008 – Prüfungsaufgabe I).

Teilaufgabe a

- Beachten Sie bei der Beschreibung Ihrer Beobachtungen, dass zwei Bereiche zu beobachten sind: Der Glaskolben mit dem Natriumgas und der Schirm.
- Falls Sie Natrium aus dem Unterricht nicht kennen: Die entscheidenden atomaren Vorgänge in der Atomhülle sind identisch wie bei den Ihnen vermutlich bekannten Elementen Wasserstoff oder Quecksilber.
- Beim ersten Experiment wird durch die Wärme den Natriumatomen Energie zugeführt.
- Beachten Sie die Lage der Natriumlinie im ersten Experiment und der dunklen Absorptionslinie im zweiten Experiment.

Teilaufgabe b

- Die Aufgabe klingt kompliziert, verlangt ist nur ein Ablesen der Werte.
- Lesen Sie die Aufgabenstellung genau, es wird nur nach einem Teil der Linien gefragt.
- Beachten Sie, dass die Skala für die angegebenen Wellenlängen von rechts nach links verläuft, die Werte werden also von links nach rechts kleiner.
- Berücksichtigen Sie, dass Sie beim Ablesen nicht einfach linear interpolieren dürfen.

Teilaufgabe c

- Beachten Sie Ihre Beobachtungen und Erklärungen aus Teilaufgabe a.
- Suchen Sie den analogen Versuch in Teilaufgabe a, dieser hilft Ihnen das Phänomen zu erklären. Welche Lichtquelle bei den drei Versuchen entspricht am ehesten dem Sonnenlicht und was könnte im Versuch der Sonnenatmosphäre entsprechen?

Teilaufgabe d

- Übertragen Sie die Informationen über die Sonnenatmosphäre aus Teilaufgabe c auf die Erdatmosphäre.
- Lesen Sie den Arbeitsauftrag genau, es wird nach zwei Befunden gefragt.
- Der Aufgabentext sagt es nicht explizit aus, aber es wird hier unterstellt, dass die Fraunhofer'sche D-Linie auch außerhalb der Erdatmosphäre nachgewiesen wird.

Teilaufgabe e

- Gehen Sie davon aus, dass ein Stern weißes Licht ähnlich dem unserer Sonne emittiert.
- Betrachten Sie die Versuche aus Teilaufgabe a. Wie könnten Sie begründen, dass sich beim zweiten Versuch Natrium im Glaskolben befindet? Übertragen Sie diese Überlegung auf die Lichtspektren der Sterne.

Teilaufgabe f

- Arbeiten Sie ökonomisch und überlegen Sie sich, welche Größe Sie besser mit der Balmer Formel berechnen und welche Sie dann vergleichen.
- Nutzen Sie Ihre Ergebnisse dieser Teilaufgabe auch, um sie mit denen aus Teilaufgabe b zu vergleichen. Korrigieren Sie dabei Ihnen eventuell unterlaufene Ablesefehler.

Teilaufgabe g

- In Ihrer Formelsammlung finden Sie die Definition der Einheit Elektronenvolt (eV).
- Beachten Sie die Vorzeichen beim Zeichnen des Energieniveauschemas.
- Das Niveau des Endzustands der Übergänge ist in der Balmer-Formel bereits vorgegeben.

Teilaufgabe h

- Verwenden Sie in Ihrer Skizze und in Ihren Erklärungen die gleichen Variablen wie in der Aufgabenstellung.
- Überladen Sie Ihre Skizze nicht, sondern fertigen Sie gegebenenfalls mehrere Skizzen an, sodass man die wesentlichen Aspekte gut erkennen kann.
- Beachten Sie, dass entscheidende geometrische Eigenschaften (Parallelität, rechte Winkel) in der Skizze eindeutig zu erkennen sind.
- Überlegen Sie, durch welche physikalischen Größen sich Licht unterschiedlicher Farbe unterscheidet und welche Auswirkungen dies bei der in der Aufgabe angegebenen Formel hat.

Teilaufgabe i

- Die Wellenlänge können Sie mithilfe des gegebenen Spektrums bestimmen.
- Benutzen Sie die Formeln, die in den vorangegangenen Teilaufgaben gegeben wurden.

Teilaufgabe j

- In den Teilaufgaben h und i haben Sie sich mit spektralen Zerlegung am Gitter beschäftigt. Übertragen Sie diese Überlegungen auf diese Fragestellung.
- Beachten Sie die Bedeutung der Angabe „ … trifft das Licht auf eine Stelle links neben den Spektren (zum roten Ende hin)" hinsichtlich der Ablenkung von Licht unterschiedlicher Farbe.
- Informationen über die Wellenlängen verschiedener Farben finden Sie in Ihrer Formelsammlung.

Tipps zu Aufgabe 2

Vorbemerkung: Die Untersuchung von Bewegungen von Elektronen bzw. geladenen Teilchen in elektrischen und magnetischen Feldern ist ein zentraler Inhalt der Oberstufenphysik, der in vielen Aufgaben Anwendung findet. Typische Lösungsmuster sind bei vielen Aufgaben identisch. Häufig werden in diesen Aufgaben auch Teilchen mit sehr hohen Geschwindigkeiten betrachtet, sodass relativistische Effekte nicht vernachlässigt werden dürfen.

Teilaufgabe a

- Ein Geschwindigkeitsfilter (Wien-Filter) ist Ihnen vermutlich aus dem Unterricht bekannt. Sie können den Rest der Apparatur für diese Teilaufgabe vernachlässigen und sich nur auf diesen Teil konzentrieren.
- Ergänzen Sie Ihre Skizze durch einige erklärende Worte, sodass die wesentlichen Aspekte deutlich werden.
- Die angegebene Formel hilft Ihnen zu begründen, dass der Geschwindigkeitsfilter sowohl für positive als auch für negative Teilchen eingesetzt werden kann.
- Zur Herleitung der Gleichung der Bahnkurve beachten Sie die Teilbewegungen in x- und y-Richtung.
- Überlegen Sie sich, welche Bewegungsformen jeweils in beide Richtungen vorliegen, und notieren Sie die entsprechenden Bewegungsgleichungen. Begründen Sie kurz die Bewegungsformen in beiden Richtungen. Kombinieren Sie diese so, dass die nicht messbaren Größen wegfallen.

Teilaufgabe b

- Die entscheidende Formel zur Berechnung der Geschwindigkeiten finden Sie in Teilaufgabe a.
- Betrachten Sie auch die absoluten Werte der Geschwindigkeiten, insbesondere die obere Grenze, die sich im geforderten Diagramm klar erkennen lässt.
- Beachten Sie, dass Sie bei den Berechnungen die SI-Basiseinheiten (m, T) verwenden.

Teilaufgabe c

- Ergänzen Sie die Skizze um den in der Aufgabe verbal beschriebenen Sachverhalt, um sich das Problem zu visualisieren.
- Vermutlich kennen Sie Bewegungen in Magnetfeldern aus vielen anderen Zusammenhängen, z. B. vom Fadenstrahlrohr. Übertragen Sie Ihr Wissen auf diesen Sachverhalt.
- Nutzen Sie die Ihnen aus eben genannten Zusammenhängen bekannten Rechenansätze auch hier und ergänzen diese mit den neuen Erkenntnissen aus dieser Aufgabe.
- Führen Sie bei der Einheitenbetrachtung die angegebenen Größen auf die Grundeinheiten zurück.

Teilaufgabe d

- Betrachten Sie den Betrag der erreichten Geschwindigkeiten.
- Das Wort „Ruhemasse“ gibt Ihnen einen entscheidenden Hinweis.

Lösungen zur Prüfungsaufgabe II

Aufgabe 1

a) **Beobachtungen**
Im ersten Experiment sieht man eine diskrete gelbe Linie, die Natriumlinie.

Im zweiten Experiment erkennt man auf dem Schirm das kontinuierliche Spektrum einer Halogenlampe, in dem eine dunklere Linie im gelben Bereich zu erkennen ist. Diese Linie liegt an genau der Stelle, an der im ersten Experiment die gelbe Natriumlinie zu sehen war. Gleichzeitig kann man beobachten, dass das Natriumgas im Glaskolben leuchtet.

Im dritten Experiment kann man auf dem Schirm das diskrete Spektrum von Quecksilber mit den typischen 6 Spektrallinien erkennen. Das Natriumgas leuchtet in diesem Experiment nicht.

Erklärungen
Im ersten Experiment werden die Natriumatome durch Wärmezufuhr in der Flamme angeregt. Die aufgenommene Energie geben die Atome beim Übergang in einen energetisch niedrigeren Zustand in Form von Photonen ab, die als charakteristische Natriumlinie zu erkennen sind. Weitere Linien im sichtbaren Spektralbereich sind nicht zu sehen.

Die von der Halogenlampe ausgesendeten Photonen decken den gesamten Energiebereich des sichtbaren Spektralbereichs ab. Die Photonen im Spektrum, die genau die Anregungsenergie für den im ersten Experiment betrachteten Natriumübergang besitzen, werden zunächst von den Natriumatomen im Glaskolben absorbiert. Beim Übergang in den energetisch niedrigeren Zustand werden diese Photonen in alle Richtungen emittiert. Hierdurch leuchtet einerseits das Natriumgas, andererseits ist damit der Anteil dieser Photonen in Richtung des Beobachtungsschirms deutlich schwächer, weshalb diese Linie im Spektrum deutlich dunkler (oder für das Auge nicht mehr erkennbar) ist.

Im dritten Experiment erkennt man 6 Spektrallinien des Quecksilbers, deren Photonenenergien nicht mit der charakteristischen Energie für den Natriumatomübergang übereinstimmen. Deshalb werden diese nicht von den Natriumatomen absorbiert und können keinen Quantensprung bewirken. Daher leuchtet das Natrium nicht, die Quecksilberlinien werden nicht beeinflusst.

b) Mithilfe der angegebenen Skala kann man folgende Werte für die Fraunhofer'schen Linien ablesen:

Linie	A	B	C	D	F	G	a	h
λ in nm	759	687	656	589	486	431	718	410

Angegeben sind die Literaturwerte; bei dem in der Aufgabe angegebenen Maßstab wird eine größere Ableseungenauigkeit toleriert.

c) Das Licht, das in der Photosphäre entsteht, durchläuft die Sonnenatmosphäre. Dort werden von den darin enthaltenen Molekülen und Atomen Photonenenergien absorbiert, die zu den möglichen Übergängen in diesen Atomen/Molekülen „passen". Dadurch, dass diese Photonenenergien und die ihnen zugeordneten Wellenlängen dem kontinuierlichen Gesamtspektrum der Sonne durch die Anregung von Atomen (oder Molekülen) entzogen werden und dann von diesen punktförmigen Quellen in alle Richtungen ausgesandt werden, sind sie weniger stark im Spektrum enthalten bzw. fehlen darin.

Im analogen Experiment der Teilaufgabe a entspricht die Sonne der Halogenlampe und der Glaskolben mit dem Natriumgas der Sonnenatmosphäre. Auf der Erde bzw. auf dem Schirm beobachtet man die fehlenden Linien.

d) **Befund 1:** Verschwinden der Linien A, B und a
Da diese Linien außerhalb der Erdatmosphäre sichtbar sind, ist das zugehörige Licht dort vorhanden, es kann daher allein durch die Erdatmosphäre „verschluckt" werden, d. h. Atome bzw. Moleküle der Erdatmosphäre absorbieren die Photonen dieser Linien.

Befund 2: D-Linie kann dem Element Natrium zugeordnet werden.
Da die Fraunhofer'sche D-Linie auch außerhalb der Erdatmosphäre beobachtet werden kann, wird die Linie schon durch die Sonnenatmosphäre absorbiert, d. h., dass in der Sonnenatmosphäre Natrium vorkommen muss.

Aus diesen Befunden kann man nicht schließen, dass sich in der Erdatmosphäre kein Natrium vorkommt, da ja kein entsprechendes Licht dort ankommt, sondern bereits vorher absorbiert wird.

e) Aus den jeweils im Sternenspektrum enthaltenen Absorptionslinien kann man rückschließen, welche Atome in der Sternatmosphäre enthalten sind, da sie das Licht absorbieren. Dazu müssen auf der Erde im Labor die Emissionsspektren aller Elemente gemessen und ausgewertet werden, um sie mit den schwarzen Linien zu vergleichen.

f) Mithilfe der gegebenen Balmer-Formel kann man die Wellenlängen der sichtbaren Wasserstofflinien berechnen. Diese vergleicht man mit den Wellenlängen der Fraunhofer'schen Linien.

n	3	4	5	6	7
λ in nm	655	485	433	409	396
entsprechende Linie	C	F	G	h	–

Es sind also die Linien **C**, **F**, **G** und **h**, die dem Wasserstoff entstammen.
Die Linie mit der Wellenlänge 396 nm kann keiner Linie aus der Teilaufgabe b zugeordnet werden.

g) **Energiezustände des Wasserstoffatoms**

Die Energien können mithilfe der gegebenen Gleichung $W_n = -13{,}6 \cdot \frac{1}{n^2}\,\text{eV}$ berechnet werden:

n	1	2	3	4	5
W_n in eV	−13,6	−3,4	−1,51	−0,85	−0,54

Hieraus ergibt sich das entsprechende Energieniveauschema. Die Übergänge gehen von den entsprechenden höheren Energieniveaus auf das Energieniveau n = 2 (Abbildung 3).

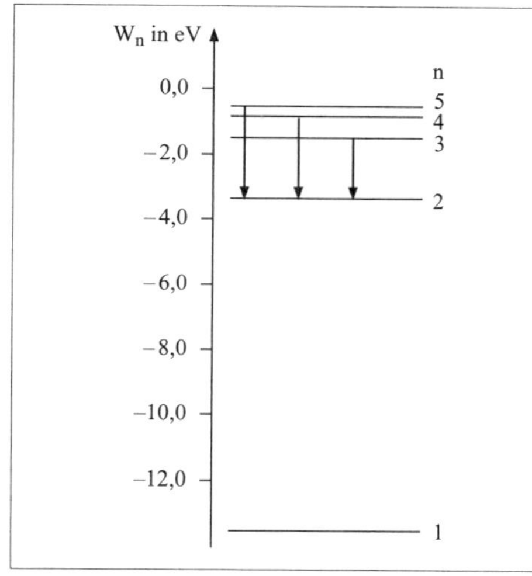

Abb. 3

h) **Beugung und Interferenz**

Ein Gitter kann man sich als Abfolge sehr vieler lichtdurchlässiger Spalte und lichtundurchlässiger Stege aufgebaut denken. Es interferieren die Elementarwellen, die von den Spalten ausgehen. Die vom Gitter zum Interferenzpunkt P gelangenden Strahlen können als parallel angesehen werden, wenn P weit entfernt ist. Maximale Verstärkung liegt vor, wenn der Gangunterschied Δs zwischen benachbarten Wellenstrahlen $n \cdot \lambda$ beträgt ($n \in \mathbb{N}_0$).

In Abbildung 4 ist ein vergrößerter Gitterausschnitt skizziert.

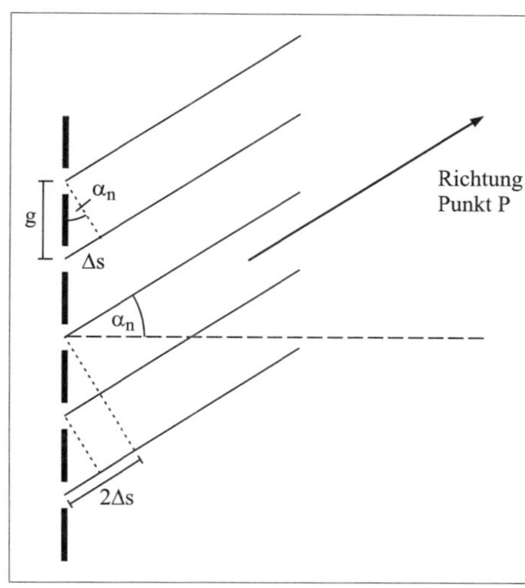

Abb. 4

Da der Weg zum Raumpunkt P von jeder Gitteröffnung unterschiedlich ist, entsteht zwischen den einzelnen Wellen ein Gangunterschied bis zum Punkt P. Wie in der Zeichnung zu erkennen ist, ist der Weg von obersten Spalt zum Punkt P am kürzesten, vom Spalt darunter ist der Weg um Δs länger. Den Gangunterschied zwischen nicht benachbarten Spalten kann man auch leicht ermitteln, vergleicht man z. B. den Weg vom mittleren Spalt mit dem unteren Spalt, so sieht man leicht, dass sich diese um $2 \cdot \Delta s$ unterscheiden. Wenn also die Interferenzbedingung $\Delta s = n \cdot \lambda$ bei zwei benachbarten Spalten erfüllt ist, ist sie bei zwei nicht benachbarten Spalten auch erfüllt.

Beugungswinkel bei konstruktiver Interferenz

Aus der geometrischen Betrachtung zweier benachbarter Wellenstrahlen und dem Beugungswinkel α_n folgt der Zusammenhang:

$$\sin\alpha_n = \frac{\Delta s}{g}$$

Mit der oben genannten Bedingung für konstruktive Interferenz $\Delta s = n \cdot \lambda$ ergibt sich die gesuchte Beziehung:

$$\underline{\underline{\sin\alpha_n = \frac{n \cdot \lambda}{g}, \quad n \in \mathbb{N}_0}}$$

Wird das Gitter mit **monochromatischem Licht** beleuchtet, so ist das Interferenzbild aus einzelnen hellen Maxima aufgebaut, die durch breitere Dunkelbereiche getrennt sind.

Wird das Gitter mit **weißem Licht** beleuchtet, liegen die Maxima für die unterschiedlichen Farben an verschiedenen Stellen, da sich deren Wellenlänge unterscheidet. Somit besteht das Interferenzbild aus kontinuierlichen Spektren (Regenbogenfarben), die sich zum Teil auch überlagern können.

i) Der Beugungswinkel kann mithilfe der in Teilaufgabe h gegebenen Beziehung berechnet werden. Laut Aufgabenstellung gilt $n = 1$ und $g = 1{,}75 \cdot 10^{-6}$ m. Die Wellenlänge der D-Linie wird der Abbildung 2 entnommen zu $\lambda = 589$ nm. Man erhält:

$$\sin\alpha_1 = \frac{1 \cdot 589 \cdot 10^{-9}\ \text{m}}{1{,}75 \cdot 10^{-6}\ \text{m}} = 0{,}3366 \quad \Rightarrow \quad \alpha_1 = 19{,}67°$$

Gemäß der Skizze in Abbildung 5 ergibt sich für die Lage des ersten Maximums

$$\tan\alpha_1 = \frac{a_1}{e},$$

woraus man die Entfernung der Linie erster Ordnung vom Hauptmaximum berechnen kann:

$$a_1 = e \cdot \tan\alpha_1$$
$$= 3\ \text{m} \cdot \tan 19{,}67° = \underline{\underline{1{,}07\ \text{m}}}$$

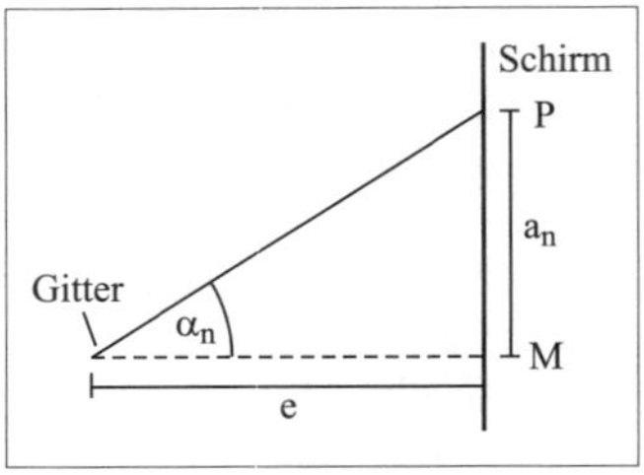

Abb. 5

j) Aus der Angabe in der Aufgabenstellung kann geschlossen werden, dass rotes (längerwelliges) Licht **beim Prisma schwächer abgelenkt** wird als blaues (kürzerwelliges) Licht.
Beim **optischen Gitter** hingegen wird rotes Licht anders als beim Prisma **stärker abgelenkt** als blaues Licht, da die Wellenlänge vom roten Licht größer ist als die vom blauen. Somit ergibt sich wegen $\sin\alpha_n \sim \lambda$ (Teilaufgabe h) für rotes Licht ein größerer Beugungswinkel als für blaues Licht.

Die Ursache für die unterschiedliche Ablenkung beim Prisma sind die leicht unterschiedlichen Geschwindigkeiten des Lichts unterschiedlicher Farbe in Glas.
Gemäß Brechungsgesetz gilt:

$$\frac{\sin\alpha_{\text{Einfall, Luft}}}{\sin\alpha_{\text{Brechung, Glas}}} = \frac{c_{1,\text{ Luft}}}{c_{1,\text{ Glas}}}$$

Aufgabe 2

a) **Bedingung für Geschwindigkeitsfilter (elektrisches und magnetisches Feld aktiv)**
Die Skizze der Abbildung 2 verdeutlicht, dass für den abgebildeten Fall ($\vec{E}_1 \perp \vec{B}_1$) die Kraftvektoren der elektrischen Kraft $\vec{F}_E$ und der Lorentzkraft $\vec{F}_L$ entgegengesetzt gerichtet sind (Skizze für negativ geladene Teilchen, bei positiv geladenen Teilchen zeigen beide Kraftvektoren in die jeweils entgegengesetzte Richtung). Damit die Teilchen nicht abgelenkt werden, müssen die **Beträge** der entgegengesetzt gerichteten elektrischen Kraft $\vec{F}_E$ und der Lorentzkraft $\vec{F}_L$ **gleich groß** sein, sodass sich die Kräfte kompensieren:

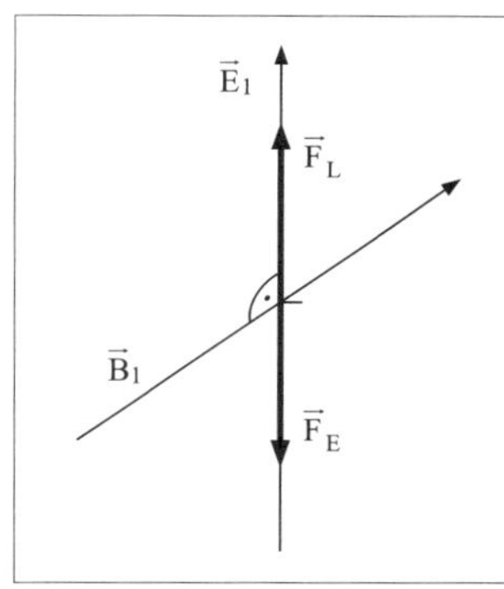

Abb. 2

$$F_E = F_L \quad \Leftrightarrow \quad q \cdot E_1 = q \cdot v \cdot B_1 \quad \Leftrightarrow \quad E_1 = v \cdot B_1 \quad \Leftrightarrow \quad \underline{\underline{v = \frac{E_1}{B_1}}}$$

Die Geschwindigkeit, mit der die Teilchen den Geschwindigkeitsfilter passieren, hängt, wie die hergeleitete Formel zeigt, nur von der eingestellten elektrischen und magnetischen Feldstärke ab. Der Geschwindigkeitsfilter kann sowohl für positiv als auch für negativ geladene Teilchen eingesetzt werden. Wie oben erwähnt, verändert sich mit dem Vorzeichen der Ladung die Richtung **beider** Kräfte, sodass diese sowohl für positive als auch für negative Ladungen entgegengesetzt gerichtet sind.

Wie die Formel zeigt, spielt auch der Betrag der Ladung keine Rolle. Dies ist klar, da sowohl die elektrischen Kraft $\vec{F}_E$ als auch die Lorentzkraft $\vec{F}_L$ proportional zur Ladung q ist. D. h. beide Kräfte wachsen gleichermaßen mit einer größeren Ladung.

Bahnkurve (nur elektrisches Feld aktiv)

Das β^--Teilchen bewegt sich auf einer nach unten geöffneten **Parabelbahn** durch den Kondensator. Das gewählte Koordinatensystem ist in der Skizze eingezeichnet.

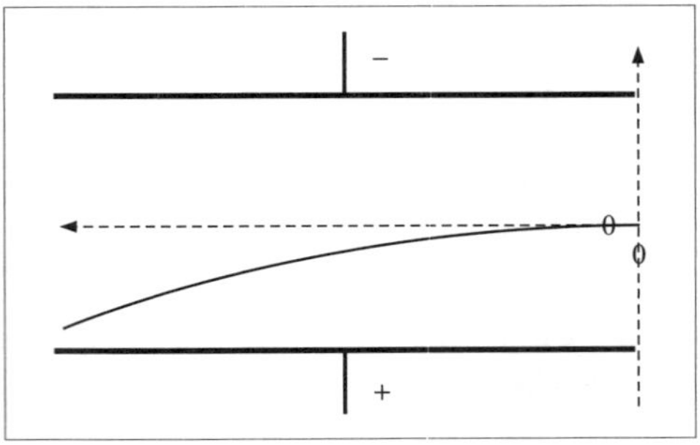

Abb. 3

In x-Richtung bewegen sich die β^--Teilchen gleichförmig, die Bewegung kann durch die Bewegungsgleichung

$$x = v \cdot t \qquad (1)$$

beschrieben werden. In y-Richtung werden die β^--Teilchen durch die konstante elektrische Kraft F_E gleichmäßig beschleunigt. Die Gleichung

$$y = -\frac{a_E}{2} \cdot t^2 \qquad (2)$$

beschreibt (bei geeigneter Wahl des Koordinatenursprungs, vgl. Abbildung 3) die Bewegung in y-Richtung.

Durch Auflösen der Gleichung (1) nach t und Einsetzen in Gleichung (2) eliminiert man die beide Gleichungen verbindende und nicht direkt messbare Größe t und kombiniert beide Bewegungen:

$$t = \frac{x}{v} \;\Rightarrow\; t^2 = \frac{x^2}{v^2} \;\overset{(2)}{\Rightarrow}\; y = -\frac{a_E}{2} \cdot \frac{x^2}{v^2} \qquad (3)$$

Die Beschleunigung kann mithilfe der wirkenden Kraft

$$F_E = a_E \cdot m \qquad (4)$$

bestimmt werden. Für die Kraft ergibt sich aus den Beziehungen $F_E = E_1 \cdot q$ und $E_1 = \frac{U}{d}$:

$$F_E = \frac{U}{d} \cdot q \qquad (5)$$

Durch Einsetzen von Gleichung (5) in Gleichung (4) ergibt sich:

$$a_E = \frac{F_E}{m} = \frac{U \cdot q}{d \cdot m}$$

Einsetzen in Gleichung (3) liefert die Bahngleichung:

$$\underline{\underline{y = -\frac{U \cdot q}{2d \cdot m \cdot v^2} \cdot x^2}}$$

b) **B_1-R-Diagramm** (Abbildung 4)

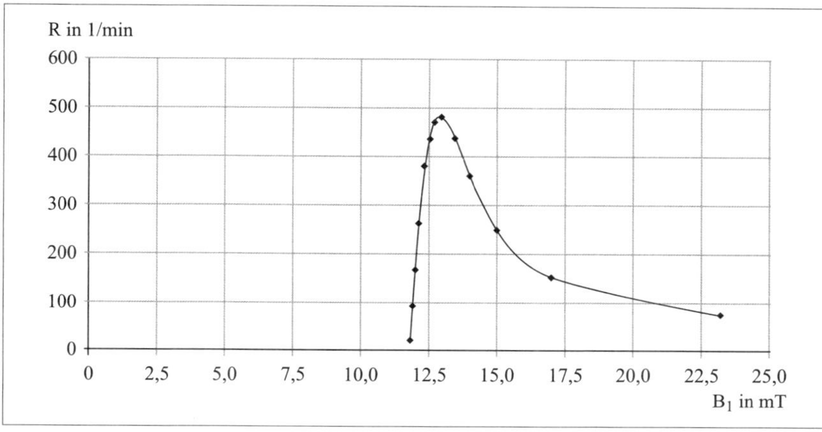

Abb. 4

Die Zählrate nimmt ab einer Stärke des magnetischen Feldes von 11,8 mT stark zu bis zu einem (absoluten) Maximum bei ca. 13 mT. Ab diesem Wert nimmt sie wieder ab, allerdings ist die Änderung weniger stark als bei der Zunahme vorher.

v-R-Diagramm

Da die β^--Teilchen den Geschwindigkeitsfilter passiert haben, ist ihre Geschwindigkeit durch

$$v = \frac{E_1}{B_1}$$

festgelegt. Mit den angegebenen Daten ($U_1 = 3150$ V und $d = 0,9$ mm) ergibt sich:

$$E_1 = \frac{U_1}{d} = \frac{3150\ \text{V}}{0,9 \cdot 10^{-3}\ \text{m}} = 3,5 \cdot 10^6\ \frac{\text{V}}{\text{m}}$$

Für die markierten Werte errechnen sich damit folgende Geschwindigkeiten:

B_1 in mT	v in $10^8\ \frac{\text{m}}{\text{s}}$
23,2	1,51
15,0	2,33
13,0	2,69
11,8	2,97

Abbildung 5 zeigt das zugehörige v-R-Diagramm. Die Zählraten zwischen den Randstellen steigen und fallen ähnlich wie im B_1-R-Diagramm. Offenbar haben die β^--Teilchen unterschiedliche Geschwindigkeiten und somit unterschiedliche kinetische Energien (Geschwindigkeits- und Energiespektrum). Es existiert ein Geschwindigkeitswert, der sehr häufig vorkommt (maximale Zählrate), und ein maximaler Geschwindigkeitswert, der selten vorkommt (minimale Zählrate). Dieser liegt nahe der Lichtgeschwindigkeit und entspricht der maximalen kinetischen Energie der β^--Teilchen des verwendeten Präparats.

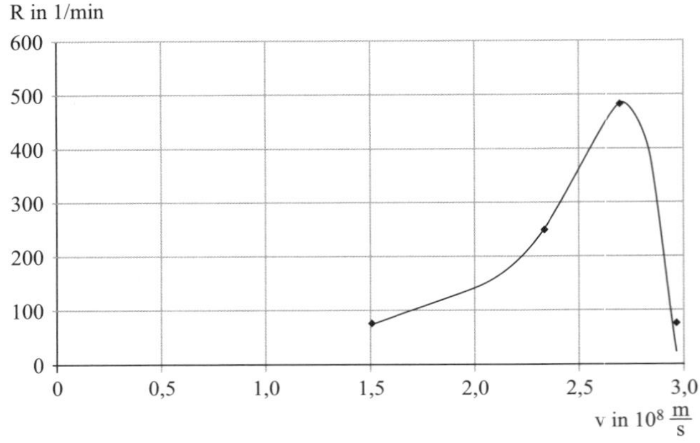

Abb. 5

Beachten Sie, dass das Energiespektrum der Betastrahlung, anders als das der Alphastrahlung. kontinuierlich verteilt ist. Welches sind die Ursachen hierfür (Stichwort: Neutrino)?

c) **Erklärung der Kreisbahn**

Die β^--Teilchen bewegen sich senkrecht zu den magnetischen Feldlinien, wodurch nach der Drei-Finger-Regel eine Lorentzkraft entsteht, die immer senkrecht zur Bewegungsrichtung steht. Dadurch wirkt diese Lorentzkraft F_L als Zentripetalkraft F_Z und zwingt die Teilchen auf eine Kreisbahn mit dem Radius r.

Gleichung zur Massebestimmung

Aus $F_L = F_Z$ folgt:

$$e \cdot v \cdot B_2 = \frac{m \cdot v^2}{r}$$

$$\Rightarrow \quad m = \frac{e \cdot r \cdot B_2}{v} \qquad (1)$$

Diejenigen β^--Teilchen, die den Geschwindigkeitsfilter passiert haben, haben eine einheitliche Geschwindigkeit von $v = E_1 \cdot (B_1)^{-1}$. Eingesetzt in (1) ergibt sich die gesuchte Gleichung:

$$m = \frac{e \cdot r \cdot B_1 \cdot B_2}{E_1}$$

Überprüfung der Einheiten

$$\left[\frac{e \cdot r \cdot B_1 \cdot B_2}{E_1}\right] = 1\,\frac{As \cdot m \cdot T \cdot T}{\frac{V}{m}} = 1\,\frac{As \cdot m^2 \cdot V^2 \cdot s^2}{V \cdot m^4} = 1\,\frac{A \cdot s^3 \cdot V}{m^2}$$

$$= 1\,\frac{A \cdot s^3 \cdot kg \cdot m^2}{m^2 \cdot s^3 \cdot A} = 1\,kg$$

d) **Geschwindigkeit und Masse der β^--Teilchen**

Die gegebenen Zahlenwerte werden in die hergeleiteten Formeln eingesetzt:

$$v = \frac{E_1}{B_1} = \frac{3{,}50 \cdot 10^6\,\frac{V}{m}}{12{,}65 \cdot 10^{-3}\,T} \approx \underline{\underline{2{,}77 \cdot 10^8\,\frac{m}{s}}}$$

$$m = \frac{e \cdot r \cdot B_1 \cdot B_2}{E_1} = \frac{1{,}60 \cdot 10^{-19}\,C \cdot 0{,}033\,m \cdot 12{,}65 \cdot 10^{-3}\,T \cdot 0{,}120\,T}{3{,}50 \cdot 10^6\,\frac{V}{m}}$$

$$\approx \underline{\underline{2{,}29 \cdot 10^{-30}\,kg}}$$

Diese Masse ist wesentlich größer als die Ruhemasse des Elektrons (Literaturwert $m_e = 9{,}1 \cdot 10^{-31}$ kg). Die Diskrepanz lässt sich auf die relativistische Massenzunahme zurückführen, die sich aus der hohen Geschwindigkeit der Teilchen ergibt ($v \approx 0{,}92\,c$). Bestimmt wurde die **dynamische Masse** m.

Die **Ruhemasse** m_0 ergibt sich nach Umformung der Einstein'schen Massenformel zu

$$m_0 = m \cdot \sqrt{1 - \frac{v^2}{c^2}} \approx 2{,}29 \cdot 10^{-30}\,kg \cdot \sqrt{1 - \left(\frac{2{,}77 \cdot 10^8\,\frac{m}{s}}{3{,}0 \cdot 10^8\,\frac{m}{s}}\right)^2} \approx \underline{\underline{8{,}8 \cdot 10^{-31}\,kg}}$$

Dieser Wert stimmt sehr gut mit dem Literaturwert überein und weicht davon nur um

$$\frac{m - m_{Lit}}{m_{Lit}} \approx \underline{\underline{3\,\%}}$$

ab.

Die **Gesamtenergie** ergibt sich aus der Äquivalenz zur dynamischen Masse:

$$E = m \cdot c^2 = 2{,}06 \cdot 10^{-13}\,J \approx \underline{\underline{1{,}29\,MeV}}$$

Die **kinetische Energie** erhält man aus $E_{kin} = E - E_0$, also

$$E_{kin} = 1{,}29\,MeV - 0{,}511\,MeV \approx \underline{\underline{0{,}78\,MeV}}$$

Abiturprüfung Physik 2010 (Nordrhein-Westfalen) – Leistungskurs
Prüfungsaufgabe I

Punkte

Aufgabe 1: Das Fadenstrahlrohr – ausgewählte Experimente und Überlegungen

Im Fadenstrahlrohr (siehe Abbildung 1) wird mithilfe einer Elektronenkanone ein scharf gebündelter Elektronenstrahl erzeugt. Die Bahnkurve, auf der sich die Elektronen im Fadenstrahlrohr bewegen, ist als blau leuchtende Kurve sichtbar. Mit einem Helmholtzspulenpaar kann ein Magnetfeld zur Ablenkung des Elektronenstrahls erzeugt werden. Bei geeigneter Justierung des Systems bewegen sich die Elektronen auf einer Kreisbahn (siehe Abbildung 2).

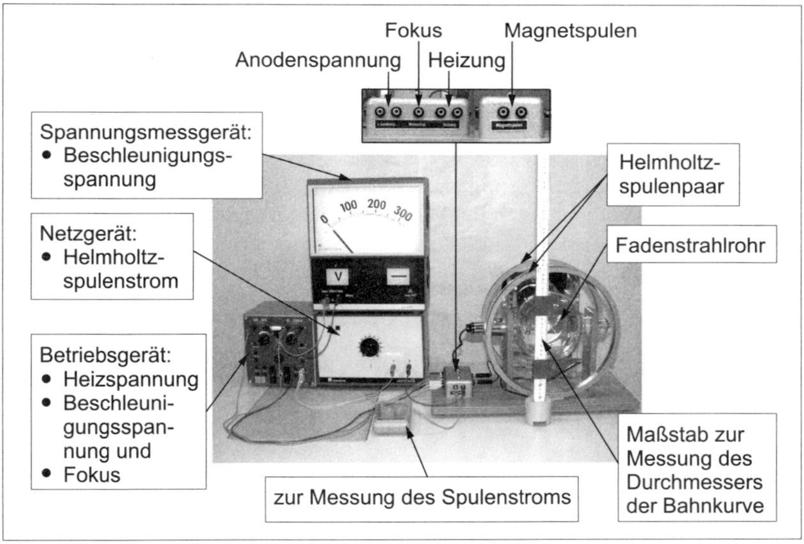

Abb. 1: Versuchsaufbau zur Bestimmung der spezifischen Ladung des Elektrons

1.1 a) Skizzieren Sie den Aufbau des Fadenstrahlrohres, insbesondere der Elektronenkanone, mit der entsprechenden elektrischen Schaltung.

Hinweis: Die Helmholtzspulen sowie deren Stromversorgung sollen nicht skizziert werden.

b) Erläutern Sie, wie der Elektronenstrahl erzeugt wird.

c) Erläutern Sie, warum die Bahnkurve, auf der sich die Elektronen bewegen, sichtbar ist. 13

Abb. 2: Fotografisch registrierte kreisförmige Bahnkurve im Fadenstrahlrohr

1.2 Die Abbildung 2 zeigt die Fotografie einer Bahnkurve, auf der sich Elektronen im Fadenstrahlrohr durch das homogene magnetische Feld des Helmholtzspulenpaares bewegen.

a) Skizzieren Sie eine kreisförmige Bahnkurve und für ein einzelnes Elektron in einem beliebigen Punkt dieser Bahnkurve den Geschwindigkeitsvektor $\vec{v}$, die auf das Elektron wirkende Zentripetalkraft $\vec{F}_z$ sowie das für die Kreisbahn erforderliche magnetische Feld.

b) Begründen Sie, warum der Betrag der Geschwindigkeit konstant ist.

c) Begründen Sie, warum sich eine kreisförmige Bahnkurve ergibt. 10

1.3 Der Radius r der kreisförmigen Bahnkurve kann gemäß $r = \frac{1}{B} \cdot \sqrt{\frac{2m \cdot U_B}{e}}$ berechnet werden.
(e bezeichnet die Elementarladung, m die Masse des Elektrons, U_B die Beschleunigungsspannung und B die Stärke des magnetischen Feldes.)

Leiten Sie diese Formel her und erläutern Sie Ihren Ansatz. 11

1.4 a) Überprüfen Sie, unter welchen Randbedingungen die sachliche Richtigkeit der folgenden Aussagen zur Bewegung von Elektronen im Fadenstrahlrohr gegeben ist.

(1) „Wird die Beschleunigungsspannung U_B vergrößert, so wird die Geschwindigkeit v_0, mit der die Elektronen die Elektronenkanone verlassen, größer."

(2) „Wenn v_0 größer wird, dann wird auch die auf die Elektronen wirkende Lorentzkraft F_L größer."

(3) „Wenn die Lorentzkraft F_L größer wird, wird der Kreisbahnradius r kleiner."

b) Werden die Aussagen (1) bis (3) des Aufgabenteils a hintereinander gelesen, so legen sie (insgesamt) den folgenden Schluss nahe:
(1)–(3) $\rightarrow$ „Eine Vergrößerung der Beschleunigungsspannung U_B hat eine Verkleinerung des Kreisbahnradius r zur Folge."
Diskutieren Sie, warum diese Schlussfolgerung falsch ist. 11

1.5 In einem Experiment ermittelt man bei einer Beschleunigungsspannung von $U_B = 200$ V den Radius r der kreisförmigen Bahnkurve der Elektronen in Abhängigkeit von der Stärke B des magnetischen Feldes. Es ergeben sich folgende Messwerte:

B in mT	1,0	1,2	1,4	1,6	1,8	2,0
r in cm	4,8	4,0	3,4	3,0	2,6	2,4

a) Ermitteln Sie anhand der Messwerte den Zusammenhang zwischen dem Kreisbahnradius r und der Stärke B des magnetischen Feldes, indem Sie diese in ein geeignetes Diagramm eintragen und auswerten.

b) Bestimmen Sie anhand der Auswertung der Messwerte und der in Teilaufgabe 1.3 angegebenen Beziehung einen Wert für die spezifische Ladung $\frac{e}{m}$ des Elektrons. 13

1.6 Zeigen Sie, dass die Umlaufzeit T der Elektronen im Fadenstrahlrohr gemäß

$$T = \frac{2\pi \cdot m}{e \cdot B}$$

berechnet werden kann und somit unabhängig von der Geschwindigkeit v der Elektronen ist. 6

Aufgabe 2: Entstehung und Analyse von Röntgenstrahlung – das Röntgenspektrum nach der Bragg-Reflexion

Mit einem Schulröntgengerät wird ein Röntgenspektrum erzeugt. Abbildung 1 zeigt ein solches Spektrum, bei dem die Zählrate R in Abhängigkeit von der Wellenlänge λ der Strahlung aufgetragen ist.
Für die Messung wird der in Abbildung 2 schematisch skizzierte Aufbau benutzt, bei dem eine Röntgenanode aus Molybdän ($Z = 42$) und ein NaCl-Einkristall (Netzebenenabstand $d = 282$ pm) verwendet wurde. Die Zählrate R wird mit einem Geiger-Müller-Zählrohr gemessen, die Kollimatoren dienen lediglich der Bündelung des Röntgenstrahls.

2.1 Zunächst geht es um den Entstehungsprozess der Röntgenstrahlung.

a) Beschreiben Sie den Aufbau der Röntgenröhre und ergänzen Sie die Abbildung 2 durch die elektrische Beschaltung der Röhre.

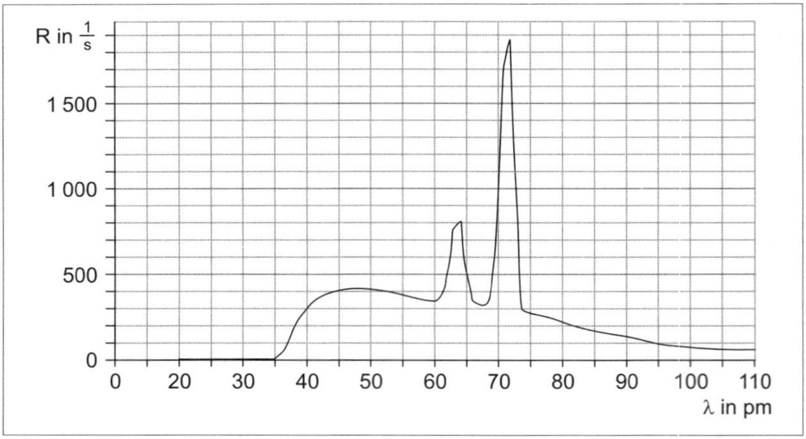

Abb. 1: Röntgenspektrum

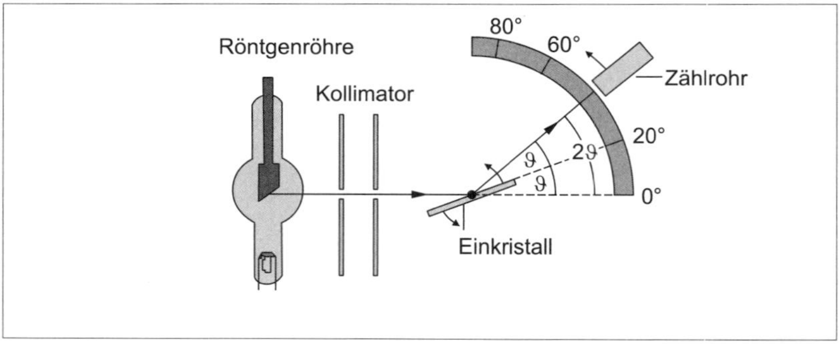

Abb. 2: Aufbau zur Aufnahme des Röntgenspektrums

b) Erläutern Sie die Wechselwirkungsprozesse in der Anode, die zur Entstehung der Röntgenstrahlung beitragen.

c) Geben Sie begründet an, welches der beiden ausgeprägten Maxima in Abbildung 1 zur K_α- und welches zur K_β-Strahlung gehört. 15

2.2 Die Aufnahme des Spektrums erfolgt durch die Drehung des Einkristalls um den Winkel ϑ bei gleichzeitiger Drehung des Zählrohrs um den Winkel 2ϑ (siehe Abbildung 2).

a) Erläutern Sie diese Methode, indem Sie auf die Beugung an den Netzebenen des Einkristalls („Bragg-Reflexion“) eingehen.

b) Leiten Sie mit einer geeigneten Skizze die Bragg-Beziehung $n \cdot \lambda = 2d \cdot \sin\vartheta$ her ($n = 1, 2, \ldots$; d: Netzebenenabstand; ϑ: der in Abbildung 2 vorkommende Drehwinkel (Glanzwinkel)). 10

2.3 Aus den Wellenlängenangaben der charakteristischen Maxima in Abbildung 1 lassen sich die zugehörigen Strahlungsenergien und mithilfe der Bragg-Beziehung die Glanzwinkel ϑ ermitteln.

a) Geben Sie Wellenlängenwerte der beiden Maxima anhand der grafischen Auswertung an und berechnen Sie damit die Strahlungsenergien in der Einheit keV.
(Zwischenergebnis: $E_1 \approx 19{,}6$ keV und $E_2 \approx 17{,}5$ keV)

b) Bestimmen Sie diejenigen Glanzwinkel, die zu den beiden Maxima im Wellenlängenspektrum führen, in der 1. bis 3. Ordnung.

c) Begründen Sie, warum die Winkelunterschiede zwischen den Maxima in den verschiedenen Ordnungen nicht konstant sind. 13

2.4 Für drei verschiedene Anodenspannungen in der Röhre nimmt man im kurzwelligen Bereich das in Abbildung 3 dargestellte Spektrum auf. Die Werte der Anodenspannungen sind in dem Diagramm angegeben.

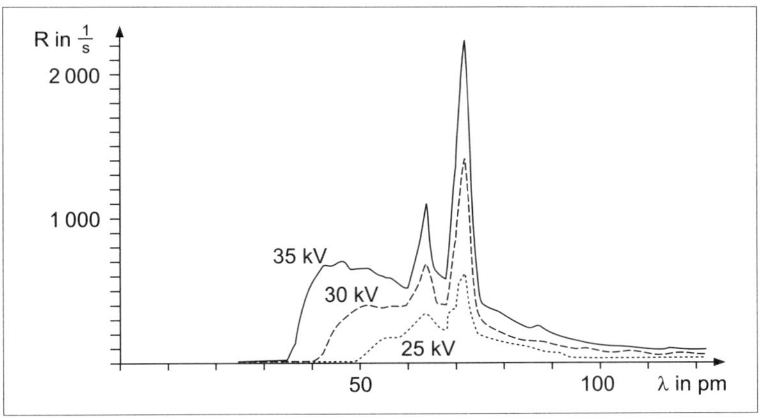

Abb. 3: Kurzwelliges Ende des Spektrums mit verschiedenen Anodenspannungen

a) Deuten Sie die kurzwellige Grenze des Spektrums im Photonenmodell.

b) Begründen Sie, warum die charakteristischen Maxima stets an derselben Stelle (bei derselben Wellenlänge) entstehen.

c) Ermitteln Sie anhand des Diagramms die Grenzwellenlänge für die drei Anodenspannungen.

d) Bestimmen Sie mit diesen Wellenlängenwerten und den zugehörigen Anodenspannungen den Wert der Planck'schen Konstanten h. 13

2.5 M. G. J. Moseley untersuchte 1913 die charakteristische Röntgenstrahlung von verschiedenen Anodenmaterialien (Kernladungszahl Z). Er stellte dabei unter Einbeziehung des Bohr'schen Atommodells folgende Gesetzmäßigkeit auf, die näherungsweise für die Energie ΔE der Strahlungsübergänge zwischen den Niveaus mit den Hauptquantenzahlen m und n (m > n) gilt:

$$\Delta E = 13{,}6\,\mathrm{eV} \cdot (Z - a)^2 \cdot \left(\frac{1}{n^2} - \frac{1}{m^2} \right)$$

Die Zahl a, um die die Kernladungszahl Z reduziert wird, heißt „Abschirmkonstante".

a) Wir betrachten zunächst das Wasserstoffatom mit Z = 1 und a = 0, also

$$\Delta E = 13{,}6\,\mathrm{eV} \cdot \left(\frac{1}{n^2} - \frac{1}{m^2} \right).$$

Erläutern Sie die physikalische Bedeutung der Formel.

b) Bei anderen Atomen kann für Übergänge von m = 2 und m = 3 nach n = 1 in guter Näherung a = 1 gesetzt werden.
Bestimmen Sie mit dieser Voraussetzung die Energie der K_α- und K_β-Strahlung von Molybdän und ermitteln Sie die prozentuale Abweichung von den experimentell ermittelten Werten aus Aufgabenteil 2.3 a.
Interpretieren Sie, warum für Mehrelektronenatome die Einführung der Konstanten a > 0 sinnvoll ist, insbesondere a = 1 für den Übergang nach n = 1. 12

Tipps und Hinweise zur Lösung von Prüfungsaufgabe I

Tipps zu Aufgabe 1

Vorbemerkung: Das eigentliche inhaltliche Thema dieser Aufgabe „Bewegung von elektrisch geladenen Teilchen in elektrischen und magnetischen Feldern" gehört zu *den* zentralen Themen, auf die man immer gut für die Abiturprüfungen vorbereitet sein muss.
Das Fadenstrahlrohr stellt einen der wichtigsten Versuche der Oberstufenphysik dar. In Kombination mit dem Millikanversuch kann man wichtige Eigenschaften (Ladung und Masse) eines Elektrons bestimmen.

Teilaufgabe 1.1 a

- Es wird eine Skizze (keine Zeichnung) verlangt, aus der insbesondere die Beschleunigungsstrecke für die Elektronen gut erkennbar sein muss.

Teilaufgabe 1.1 b

- Wenn Sie den der Fokussierung dienenden sog. Wehnelt-Zylinder nicht im Unterricht behandelt haben, brauchen Sie ihn auch nicht zu erwähnen.
- Denken Sie daran, dass die Elektronen zunächst aus dem Draht freigesetzt werden müssen (wie erreicht man das?), bevor sie danach durch ein elektrisches Feld beschleunigt werden können.
- Warum kehren die Elektronen nach Verlassen der Beschleunigungsstrecke eigentlich nicht wieder von oben zur Anode zurück? Denken Sie an das elektrische Feld, das die Elektronen innerhalb und außerhalb der Beschleunigungsstrecke „verspüren".

Teilaufgabe 1.1 c

- Die Bahnkurve wird als bläulich leuchtende Spur sichtbar. Im Inneren der Röhre befindet sich Wasserstoffgas unter geringem Druck.

Teilaufgabe 1.2 a

- In der Skizze müssen ein Elektron, das Magnetfeld und die verlangten physikalischen Größen zu erkennen sein. Denken Sie ggf. bei der Kreisbewegung an den Hammerwerfer, der seinen Hammer anfangs um sich herumdreht.

Teilaufgabe 1.2 b

- Bei einer gleichförmigen Kreisbewegung stehen Zentripetalkraft und Geschwindigkeit senkrecht zueinander.
- Überlegen Sie, welchen Einfluss diese Tatsache auf den Betrag der Geschwindigkeit hat.
- Überlegen Sie, inwiefern die Zentripetalkraft den Geschwindigkeitsvektor verändert. (Ein Vektor hat einen Betrag und eine Richtung!)

Teilaufgabe 1.2 c

- Berücksichtigen Sie, dass sich mit der Richtung des Geschwindigkeitsvektors auch die Richtung der auf das Elektron wirkende Lorentzkraft ändert.

Teilaufgabe 1.3

Jetzt müssen die Vorüberlegungen der beiden vorangehenden Aufgaben zusammengeführt werden, wobei alles quantitativ, also mit Formeln, dargestellt wird.

Notieren Sie insbesondere die Ansätze mit einer kurzen textlichen Begründung.

Teilaufgabe 1.4

Sie müssen unbedingt beide Teilaufgaben zusammen beachten: Die ersten drei Teilfragen dieser Aufgabe sollen die in Teil b genannte – vermeintliche – Schlussfolgerung plausibel machen.

Teilaufgabe 1.4 a

Sie sollten daran denken, dass Sie für alle angesprochenen Vorgänge Formeln zur Verfügung haben, aus denen Sie die entsprechenden Zusammenhänge erkennen und argumentativ darstellen können.

Teilaufgabe 1.4 b

Hier werden die Zusammenhänge zwischen der Zentripetalkraft und der Geschwindigkeit sowie zwischen der Lorentzkraft und der Geschwindigkeit zusammengeführt.

Berücksichtigen Sie die Potenzen, die beim jeweiligen Vorkommen der Geschwindigkeit auftreten.

Beachten Sie: Hier wird eine erläuternde „Diskussion“ verlangt.

Teilaufgabe 1.5

Hier wird von Ihnen eine konkrete Auswertung des Experiments zur Bestimmung der spezifischen Elementarladung $\frac{e}{m}$ gefordert, wie Sie sie mit Sicherheit im Unterricht behandelt haben.

Teilaufgabe 1.5 a

Beachten Sie: In Teilaufgabe 1.3 ist Ihnen eine Formel angegeben, die Sie nutzen sollten.
Allgemeiner Hinweis: Es kommt in den Zentralabituraufgaben recht häufig vor, dass Sie Lösungsansätze aufgrund der Angaben in früheren Teilaufgaben finden können. Die Ursache dafür ist u. A. darin zu suchen, dass die Konstruktion der Abituraufgaben die weitestgehende Unabhängigkeit der Teilaufgaben voneinander erfordert. Dies ist Ihr Vorteil – denken Sie immer daran!

Aus der Formel ersehen Sie: $r \sim \frac{1}{B}$. Dies sollten Sie für die „geeignete“ grafische Darstellung nutzen können.

Sie können auch einfach r gegen B auftragen. Dann aber erhalten Sie eine Hyperbel, die auf die antiproportionale Beziehung hindeutet. Wie weist man eine Antiproportionalität rechnerisch nach? Warum ist dieser Weg zwar möglich, aber umständlicher?

Teilaufgabe 1.5 b

Wenn Sie in der vorangegangenen Teilaufgabe r gegen $\frac{1}{B}$ aufgetragen haben, können Sie für die damit erhaltene Gerade deren Steigung ermitteln. Die Formel in Teilaufgabe 1.3 zeigt Ihnen, wie Sie damit $\frac{e}{m}$ errechnen können.

Achten Sie darauf, beim Einsetzen der konkreten Größenwerte die Einheiten richtig zu notieren.

Teilaufgabe 1.6 a

- Beachten Sie, dass der Betrag der Geschwindigkeit der Elektronen auf ihrer Kreisbahn konstant ist (warum?).
- Für die konstante Geschwindigkeit v gilt: $v = \frac{2\pi \cdot r}{T}$.
- Stellen Sie die Gleichung nach T um und ersetzen Sie v mithilfe einer der bereits oben verwendeten Gleichungen.

Tipps zu Aufgabe 2

Vorbemerkung: Der Sachaspekt „Röntgenstrahlung" dieser Aufgabe ist im Jahr 2010 zum ersten Mal in den zentralen Abituraufgaben vorgekommen. Sie müssen in Bezug auf Röntgenstrahlung wissen:

- Entstehung von Röntgenstrahlung und der Zusammenhang zwischen Elektronenenergie und Energie der abgestrahlten Röntgenquanten,
- Bremsspektrum und Zusammenhang zum Planck'schen Wirkungsquantum,
- charakteristisches Spektrum mit dem Zusammenhang zum Bohr'schen Atommodell,
- Bragg-Gleichung für die Bestimmung der Wellenlängen und
- das Moseley'sche Gesetz.

Das alles kommt in dieser Aufgabe vor. Die Kristallanalyse durch Röntgenspektroskopie gehört neben dem Einsatz in der Medizin zu einem wichtigen Anwendungsgebiet der Röntgenstrahlung. Neben der in der Aufgabe bearbeiteten Drehkristallmethode gibt es in der Röntgenspektroskopie noch weitere Verfahren, von denen auch das von Debye-Scherrer für die Schule aufgrund seiner Analogie zur Elektronenbeugungsröhre besonders wichtig ist.

Teilaufgabe 2.1 a

- Unterhalb der Abbildung 2 ist etwas Platz gelassen, damit Sie die verlangten Ergänzungen hier eintragen können.
- Denken Sie an Aufgabe 1: Der Prozess der Freisetzung und Beschleunigung der Elektronen ist sehr ähnlich.

Teilaufgabe 2.1 b

- Es treten zwei verschiedene Prozesse im Anodenmaterial auf, die für das Zustandekommen der charakteristischen Strahlung und des Bremsspektrums verantwortlich sind.

Teilaufgabe 2.1 c

- Die gesamte Kurve hat drei Maxima, hier sind die beiden „herausragenden" Maxima, die sogenannten Peaks, gemeint.
- Im Röntgenspektrum wird der Übergang von $m = 2$ nach $n = 1$ (erstes angeregtes Niveau in den Grundzustand) mit K_α und von $m = 3$ nach $n = 1$ (zweites angeregtes Niveau in den Grundzustand) mit K_β bezeichnet.

Teilaufgabe 2.2 a

Abbildung 2 lässt die Technik der (Mess-) Methode erkennen; beachten Sie besonders die beiden eingezeichneten Winkel ϑ und den doppelten Winkel 2ϑ.

Warum beträgt der Winkel, den das Zählrohr mit der Einfallsrichtung bildet, immer exakt 2ϑ?

Achten Sie auf fachsprachliche Genauigkeit. Der Winkel ϑ heißt Glanzwinkel und ist nicht der Einfallswinkel.

Teilaufgabe 2.2 b

Die Herleitung der Bragg-Gleichung gehört zum Standardunterrichtsstoff in jedem Kurs. Der wesentliche Gedanke besteht in der Beschreibung eines gewissen Gangunterschieds zwischen benachbarten Strahlen der ankommenden Wellenfront nach dem Verlassen des Einkristalls.

Achten Sie in der Skizze darauf, dass wesentliche geometrische Eigenschaften (Parallelität, rechte Winkel, ...) eindeutig zu erkennen sind.

Beachten Sie, dass sich der gesamte Gangunterschied hier aus der Summe von zwei Teilstücken (bis zur Reflexionsebene und ab der Reflexionsebene) zusammensetzt.

Teilaufgabe 2.3 a

Es muss eine Beziehung zwischen der Energie der Röntgenquanten und ihrer zugeordneten Wellenlänge hergestellt werden.

Sie brauchen zwei Gleichungen: eine für die allgemeine Angabe der Energie von Quanten und eine zweite, die die Größen Wellenlänge und Frequenz miteinander verknüpft.

Teilaufgabe 2.3 b

Hier müssen Sie einen Zusammenhang zwischen einem Winkel (dem Glanzwinkel) und der Wellenlänge aufstellen.

Denken Sie dabei an die Bragg-Gleichung, die Ihnen in Teilaufgabe 2.2 b gegeben ist.
Allgemeiner Hinweis: Auch hier kann man wieder ein zuvor angegebenes Ergebnis nutzen (vgl. oben)!

Teilaufgabe 2.3 c

Auch hier liefert die Bragg-Gleichung den Ansatz für die Begründung, da sie Winkel und Wellenlängen miteinander verknüpft.

Teilaufgabe 2.4

Beachten Sie das gegebene Diagramm (Abbildung 3) ganz genau: Wie verändern sich für die drei gegebenen Anodenspannungen die kurzwelligen Grenzen der Bremsspektren und wie die Lage der ausgeprägten Maxima?

Teilaufgabe 2.4 a

Überlegen Sie, warum es überhaupt ein kurzwelliges Ende des Bremsspektrums gibt.

Ersetzen Sie die Skalierung der Rechtsachse durch die dazugehörigen Energien.
Wie würden sich diese von links nach rechts entwickeln?

Welche Bedeutung hat dieses Ende bezüglich der vorkommenden Energien?

Teilaufgabe 2.4 b

Die Ursache für die charakteristischen (ausgeprägten) Maxima liefert unmittelbar die Begründung für ihre feste Position.

Teilaufgabe 2.4 c

Die „Grenzwellenlänge" ist diejenige Wellenlänge, die zum kurzwelligen Ende des Bremsspektrums gehört.

Teilaufgabe 2.4 d

Hier sollten Sie ganz ähnlich wie in Teilaufgabe 2.3 a vorgehen können.

Teilaufgabe 2.5

Bei diesem Aufgabenteil geht es in Bezug auf die Anwendung des Bohr'schen Atommodells darum, dass die Kerne der Atome realer Anodenmaterialien mehr als eine positive Ladung (Protonen) enthalten und somit die Schalen der Atome auch mit entsprechenden Elektronen besetzt sind.

Teilaufgabe 2.5 a

Hier wird von Ihnen die Bedeutung des für Wasserstoff anwendbaren Bohr'schen Atommodells erwartet.

Sie müssen Aussagen machen zur Energie desjenigen Quants, das dann ausgesandt wird, nachdem das Elektron in der Hülle des Wasserstoffatoms in einen angeregten Zustand versetzt worden ist.

Teilaufgabe 2.5 b

Der erste Teil dieser Aufgabe besteht im Wesentlichen im Einsetzen gegebener Größenwerte in die Größen der angegebenen Gleichung für ΔE.

Beachten Sie bei der Bestimmung der prozentualen Abweichung auf den richtig zu wählenden Grundwert (Prozentrechnung!).

Der zweite Teil der Aufgabe verlangt physikalische Erläuterungen.

Ein wesentlicher Gedanke besteht in der teilweisen elektrischen Abschirmwirkung durch das zweite Elektron auf der innersten „Bahn" um den Atomkern. Diesen Abschirmeffekt bzgl. der Protonenladung im Atomkern „spürt" ein äußeres Elektron, das in den Grundzustand übergeht, nachdem das andere innerste Elektron herausgeschlagen worden ist.

Lösungen zur Prüfungsaufgabe I

Aufgabe 1

1.1 a) Die Skizze in Abbildung 3 zeigt den (prinzipiellen) Aufbau des Fadenstrahlrohres mit der darin im linken Teil befindlichen „Elektronenkanone“ samt Anschlüssen.

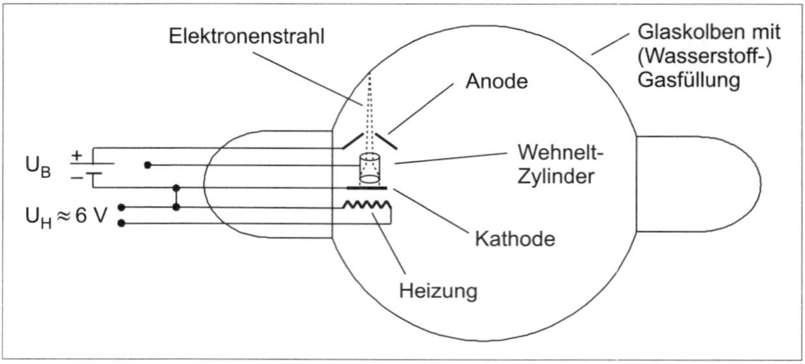

Abb. 3

b) Ein Netzgerät liefert die Heizspannung, die Spannung für die Bündelung des Elektronenstrahls sowie die Anodenspannung für die Beschleunigung der Elektronen. Durch die Heizung wird die (Metall-) Kathode zum Glühen gebracht, dadurch treten Elektronen aus der Kathode aus **(glühelektrischer Effekt)**, wobei die aus der Kathode ausgetretenen Elektronen anfangs eine vernachlässigbar kleine Geschwindigkeit $v_{Kathode} \approx 0$ haben.
Im (homogen angenommenen) elektrischen Feld zwischen (negativer) Kathode und (positiver) Anode werden die Elektronen beschleunigt, sie fliegen also wegen der **konstanten Beschleunigungskraft im elektrischen Feld** mit zunehmender Geschwindigkeit auf die Anode zu. Auf dem Weg von der Kathode zur Anode werden die Elektronen durch einen negativen Hohlzylinder, den sog. **Wehnelt-Zylinder**, auf der Mittelachse der Anordnung konzentriert. Wegen dieser Richtungsfokussierung sowie ihrer erreichten Geschwindigkeit „fliegen“ die Elektronen durch die Anodenbohrung hindurch und verlassen als eng gebündelter, sich geradlinig bewegender Elektronenstrahl die Elektronenkanone. Nach dem Passieren des Lochs in der Anode kehren sie nicht von oben zur Anode zurück, da sie außerhalb der Beschleunigungsstrecke praktisch kein elektrisches Feld mehr „verspüren“.

c) In dem evakuierten Glaskolben befindet sich Wasserstoffgas unter geringem Druck. Die Gasmoleküle werden durch die Elektronen des Elektronenstrahls mittels **Stoßanregung** (unelastischer Stoß) zum Leuchten gebracht. Dadurch wird die Bahn der Elektronen sichtbar.

1.2 a)

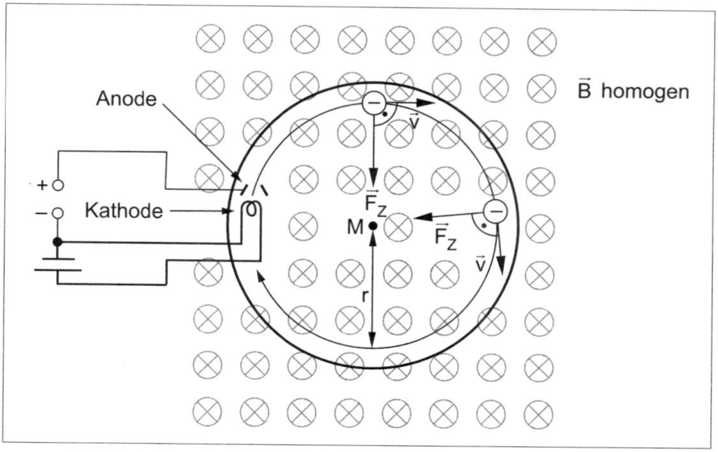

Abb. 4

b) Auf Elektronen, die sich in einem Magnetfeld bewegen, wirkt die Lorentzkraft, für die gilt:

$$\vec{F}_{Lorentz} = e \cdot \vec{v} \times \vec{B} \quad \text{bzw.} \quad F_{Lorentz} = e \cdot v \cdot B \quad \text{wegen } \vec{v} \perp \vec{B}$$

Die Lorentzkraft steht stets senkrecht zur Geschwindigkeit der Elektronen (und zur Richtung des Magnetfelds) ist, also gilt:

$$\vec{F}_{Lorentz} \perp \vec{v}$$

D. h. die Elektronen werden in Bewegungsrichtung weder beschleunigt noch abgebremst, daher bleibt der Betrag ihrer Geschwindigkeit konstant.

Denn: Die Energie (Skalarprodukt aus Kraft und Weg), die pro Zeit zugeführt wird, ist zu jedem Zeitpunkt null.

c) Wegen $|\vec{B}| = \text{const.}$ ist gemäß $|F_{Lorentz}| = e \cdot v \cdot B$ auch $|\vec{F}_{Lorentz}| = \text{const.}$

Wirkt eine dem Betrag nach konstante Kraft auf ein Teilchen und steht diese Kraft stets senkrecht zum Geschwindigkeitsvektor, so bewegt sich das Teilchen auf einer **Kreisbahn** (mit konstantem Betrag der Geschwindigkeit).

1.3 Die vom Betrag konstante **Lorentzkraft** wirkt **als Zentripetalkraft** des Betrags

$$|\vec{F}_Z| = \frac{m \cdot v^2}{r}$$

auf die Elektronen, die sich daher auf einer Kreisbahn bewegen. Es gilt also:

$$|\vec{F}_Z| = |\vec{F}_{Lorentz}| \quad \Leftrightarrow \quad \frac{m \cdot v^2}{r} = e \cdot v \cdot B$$

$$\frac{m \cdot v}{r} = e \cdot B \qquad (1)$$

Da die Geschwindigkeit der Elektronen auf ihrer Kreisbahn konstant bleibt, ist v gleich der Geschwindigkeit v_0, mit der die Elektronen die Elektronenkanone verlassen. Diese zunächst unbekannte Geschwindigkeit kann mithilfe einer Energiebetrachtung ermittelt werden, da die Elektronen aufgrund der Beschleunigung in der Beschleunigungsstrecke eine kinetische Energie durch das elektrische Feld erlangen. Mithilfe des Energieerhaltungssatzes ergibt sich aus dem Ansatz

$$E_{kin} = E_{el} \quad \Leftrightarrow \quad \frac{1}{2} m \cdot v_0^2 = e \cdot U_B$$

durch Umstellen die Geschwindigkeit:

$$v_0 = \sqrt{2 \cdot \frac{e}{m} \cdot U_B}$$

Setzt man (mit $v = v_0$) dieses Ergebnis in die Beziehung (1) ein, folgt für den **Radius** der Kreisbahn:

$$\frac{m \cdot \sqrt{2 \cdot \frac{e}{m} \cdot U_B}}{r} = e \cdot B$$

$$\frac{m^2 \cdot 2 \cdot \frac{e}{m} \cdot U_B}{r^2} = e^2 \cdot B^2$$

$$\frac{m \cdot 2 \cdot U_B}{r^2} = e \cdot B^2 \quad \Rightarrow \quad \underline{\underline{r = \frac{1}{B} \cdot \sqrt{\frac{2m \cdot U_B}{e}}}} \qquad (2)$$

1.4 a) **Aussage 1:** Diese Aussage ist gemäß $v_0 = \sqrt{2 \cdot \frac{e}{m} \cdot U_B}$ (ohne Einschränkung) richtig.

Diese Aussage ist selbst für hohe Geschwindigkeiten richtig, wenn relativistisch gerechnet werden muss.

Aussage 2: Verändert man die Stärke B des Magnetfelds nicht, dann ist auch diese Aussage gemäß $F_{Lorentz} = e \cdot v \cdot B$ richtig.

Aussage 3: Weil die Lorentzkraft hier die Zentripetalkraft darstellt, ist diese Aussage gemäß $|\vec{F}_{Lorentz}| = \frac{m \cdot v^2}{r}$ richtig, solange m und v sich nicht ändern (bzw. solange das Produkt $m \cdot v^2$ nicht „stärker" wächst als die Lorentzkraft).

b) Die Schlussfolgerung ist falsch, denn gemäß des Ergebnisses (2) aus Teilaufgabe 1.3 wird r mit wachsendem U_B größer.

Diskussion: Mit der Vergrößerung von U_B wird zwar tatsächlich v_0 und damit auch $F_{Lorentz}$ größer, es ist aber gemäß $|\vec{F}_Z| = \frac{m \cdot v^2}{r}$ auch eine größere Zentripetalkraft erforderlich, um das Elektron mit der erhöhten Geschwindigkeit auf die (gleiche) Kreisbahn zu zwingen. Wichtig: Da F_Z *quadratisch* mit v wächst, $F_{Lorentz}$ aber nur *linear* mit v wächst, kann die schneller anwachsende erforderliche Zentripetalkraft nicht mehr von der weniger stark gewachsenen Lorentzkraft gestellt werden; der Kreisbahnradius wird also größer.

Hier wird eine Diskussion von Ihnen verlangt, daher ist die bloße Angabe der Formel und der unmittelbaren Schlussfolgerung ohne die zusätzliche Erläuterung der Abhängigkeiten nicht ausreichend.

1.5 a) Die in Teilaufgabe 1.3 erhaltene Formel (2) legt die Anfertigung eines $\frac{1}{B}$-r-Diagramms nahe. Man erhält dann eine **Ursprungsgerade** (Abbildung 5), es gilt:

$$r \sim \frac{1}{B}$$

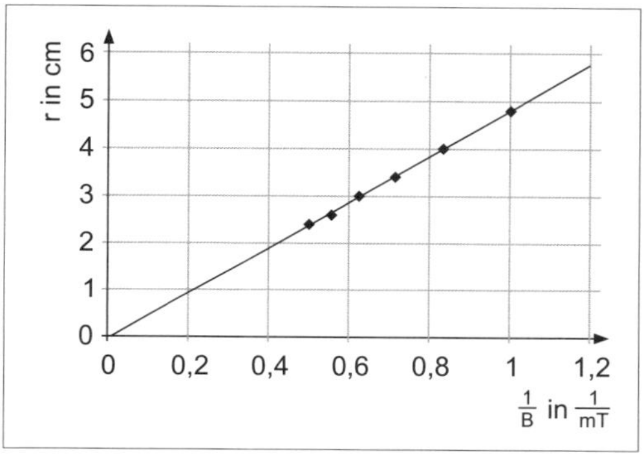

Abb. 5

Die Steigung der Ausgleichsgeraden beträgt

$$\frac{4{,}8\ \text{cm}}{1\ \frac{1}{\text{mT}}} = 4{,}8\ \text{mT} \cdot \text{cm}$$
$$= 4{,}8 \cdot 10^{-5}\ \text{T} \cdot \text{m},$$

also gilt:

$$\underline{\underline{r = 4{,}8 \cdot 10^{-5}\ \text{Tm} \cdot \frac{1}{B}}}$$

Es ist laut Aufgabenstellung ein „geeignetes“ Diagramm zu erstellen. Das in Abbildung 5 gewählte Diagramm ist deswegen geeignet, da es bei Auftragung von r gegen $\frac{1}{B}$ eine Gerade ergibt (Linearisierung), deren Steigung man auf bekanntem Wege ermitteln kann. Diese Steigung erlaubt anschließend unmittelbar die Angabe des (antiproportionalen) Zusammenhangs zwischen r und B. Alternative Lösungswege, wie beispielsweise das Anfertigen eines B-r-Diagramms, das Vermuten des Vorliegens einer Hyperbel, das Prüfen der Antiproportionalität mithilfe der Produktgleichheit der Messwertepaare und die anschließende Weiterverwendung des Mittelwerts der Produkte sind ebenso möglich.

b) Der in Teilaufgabe 1.3, Gleichung (2) gefundene Term für die **Steigung** der Ursprungsgeraden wird gleich dem in Teilaufgabe 1.5 a bestimmten Wert gesetzt und daraus die **spezifische Ladung** berechnet:

$$\sqrt{\frac{2m \cdot U_B}{e}} = 4{,}8 \cdot 10^{-5}\ \text{Tm}$$

$$\Rightarrow \quad \frac{2m \cdot U_B}{e} = (4{,}8 \cdot 10^{-5}\ \text{Tm})^2$$

$$\frac{e}{m} = \frac{2U_B}{(4{,}8 \cdot 10^{-5}\ \text{Tm})^2} = \frac{2 \cdot 200\ \text{V}}{(4{,}8 \cdot 10^{-5}\ \text{Tm})^2} \approx \underline{\underline{1{,}7 \cdot 10^{11}\ \frac{\text{C}}{\text{kg}}}}$$

1.6 Weil das Elektron bei seinem Umlauf auf einem Kreis eine gleichförmige (!) Kreisbewegung ausführt, kann die **Umlaufdauer T** gemäß

$$T = \frac{2\pi \cdot r}{v}$$

berechnet werden. Mit Gleichung (1) der Lösung zu Teilaufgabe 1.3 folgt

$$\frac{m \cdot v}{r} = e \cdot B \quad \Leftrightarrow \quad v = \frac{r \cdot e \cdot B}{m}$$

und damit:

$$T = \frac{2\pi \cdot r}{\frac{r \cdot e \cdot B}{m}} = \underline{\underline{\frac{2\pi \cdot m}{e \cdot B}}}$$

Aufgabe 2

2.1 a) Eine **Röntgenröhre** besteht aus einer (abgeschrägten) Anode A (unterschiedlichen Materials) und einer beheizbaren Kathode K. Eine Heizspannung U_H bringt die Kathode zum Glühen, sodass aus dieser Elektronen austreten. Zwischen A und K wird eine Hochspannung U_A angelegt, wodurch die Elektronen zur Anode beschleunigt werden.
Abbildung 4 zeigt die ergänzte **elektrische Beschaltung** der Röhre.

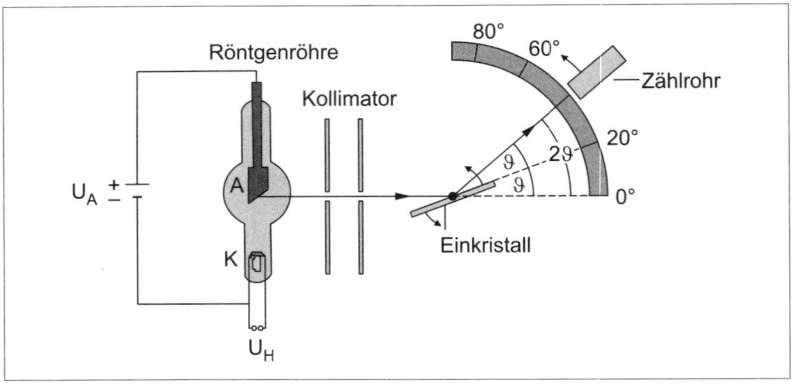

Abb. 4

b) Die beschleunigten Elektronen dringen in die Anode ein und verursachen im Anodenmaterial zwei verschiedene Wechselwirkungsprozesse.

1. Coulomb-Wechselwirkung: Die Elektronen werden im Coulombfeld der Atomhülle und der Atomkerne des Anodenmaterials mehr oder weniger stark gebremst und geben wegen dieser (negativen) Beschleunigung unterschiedliche Strahlungsenergien ab; dadurch entsteht ein **kontinuierliches** Wellenlängenspektrum von einer kürzesten Wellenlänge hin zu immer längeren. Es handelt sich dabei um die sogenannte **Bremsstrahlung**.

Das Verhalten der Elektronen in der Materie kann man mit dem eines Skifahrers vergleichen, wodurch auch deutlich wird, warum die Bremsstrahlung ein Spektrum abdeckt: Der Skifahrer (Elektron) erkennt ein Hindernis (Atomkern) und fährt um dieses herum. Beim Ausweichen (Ablenkung durch Coulombwechselwirkung) wirbelt dieser Schnee auf (Röntgenstrahlung) und verliert dadurch Energie. Je enger die Kurve ist (je näher das Elektron am Atomkern vorbeifliegt), desto mehr Schnee wird aufgewirbelt bzw. desto weiter fliegt dieser, die übertragende Energie wird also größer. Analog ist die Energie des Röntgenquants größer und dadurch seine Wellenlänge kleiner.

2. Charakteristische Strahlung: Die auf die Anode auftreffenden Elektronen schlagen Elektronen (vorwiegend) aus der K-Schale (innerste Schale) heraus. Die dadurch entstandene Lücke wird gefüllt durch Übergänge aus den höheren Schalen. Dadurch entstehen **diskrete** Strahlungsenergien, die vom atomaren Aufbau der Anode abhängen und daher für das Kathodenmaterial charakteristisch sind. Zugehörige Wellenlängen werden im Spektrum als deutliche Peaks registriert.

Unter http://phys23p.sl.psu.edu/phys_anim/mod/indexer_mod.html finden Sie zwei gelungene Videos, die die Entstehung der charakteristischer Röntgenstrahlung (Video „K X Ray Production“) und die Entstehung der Bremsstrahlung (Video „Bremsstrahlung X-Ray Production“) veranschaulichen.

c) Das linke ausgeprägte Maximum im Spektrum entspricht der K_β-Strahlung, das rechte der K_α-Strahlung. Das linke Maximum hat die kürzere Wellenlänge und damit wegen $E = h \cdot f = \frac{h \cdot c}{\lambda}$ die höhere Strahlungsenergie. Diese gehört zu dem Übergang mit größerer Energiedifferenz, also hier von der M- zur K-Schale ($m = 3$ nach $n = 1$).

2.2 a) Der gebündelte Röntgenstrahl fällt unter dem Winkel ϑ auf die Kristalloberfläche parallel zur Netzebene. Ist die Bragg-Bedingung erfüllt, findet eine Bragg-Reflexion statt und die Strahlen werden unter dem gleich großen Winkel ϑ, der in diesem Fall als **Glanzwinkel** bezeichnet wird, reflektiert. Kristall und Zählrohr werden von der Vorrichtung so gedreht, dass das Zählrohr stets die Zählrate der reflektierten Strahlung misst; das Zählrohr dreht sich daher exakt um den doppelten Glanzwinkel gegen die Einfallsrichtung.

Denken Sie daran, dass der Einfallwinkel φ bei der Reflexion definitionsgemäß komplementär zum Glanzwinkel ϑ ist: φ ist der Winkel zwischen Strahl und Einfallslot, ϑ der Winkel zwischen Strahl und Netzebene; beide Winkel ergänzen sich zu 90°.

b) Einfallende Röntgenstrahlen werden als Wellen gedeutet, die an den Atomen des Einkristalls gestreut werden und dabei sich in alle Raumrichtungen Elementarwellen ausbreitende erzeugen (Huygens'sches Prinzip).
Wie die schematische Zeichnung in Abbildung 5 zeigt, ergibt sich in der Richtung des doppelten Ablenkungswinkels (gegenüber dem ankommenden

Strahl) bei „Reflexion“ an benachbarten Netzebenenatomen ein Gangunterschied von 2x. Damit entstehen Interferenzmaxima (konstruktive Interferenz) für $n \cdot \lambda = 2x$, wobei n die Ordnung beschreibt (n = 1, 2, …). Mit $x = d \cdot \sin\vartheta$ ergibt sich die **Bragg-Beziehung**:

$$\underline{\underline{n \cdot \lambda = 2d \cdot \sin\vartheta}}$$

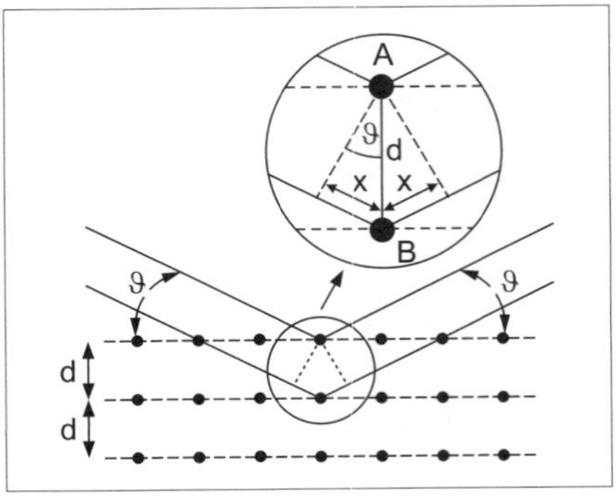

Abb. 5

2.3 a) Man liest aus dem gegebenen Diagramm für die beiden Peaks die zugehörigen Wellenlängenwerte $\lambda_1 \approx 63{,}5$ pm und $\lambda_2 \approx 71{,}5$ pm ab. Damit ergeben sich die Strahlungsenergien:

$$E = h \cdot f = h \cdot \frac{c}{\lambda} \rightarrow \begin{cases} E_{K_\alpha} = 4{,}126 \cdot 10^{-15}\,\text{eVs} \cdot \dfrac{3{,}0 \cdot 10^8\,\frac{\text{m}}{\text{s}}}{71{,}5 \cdot 10^{-12}\,\text{m}} \approx \underline{\underline{17{,}4\,\text{eV}}} \\ E_{K_\beta} = 4{,}126 \cdot 10^{-15}\,\text{eVs} \cdot \dfrac{3{,}0 \cdot 10^8\,\frac{\text{m}}{\text{s}}}{63{,}5 \cdot 10^{-12}\,\text{m}} \approx \underline{\underline{19{,}6\,\text{eV}}} \end{cases}$$

Je nachdem, wie genau Sie ablesen, können die Energiewerte sich im Bereich der Nachkommastellen vom angegebenen Zwischenergebnis abweichen. Sie müssen aber durchaus möglichst genau beim Ablesen vorgehen, d. h. Fehler z. B. durch Interpolieren minimieren. In jedem Fall ist es sinnvoll, in den folgenden Teilaufgaben ggf. mit den angegeben Werten weiterzurechnen.

b) Aus der Bragg-Beziehung ergibt sich

$$\vartheta = \arcsin\left(\frac{n \cdot \lambda}{2d}\right)$$

Damit erhält man mit d = 282 pm für

- n = 1: $\vartheta_{K_\beta} = \underline{\underline{6{,}5^\circ}}$ und $\vartheta_{K_\alpha} = \underline{\underline{7{,}3^\circ}}$
- n = 2: $\vartheta_{K_\beta} = \underline{\underline{13{,}0^\circ}}$ und $\vartheta_{K_\alpha} = \underline{\underline{14{,}7^\circ}}$
- n = 3: $\vartheta_{K_\beta} = \underline{\underline{19{,}7^\circ}}$ und $\vartheta_{K_\alpha} = \underline{\underline{22{,}3^\circ}}$

c) Zwischen Winkel und Wellenlänge besteht wegen der Bragg-Beziehung ein nichtlinearer (nämlich sinusförmiger) Zusammenhang, deswegen können die Winkelunterschiede nicht konstant sein.

Für (hinreichend) kleine Winkel erhält man mit der Näherung $\vartheta \approx \sin\vartheta$ aus der Bragg'schen Beziehung $n \cdot \lambda = 2d \cdot \sin\vartheta \approx 2d \cdot \vartheta$ bzw. $\vartheta = \frac{n \cdot \lambda}{2d}$, also eine Proportionalität, woraus für die Änderung $\Delta\vartheta$ in Abhängigkeit von $\Delta\lambda$ folgt:

$$\Delta\vartheta = \frac{n}{2d} \cdot \Delta\lambda$$

Also wächst die Winkeldifferenz (bei hinreichend kleinen Winkeln) äquidistant mit der Ordnung n.

2.4 a) Für die Entstehung derjenigen Bremsstrahlung, die am kurzwelligen Ende des Spektrums registriert wird, sind diejenigen Elektronen verantwortlich, die beim Eintritt in die Anode so stark abgebremst werden, dass sie ihre kinetische Energie **komplett** abgeben und diese in Photonenenergie $h \cdot f$ umwandeln. Daher gibt es eine größte Frequenz und somit eine kürzeste Wellenlänge.

b) Da die charakteristischen Maxima ihren Ursprung in den Übergängen der Hüllelektronen im Anodenmaterial haben, sind diese Linien unabhängig von der Anodenspannung (sofern die Energie der ankommenden Elektronen überhaupt groß genug ist, diese Übergänge zu erzeugen).

c) Im Diagramm liest man die Wellenlängewerte der Grenzwellenlängen als „Berührstellen" der Kurven (oder besser als Schnittstellen der Ausgleichsgeraden an die Kurven mit der λ-Achse) ab. Folgende Werte ergeben sich:

- $\lambda_{G,1} \approx \underline{\underline{49\ \text{pm}}}$ (25 kV)
- $\lambda_{G,2} \approx \underline{\underline{40\ \text{pm}}}$ (30 kV)
- $\lambda_{G,3} \approx \underline{\underline{34\ \text{pm}}}$ (35 kV)

d) Die **Planck'sche Konstante** h kann man anhand der Bedingungsgleichung für die Grenzwellenlänge ermitteln:

$$h \cdot \frac{c}{\lambda_G} = e \cdot U \quad \Leftrightarrow \quad h = \frac{e \cdot U \cdot \lambda_G}{c}$$

Setzt man die drei Werte aus Teilaufgabe 2.4 c ein, erhält man daraus als Mittelwert:

$$h_1 = \frac{1{,}6 \cdot 10^{-19}\ \text{C} \cdot 25 \cdot 10^3\ \text{V} \cdot 49 \cdot 10^{-12}\ \text{m}}{3{,}0 \cdot 10^8\ \frac{\text{m}}{\text{s}}} = 6{,}533\ldots \cdot 10^{-34}\ \text{Js}$$

$$h_2 = \frac{1{,}6 \cdot 10^{-19}\ \text{C} \cdot 30 \cdot 10^3\ \text{V} \cdot 40 \cdot 10^{-12}\ \text{m}}{3{,}0 \cdot 10^8\ \frac{\text{m}}{\text{s}}} = 6{,}4 \cdot 10^{-34}\ \text{Js}$$

$$h_3 = \frac{1{,}6 \cdot 10^{-19}\ \text{C} \cdot 35 \cdot 10^3\ \text{V} \cdot 34 \cdot 10^{-12}\ \text{m}}{3{,}0 \cdot 10^8\ \frac{\text{m}}{\text{s}}} = 6{,}346\ldots \cdot 10^{-34}\ \text{Js}$$

$$\Rightarrow \quad h \approx \underline{\underline{6{,}4 \cdot 10^{-34}\ \text{Js}}}$$

2.5 a) Die Formel gibt an, welche Energiedifferenz in Form von Strahlungsenergie von dem Wasserstoffatom emittiert wird, wenn das Elektron des Wasserstoffatoms von einem angeregten Zustand mit der Energie E_m in einen weniger angeregten Zustand oder den Grundzustand mit der Energie E_n übergeht (wobei $n, m \in N$, $m > n$ die Hauptquantenzahlen sind).

b) **Bestimmung der Energien der K_α- und der K_β-Strahlung**

- Energie der K_α-Strahlung: Für $n = 1$, $m = 2$, $Z = 42$ und $a = 1$ ergibt sich:

$$\Delta E_\alpha = 13{,}6\,\text{eV} \cdot (42-1)^2 \cdot \left(\frac{1}{1^2} - \frac{1}{2^2}\right) \approx \underline{\underline{17{,}1\,\text{keV}}}$$

Die prozentuale Abweichung vom experimentellen Wert beträgt

$$\frac{|E_2 - \Delta E_\alpha|}{\Delta E_\alpha} = \frac{|17{,}5\,\text{keV} - 17{,}1\,\text{keV}|}{17{,}1\,\text{keV}} \approx 0{,}023 = \underline{\underline{2{,}3\,\%}}.$$

- Energie der K_β-Strahlung: Für $n = 1$, $m = 3$ $Z = 42$ und $a = 1$ ergibt sich:

$$\Delta E_\beta = 13{,}6\,\text{eV} \cdot (42-1)^2 \cdot \left(\frac{1}{1^2} - \frac{1}{3^2}\right) \approx \underline{\underline{20{,}3\,\text{keV}}}$$

Die prozentuale Abweichung vom experimentellen Wert beträgt

$$\frac{|E_1 - \Delta E_\beta|}{\Delta E_\beta} = \frac{|19{,}6\,\text{keV} - 20{,}3\,\text{keV}|}{20{,}3\,\text{keV}} \approx 0{,}034 = \underline{\underline{3{,}4\,\%}}.$$

Konstante bei Mehrelektronensystemen

Bei Mehrelektronensystemen sind weitere Elektronen in den inneren Schalen vorhanden, sodass das „herabfallende" Elektron nicht von der gesamten Kernladung Z beeinflusst wird, sondern eine „effektive" Kernladungszahl gewählt werden muss, die entsprechend kleiner ist als Z.
Auf der K-Schale befinden sich zwei Elektronen. Ist ein Elektron befreit, wirkt auf das „herabfallende" Elektron bei der Coulomb-Anziehung eine Kernladung weniger, das bedeutet eine Reduktion der „effektiven" Kernladungszahl Z um 1.

Punkte

Aufgabe: Energieniveaus im Quecksilberatom

Das Bohr'sche Atommodell war für die Entwicklung der Vorstellung über Atome von großer Bedeutung. Wesentliche Aussagen der Bohr'schen Postulate sollen im Folgenden dazu genutzt werden, die Beobachtung aus den beiden nachfolgend genannten Versuchen 1 und 2 zu erklären.

Versuch 1 (siehe Abbildung 1):
Demonstration des Spektrums einer Quecksilberdampflampe (Hg-Dampflampe) mithilfe eines Gitters

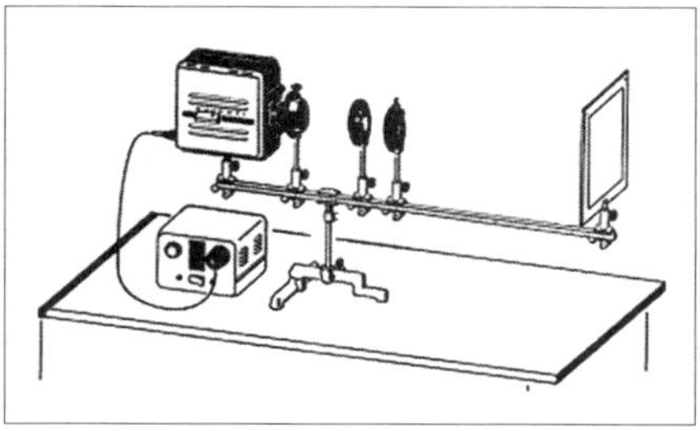

Abb. 1: Erzeugung des **Gitterspektrums** der Hg-Dampflampe mithilfe eines Gitters

Versuch 2 (siehe Abbildung 2):
Kochsalz (NaCl) wird in die Flamme eines Bunsenbrenners gebracht und über Kreuz mit dem Licht einer Hg-Dampflampe und dem einer Natriumdampflampe (Na-Dampflampe) beleuchtet.

Abb. 2: **Kreuzprojektion** von verdampfendem NaCl (Hg-Dampflampe vorne links, Na-Dampflampe vorne rechts)

1 **Versuch 1: Gitterspektrum**

1.1 a) Beschreiben Sie unter Anfertigung einer Skizze den Versuchsaufbau und die Versuchsdurchführung des Versuchs 1 zur Erzeugung des Spektrums der Hg-Dampflampe.

b) Zeigen Sie unter Anfertigung einer geeigneten Skizze, dass die Wellenlänge λ des Lichts einer Spektrallinie allgemein mithilfe der Gleichung $n \cdot \lambda = g \cdot \sin \alpha_n$ bestimmt werden kann, wobei g die Gitterkonstante ist.

c) Geben Sie an, was man unter n und α_n versteht. 18

1.2 Für die Ermittlung der Wellenlängen des Hg-Lichts auf einem Zinksulfid-Schirm in Versuch 1 wurden die Werte in Tabelle 1 festgehalten:

Gitter: 570 Striche pro mm
Abstand e zwischen Gitter und Schirm: e = 1,00 m

Farbe	Abstand a der Linien 1. Ordnung zum Maximum 0. Ordnung in cm	Ablenkwinkel α in Grad	Wellenlänge λ in nm
Gelb	34,9		
Grün	32,7	18,11	545
Blau	23,7	13,33	405
Ultraviolett 1	14,6	8,31	253
Ultraviolett 2	10,6	6,05	185

Tab. 1

a) Berechnen Sie aus dem Abstand der gelben Linie den Ablenkwinkel α und ihre Wellenlänge (Kontrollergebnis: 578 nm).

b) Das verwendete Gitter besteht aus sehr vielen nebeneinander liegenden Einzelspalten. Jeder dieser Einzelspalte für sich erzeugt das für einen Einzelspalt typische Interferenzmuster. Die nebenstehende Abbildung 3 zeigt die Intensitätsverteilungen eines Einzelspalts und eines aus 8 solcher Einzelspalte bestehenden Gitters für ein und dieselbe Wellenlänge.

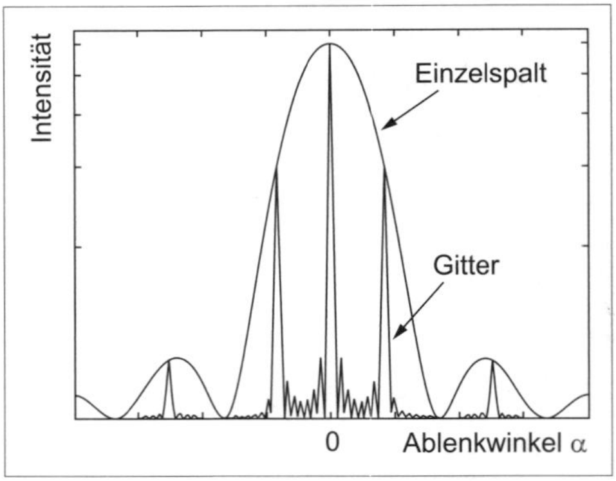

Abb. 3: Intensitätsverteilungen bei einem Einzelspalt und bei einem Gitter

Begründen Sie, warum bei diesem Gitter ein Maximum 2. Ordnung nicht auftritt. 11

1.3 a) Erläutern Sie qualitativ die beiden wesentlichen Aussagen des Bohr'schen Atommodells.

b) Erklären Sie das Auftreten von Linien im Spektrum des Hg-Lichts unter der Annahme, dass man die Aussagen des Bohr'schen Atommodells auch auf Hg anwenden kann.

c) Berechnen Sie anhand der Beziehung $E = h \cdot f$ die Photonenenergie in der Einheit eV, die der Wellenlänge der gelben Linie aus dem Hg-Spektrum entspricht.
(Kontrollergebnis: 2,15 eV)

Für die anderen Linien ergeben sich die Werte: 2,28 eV; 3,07 eV; 4,90 eV und 6,71 eV.

d) Bestimmen Sie für jede der fünf Linien im Hg-Spektrum die Energieniveaus, zwischen denen die Elektronen des Hg-Atoms bei Aussendung dieser Strahlung wechseln (Abbildung 4), und zeichnen Sie diese Übergänge (mit Kennzeichnung) in das Termschema ein.

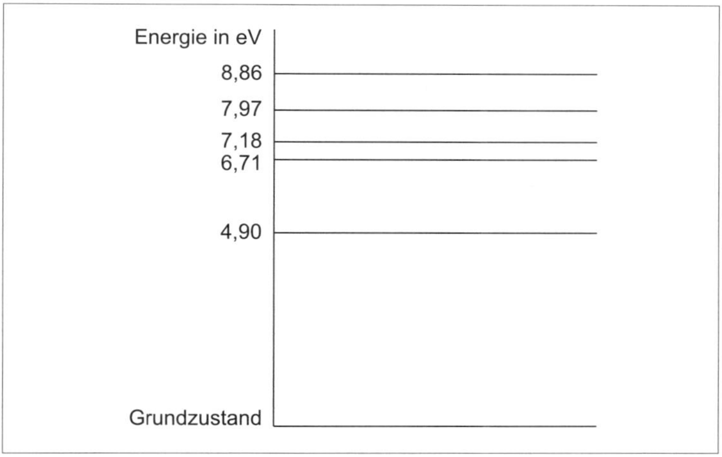

Abb. 4: Stark vereinfachte Darstellung des Termschemas für das Hg-Atom 23

2 Versuch 2: Kreuzprojektion

2.1 Beschreiben Sie den Versuchsaufbau und die Durchführung des Versuchs. 3

2.2 Beschreiben Sie Ihre Beobachtung auf den beiden Schirmen. 3

2.3 Erklären Sie die Beobachtung auf den beiden Schirmen mithilfe wesentlicher Aussagen des Bohr'schen Atommodells. Erklären Sie dabei insbesondere, warum in einem Fall ein „Schatten" der Flamme zu sehen ist und im anderen Fall nicht. 8

3 **Der Franck-Hertz-Versuch**

Eine Bestätigung der wesentlichen Aussagen des Bohr'schen Atommodells bildeten die Ergebnisse des Franck-Hertz-Versuchs, der im Folgenden genauer untersucht wird.

3.1 Abbildung 5 zeigt den Aufbau des Franck-Hertz-Versuchs.

a) Erläutern Sie die Funktion der einzelnen Bauelemente und die Bedeutung der Spannungen U_1 und U_2.

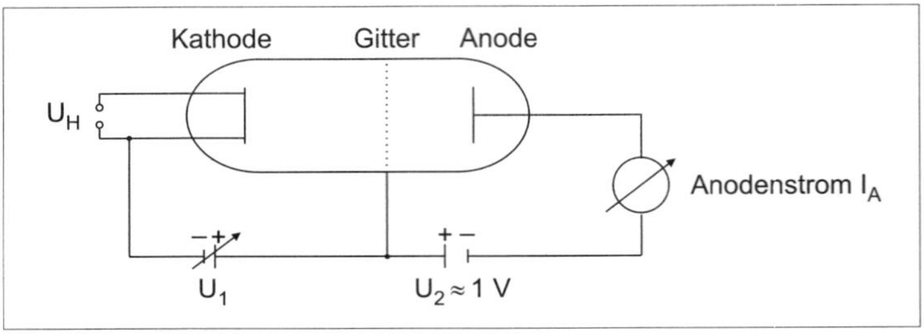

Abb. 5: Versuchsaufbau des Franck-Hertz-Versuchs

b) Der Kolben des Franck-Hertz-Versuchs enthält Hg-Dampf. Skizzieren Sie den Verlauf des Anodenstroms I_A in Abhängigkeit von der Spannung U_1 (Franck-Hertz-Diagramm).

c) Erläutern Sie die Ergebnisse des Franck-Hertz-Versuchs mit Aussagen des Bohr'schen Atommodells. 19

3.2 Führt man den Franck-Hertz-Versuch mit Hg-Dampf quantitativ durch, findet man in der U_1-I_A-Darstellung Maxima im Abstand von $\Delta U_1 = 4{,}90$ V.

a) Berechnen Sie die Wellenlänge λ_{FH} der Strahlung, die dieser Anregung entspricht.
(Kontrollergebnis: $\lambda_{FH} = 253$ nm)

b) Das Spektrum der Hg-Dampflampe in Versuch 1 zeigt neben der $\lambda_{FH} = 253$-nm-Linie auch Linien, die zu größeren Wellenlängen gehören.
Erläutern Sie mithilfe des Termschemas in Abbildung 4, warum die entsprechenden Anregungsenergien der Hg-Atome in der U_1-I_A-Kurve des Franck-Hertz-Diagramms nicht nachgewiesen werden.

c) Theoretisch erwartet man bei jedem Spannungsabstand $U_1 = 4{,}90$ V ein scharfes Abfallen des Anodenstroms bis auf den Wert null.
Erklären Sie, warum der Anodenstrom nach dem Erreichen eines Maximums weder scharf abfällt noch genau auf null zurückgeht. 16

4 Eine Modifikation des Franck-Hertz-Versuchs

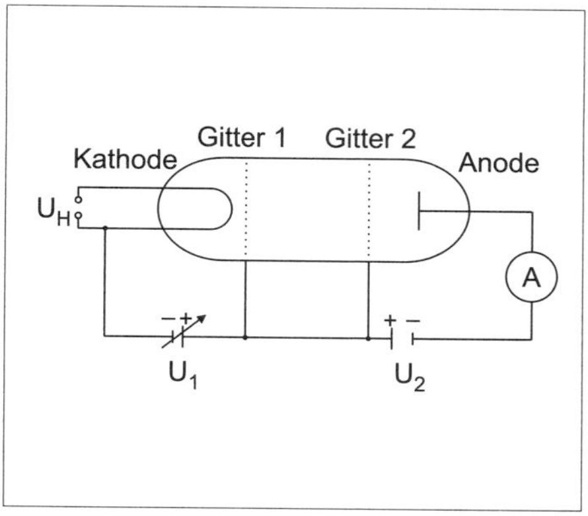

Abb. 6: Versuchsaufbau nach Franck und Knipping

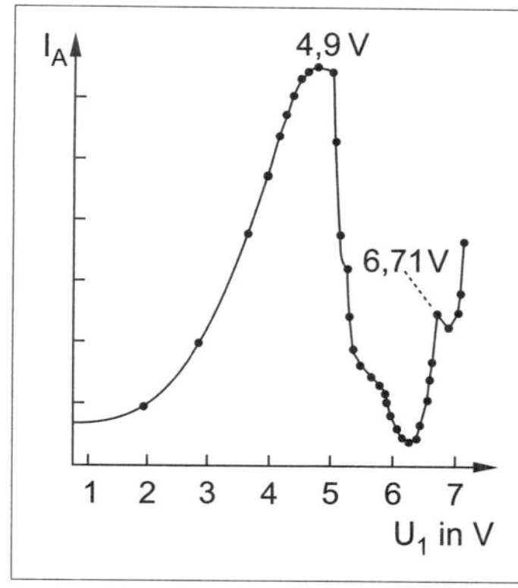

Abb. 7: Messkurve beim Franck-Knipping-Experiment (Das Maximum bei $U_A = 6{,}71$ V ist der Deutlichkeit wegen leicht überhöht dargestellt.)

Die Abbildung 6 zeigt eine Modifikation des ursprünglichen Franck-Hertz-Versuchs durch James Franck und Paul Knipping, bei dem die Beschleunigungsstrecke der Elektronen von der Reaktionsstrecke mit den Hg-Atomen räumlich getrennt ist. Die Elektronen werden zunächst mit der Spannung U_1 beschleunigt; der Abstand zwischen Kathode und Gitter 1 ist dabei so klein, dass in diesem Bereich praktisch keine Stöße der Elektronen mit den Hg-Atomen auftreten.

Gitter 1 und Gitter 2 liegen auf demselben Potenzial. Auf dieser Strecke zwischen Gitter 1 und Gitter 2 kann es nun zu den Stößen mit den Hg-Atomen kommen. Zwischen Gitter 2 und der Anode liegt wieder eine Gegenspannung $U_2 \approx 1$ V an. Die Versuchsdurchführung ist identisch mit der des klassischen Franck-Hertz-Versuchs. Enthält das Franck-Knipping-Rohr wieder Hg-Dampf, erhält man für Beschleunigungsspannungen bis $U_1 = 7$ V das in Abbildung 7 dargestellte Franck-Knipping-Diagramm.

4.1 Beschreiben Sie die Messkurve des Franck-Knipping-Versuchs (Abbildung 7) und vergleichen Sie diese Messkurve mit der Messkurve des Franck-Hertz-Versuchs. 4

4.2 Erläutern Sie, welchen Vorteil die räumliche Trennung von Beschleunigungs- und Reaktionsstrecke beim Franck-Knipping-Versuch im Gegensatz zum klassischen Franck-Hertz-Versuch hat. 6

4.3 Interpretieren sie das Auftreten eines zusätzlichen Maximums (beachte die kleine abfallende Flanke) des Anodenstroms bei einer Spannung von $U_1 = 6{,}71$ V. 4

5 **Anregung der Hg-Atome mit Licht**
Verwendet man für die Röhre des Franck-Hertz-Versuchs UV-durchlässiges Quarz-Glas, kann man die Hg-Atome im Inneren der Röhre auch von außen mit Photonen beschießen.

5.1 Erläutern Sie auf der Grundlage des Termschemas in Abbildung 4 das Absorptionsverhalten der Hg-Atome, wenn Photonen jeder gewünschten Energie zwischen 5 eV und 6 eV zur Verfügung stehen. 3

5.2 Erläutern Sie auf der Grundlage des Termschemas in Abbildung 4 das Absorptionsverhalten der Hg-Atome, wenn Photonen jeder gewünschten Energie zwischen 6 eV und 7 eV zur Verfügung stehen. 2

Tipps und Hinweise zur Lösung von Prüfungsaufgabe II

Tipps zu Aufgabe 1

Vorbemerkung: Diese Aufgabe verknüpft in typischer Weise das Sachgebiet „elektromagnetische Wellen“ mit dem Schwerpunkt Interferenz und das Sachgebiet „Atomphysik“. Die Wellenlehre liefert die Auswertungsmethoden, um (Linien-)Spektren zu untersuchen; in der Atomphysik werden Modelle entwickelt, mit denen die beobachteten Phänomene erklärt werden können.
Der Franck-Hertz-Versuch ist einer der wichtigsten Versuche der modernen Physik. Vom ihm gibt es mehrere leicht unterschiedliche Varianten, wobei der wesentlichste Unterschied in der Wahl des Gases, mit dem der Kolben gefüllt ist, besteht. Die entscheidenden physikalischen Erkenntnisse sind bei allen Varianten identisch, lediglich die quantitativen Berechnungen unterscheiden sich leicht.

Teilaufgabe 1.1 a

- Berücksichtigen Sie Abbildung 1, diese stellt die wesentlichen Teile des Versuchsaufbaus dar.
- Beachten Sie, dass Sie Versuchsaufbau und Versuchsdurchführung beschreiben müssen.
- Achten Sie auf die richtige Reihenfolge der eingesetzten Versuchsmaterialien.

Teilaufgabe 1.1 b

- Verwenden Sie in Ihrer Skizze und in Ihren Erklärungen die gleichen Variablen wie in der Aufgabenstellung.
- Überladen Sie Ihre Skizze nicht, sondern fertigen Sie ggf. mehrere Skizzen an, sodass man die wesentlichen Aspekte gut erkennen kann.
- Beachten Sie, dass entscheidende geometrische Eigenschaften (Parallelität, rechte Winkel) in der Skizze eindeutig zu erkennen sind.

Teilaufgabe 1.1 c

- Lesen Sie immer zunächst alle Aufgabenstellungen. Oft findet man bei den folgenden Teilaufgaben Hinweise auf die Lösung. Die gesuchten Begriffe werden in der nächsten Teilaufgabe verwendet.

Teilaufgabe 1.2 a

- Beachten Sie, dass nicht nur die Wellenlänge, sondern auch der Ablenkwinkel gesucht ist.
- Beachten Sie, dass Sie bei den gegebenen Dimensionen nicht die Näherung für kleine Winkel benutzen dürfen.

Teilaufgabe 1.2 b

- Beachten Sie, dass sich Abbildung 3 nicht auf das vorgeführte Experiment bezieht, sondern dass hierfür ein anderes Gitter benutzt wurde.
- Beachten Sie, dass das Hauptmaximum das Maximum 0. Ordnung ist.
- Berücksichtigen Sie, dass die Beugung an den Einzelspalten nicht zu verhindern ist.
- Überlegen Sie, wo in der Abbildung 3 das 2. Maximum des Gitterinterferenzbildes liegen müsste.

Teilaufgabe 1.3 a

- Die wesentlichen Aussagen des Bohr'schen Atommodells werden durch die beiden Bohr'schen Postulate beschrieben.
- Beachten Sie auch die Aufgabentexte der folgenden Teilaufgaben. Diese geben deutliche Hinweise auf die gesuchten Eigenschaften.
- Überlegen Sie, was neu am Bohr'schen Atommodell gegenüber dem Kern-Hülle-Modell war und welche Annahmen Bohr deshalb machen musste.

Teilaufgabe 1.3 b

- Überlegen Sie, was das Besondere des Spektrums des Hg-Lichts im Vergleich zum Spektrum einer Glühlampe ist.
- Linienspektren konnten mit den Atommodellen vor Bohr nicht erklärt werden. Überlegen Sie, wieso die beiden Bohr'schen Postulate zu diskreten Linienspektren führen.

Teilaufgabe 1.3 c

- Berücksichtigen Sie die Werte, die bei der Teilaufgabe 1.2 gegeben wurden.
- Beachten Sie die gesuchte Einheit.
- Nutzen Sie den bekannten Zusammenhang zwischen Frequenz und Wellenlänge.

Teilaufgabe 1.3 d

- Beachten Sie, dass für den Grundzustand (anders als in den meisten Schulbüchern) die Energie $E = 0$ eV gesetzt wurde.
- Berücksichtigen Sie die Richtung der Übergänge (Emission).
- Beachten Sie, dass zwei Teilleistungen von Ihnen gefordert sind und notiert werden müssen: Die Bestimmung der Energieniveaus und das Einzeichnen der Übergänge.

Teilaufgabe 2.1

- Wesentliche Teile der Lösung dieser Teilaufgabe sind in den Informationen vor Aufgabe 1 angegeben.

Teilaufgabe 2.2

- Beschreiben Sie auch, was man *nicht* sieht, um beide Beobachtungen abzugrenzen.
- Berücksichtigen Sie den Aufgabentext zur nächsten Teilaufgabe 2.3.
- Es ist nur nach den Beobachtungen auf den Schirmen gefragt. Die Beschreibung von weiteren Beobachtungen, z. B. in der Flamme, ist nicht gefordert.

Teilaufgabe 2.3

- Beachten Sie das 2. Bohr'sche Postulat.
- Berücksichtigen Sie, dass Photonen beim unelastischen Stoß mit den Atomen ihre Energie nur vollständig (oder gar nicht) abgeben können.
- Bedenken Sie, aus welcher Richtung die Photonen, die einen unelastischen Stoß ausführen, kommen und in welche Richtung(en) Photonen, die beim Übergang der Hüllelektronen vom angeregten Zustand in den Grundzustand entstanden sind, ausgesandt werden können.
- Berücksichtigen Sie auch, dass die angeregten Zustände instabil sind. Erklären Sie was beim Übergang in den Grundzustand passiert und warum dies keinen Einfluss auf den beobachteten Schatten hat.

Teilaufgabe 3.1 a

- Erklären Sie die Funktion *aller* Bauelemente und nicht nur derer, die Ihnen besonders wichtig erscheinen.

Teilaufgabe 3.1 b

- In späteren Aufgabenteilen finden Sie Hinweise zum Verlauf.
- Skizzieren Sie so genau wie möglich, d. h. die wesentlichen Eigenschaften des Verlaufs müssen eindeutig zu erkennen sein. Ggf. kann Ihnen eine ungefähre Skalierung der x-Achse dabei helfen.

Teilaufgabe 3.1 c

- Überlegen Sie, welchen qualitativen Verlauf der Kurve im Franck-Hertz-Diagramm man klassisch erwartet hätte.
- Überlegen Sie, was neu am Bohr'schen Atommodell war und wie man dies für die Erklärung des regelmäßigen Absinkens nach den Maxima in der Kurve nutzen kann.

Teilaufgabe 3.2 a

- Überlegen Sie, welche Energie den Elektronen bei Beschleunigung mit $U_1 = 4{,}9\ \text{V}$ zugeführt wird.
- Überlegen Sie, was im Atom nach der Energieübertragung durch den unelastischen Stoß mit dem angeregten Hüllelektron passiert. Beachten Sie hierbei das 2. Bohr'sche Postulat.
- Die Strahlung besteht aus Photonen, deren Energie Sie mit bekannten Formeln leicht berechnen können.

Teilaufgabe 3.2 b

- Identifizieren Sie zunächst im Termschema den Übergang, der zu der 253 nm-Linie gehört. Untersuchen Sie, wodurch sich alle anderen Übergänge von diesem unterscheiden.
- Überlegen Sie, welcher Zustand, ausgehend vom Grundzustand, am leichtesten zu erreichen ist.
- Berücksichtigen Sie, dass die angeregten Zustände instabil sind und die Atome schnell wieder in den Grundzustand übergehen.

Teilaufgabe 3.2 c

- Beachten Sie, dass nur ein geringer Gasdruck vorliegt.
- Beachten Sie, welche vereinfachenden Annahmen üblicherweise bei der Auswertung des Experiments gemacht werden.
- Beachten Sie, dass die Hg-Atome nach der Anregung zwar schnell, aber nicht sofort wieder in den Grundzustand übergehen.

Teilaufgabe 4.1

- Beachten Sie, dass zu einem Vergleich nicht nur die Darstellung von Unterschieden, sondern auch die Beschreibung von wesentlichen Gemeinsamkeiten gehört.

Teilaufgabe 4.2

- Beachten Sie die Unterschiede, die sie eben beschrieben haben.
- In Teilaufgabe 3.2 c wurden Beobachtungen genannt, die man theoretisch anders hätte erwarten können. Prüfen Sie, ob diese theoretisch erwarteten Beobachtungen in Abbildung 7 besser zutreffen, und suchen Sie mögliche Erklärungen dafür.

Teilaufgabe 4.3

- Suchen Sie den zu $U_1 = 6{,}71\ \text{V}$ passenden Wert im Termschema.
- Berücksichtigen Sie die Vorteile der räumlichen Trennung von Beschleunigungs- und Reaktionsstrecke, die Sie eben beschrieben haben.

Teilaufgabe 5.1 und 5.2

- Beachten Sie die Beobachtungen und Ergebnisse von Aufgabe 3.
- Überlegen Sie, welche Unterschiede es bei Stößen mit Elektronen bzw. mit Photonen gibt.

Lösungen zur Prüfungsaufgabe II

1 Versuch 1: Gitterspektrum

1.1 a) Skizze des Versuchsaufbaus

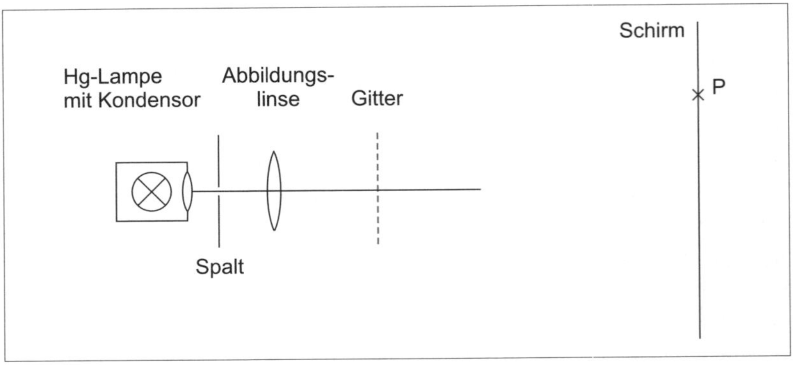

Abb. 8: Die Abstände und Größen der einzelnen Bauteile sind nicht maßstabsgetreu dargestellt.

Versuchsdurchführung

Das Licht einer Quecksilberdampflampe fällt durch einen Spalt und wird mithilfe einer Sammellinse scharf auf dem Schirm abgebildet. In den (nahezu parallel verlaufenden) Strahlengang nach der Linse wird das Gitter gebracht.

b) Das Licht der Quecksilberdampflampe wird am Gitter gebeugt. Die Gitteröffnungen können als Ausgangspunkte phasengleicher Elementarwellen aufgefasst werden (Huygens'sches Prinzip). Im Raumpunkt P kommt es zur Überlagerung und Interferenz von den Elementarwellen. Maximale Verstärkung liegt vor, wenn der **Gangunterschied Δs** zwischen benachbarten Wellenstrahlen $n \cdot \lambda$ $(n = 0, 1, 2, \ldots)$ beträgt. Weil die Entfernung zum Schirm im Verhältnis zum Abstand der Spalte sehr groß ist, können die benachbarten Strecken von den Spalten zum Punkt P als annähernd parallel angenommen werden. Da der Weg zum Raumpunkt P von jeder Gitteröffnung unterschiedlich ist, entsteht zwischen den einzelnen Wellen ein Gangunterschied, wenn sie Punkt P erreichen.

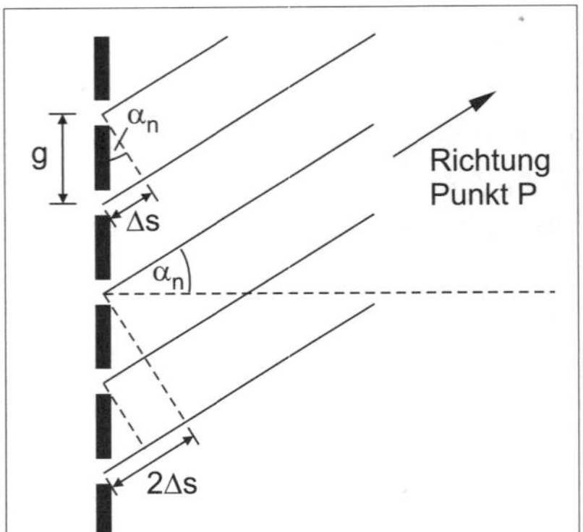

Abb. 9

Wie in Abbildung 9 zu erkennen ist, ist der Weg vom obersten Spalt zum Punkt P um die Strecke Δs länger als der Weg vom unmittelbar darunter befindlichen Spalt. Den Gangunterschied zwischen nicht benachbarten Spalten kann man auch leicht ermitteln: Vergleicht man z. B. den Weg von mittleren Spalt mit dem unteren Spalt, sieht man leicht, dass sich diese um $2\Delta s$ unterscheiden. Wenn also die Interferenzbedingung $\Delta s = n \cdot \lambda$ bei zwei benachbarten Spalten erfüllt ist, ist sie bei zwei nicht benachbarten Spalten auch erfüllt – der Wert für n ist einfach entsprechend größer.
Aus der **geometrischen Betrachtung** zweier benachbarter Wellenstrahlen und dem Beugungswinkel α_n folgt der Zusammenhang:

$$\sin \alpha_n = \frac{\Delta s}{g}$$

Mit der oben genannten Bedingung für konstruktive Interferenz $\Delta s = n \cdot \lambda$ ergibt sich die gesuchte Beziehung:

$$\sin \alpha_n = \frac{n \cdot \lambda}{g} \quad \Leftrightarrow \quad \underline{\underline{n \cdot \lambda = g \cdot \sin \alpha_n}} \quad (n = 0, 1, 2, \ldots)$$

c) n ist die **Ordnungszahl** des jeweiligen Maximums. α_n ist der **Ablenkwinkel** (Beugungswinkel), unter dem das jeweilige Maximum n-ter Ordnung zu sehen ist.

1.2 a) Der **Ablenkwinkel** ergibt sich gemäß Abbildung 10:

$$\tan \alpha_{1,\text{ gelb}} = \frac{a_{1,\text{ gelb}}}{e} = \frac{0{,}349 \text{ m}}{1{,}00 \text{ m}} = 0{,}349$$

$$\Rightarrow \quad \alpha_{1,\text{ gelb}} = 19{,}238\ldots° \approx \underline{\underline{19{,}2°}}$$

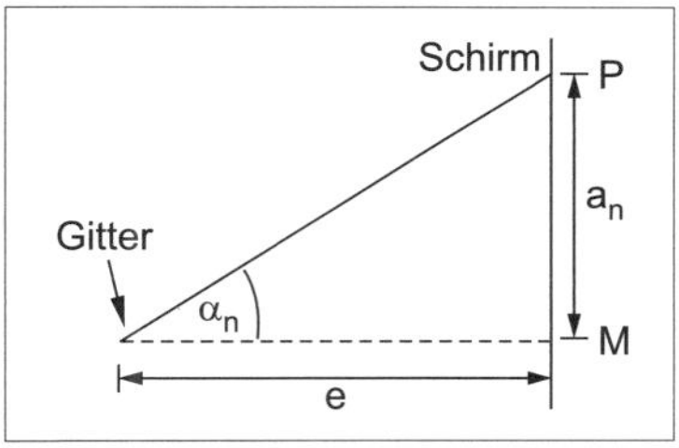

Abb. 10

Die **Wellenlänge** berechnet sich mit der Gitterkonstanten $g = \frac{1}{570}$ mm aus der in Teilaufgabe 1.1 b hergeleiteten Beugungsbedingung zu:

$$\lambda_{\text{gelb}} = \frac{g \cdot \sin \alpha_1}{1} = \frac{10^{-3} \text{ m}}{570} \cdot \sin 19{,}238\ldots° \approx 5{,}78 \cdot 10^{-7} \text{ m} = \underline{\underline{578 \text{ nm}}}$$

b) Bei der Herleitung der Lage der Interferenzmaxima des Gitters geht man vereinfachend davon aus, dass jede Gitteröffnung Ausgangspunkt genau einer Elementarwelle ist. Die Beugung und Interferenz am Einzelspalt wird bei dieser vereinfachenden Annahme außer Acht gelassen. Bei der Interferenz eines Einzelspalts geht man davon aus, dass durch diesen einzelnen Spalt unendlich viele Elementarwellen treten.

Wie man in Abbildung 3 der Aufgabenstellung deutlich erkennen kann, stellt die Intensitätsverteilung bei dem Einzelspalt eine Einhüllende der Intensitätsverteilung des Gitters dar, d. h: Die Intensitäten der Maxima des Gitters können nicht höher sein, als es die Intensitäten des Einzelspalts an den entsprechenden Stellen zulassen.
Man kann sich vorstellen, dass durch die Interferenz am Einzelspalt die Amplituden der Elementarwellen an den Gitteröffnungen bestimmt werden, von den man vereinfachend bei der Erklärung der Interferenz am Gitter ausgeht. Für das gegebene Beispiel bedeutet dies, dass an der Stelle, an der beim Gitter das 2. Maximum liegen müsste, das Minimum des Einzelspalts liegt. Wegen der Interferenz am Einzelspalt beträgt also die Amplitude der Wellen, die sich durch Gitterinterferenz konstruktiv überlagern würden, null. Somit ist auch die Gesamtintensität an dieser Stelle null.

Vertiefung: Bei bekannten Spaltbreite d und bekanntem Spaltabstand g kann man auch leicht berechnen, welche Gittermaxima durch die Einzelspaltminima ausgelöscht werden. Durch Gleichsetzen der Beugungsbedingung für Minima am Einzelspalt $\sin\alpha_k = \frac{k \cdot \lambda}{d}$ (k: Ordnung des Minimums) und der Bedingung für Maxima am Gitter $\sin\alpha_n = \frac{n \cdot \lambda}{g}$ erhält man für gleiche Lagen am Schirm $\alpha_k = \alpha_n$:

$$\frac{k \cdot \lambda}{d} = \frac{n \cdot \lambda}{g} \quad \Rightarrow \quad n = \frac{g}{d} \cdot k$$

Ist z. B. der Gitterabstand g doppelt so groß ist wie die Spaltbreite d, wird jedes zweite Gittermaximum durch ein Einzelspaltminimum ausgelöscht.

1.3 a) **1. Aussage (1. Bohr'sches Postulat):** Der positiv geladene Atomkern wird von Elektronen auf diskreten konzentrischen Kreisbahnen ohne Abgabe von Energie, also strahlungsfrei, umrundet.

2. Aussage (2. Bohr'sches Postulat): Beim Übergang der Elektronen zwischen zwei Zuständen (Bahnen) wird elektromagnetische Strahlung absorbiert bzw. emittiert. Die Energie E der absorbierten bzw. emittierten Photonen entspricht der Energiedifferenz der beiden Energiezustände und es gilt die Planck'sche Beziehung $E = h \cdot f$ (f: Frequenz des Photons; h: Planck'sches Wirkungsquantum).

b) Laut 1. Bohr'schen Postulat können die Elektronen in der Hülle der Atome nur ganz bestimmte – diskrete – Energieniveaus annehmen. Das 2. Bohr'sche Postulat besagt, dass beim Übergang von einem höheren zu einem niedrigeren Energieniveau die Energiedifferenz in Form eines Photons abgegeben wird. Da nur diskrete Energieniveaus existieren, kann die Energie und damit verbunden die Wellenlänge der emittierten Photonen nicht jeden beliebigen, sondern nur diskrete Werte annehmen. Deshalb kann man kein kontinuierliches Spektrum, sondern nur die zu bestimmten Wellenlängen gehörenden **Linien** beobachten.

c) Aus der Formel für die Photonenenergie $E = h \cdot f$ und der Beziehung zwischen Wellenlänge und Frequenz $\lambda \cdot f = c$ ergibt sich mit dem Ergebnis aus Teilaufgabe 1.2 a:

$$E_{Ph} = h \cdot f = h \cdot \frac{c}{\lambda}$$

$$E_{Ph,\,gelb} = 6{,}626 \cdot 10^{-34}\ \text{Js} \cdot \frac{3{,}00 \cdot 10^{8}\ \frac{\text{m}}{\text{s}}}{5{,}78 \cdot 10^{-7}\ \text{m}} \approx 3{,}44 \cdot 10^{-19}\ \text{J} \approx \underline{\underline{2{,}15\ \text{eV}}}$$

d) Wie man an der Beziehung $E_{Ph} = h \cdot f = h \cdot \frac{c}{\lambda}$ erkennt, sind Photonenenergie und Wellenlänge zueinander antiproportional, d. h. mit wachsender Energie nimmt die Wellenlänge ab. So kann man den im Aufgabentext angeführten Energien leicht die entsprechenden Farben zuordnen. Durch Differenzbildung der im Termschema gegebenen Werte für die einzelnen Energieniveaus erhält man die zugehörigen Photonenenergien:

Energie	Farbe	Übergang
2,15 eV	gelb	8,86 eV → 6,71 eV
2,28 eV	grün	7,18 eV → 4,90 eV
3,07 eV	blau	7,97 eV → 4,90 eV
4,90 eV	UV1	4,90 eV → 0 eV
6,71 eV	UV2	6,71 eV → 0 eV

Die Lösung der Aufgabe ist unabhängig davon, wo an der y-Achse das Niveau $E = 0$ gesetzt wird (wie hier für den Grundzustand oder, wie häufig zu finden, am oberen Ende der Achse, sodass den Zuständen negative Energien zugeordnet werden). Da hier nur die Differenzen zwischen den Energien der verschiedenen Zustände entscheidend sind, ist die Lage des Nullniveaus unbedeutend.

Abbildung 11 zeigt das ergänzte Termschema.

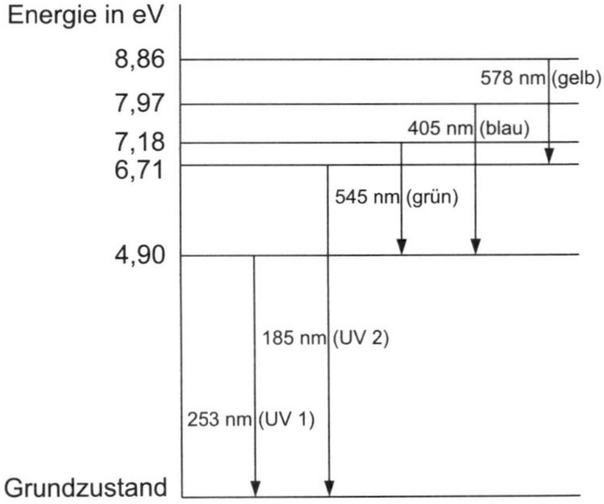

Abb. 11

2.1 **Beschreibung des Versuchsaufbaus**
Eine Hg- und Na-Dampflampe beleuchten über Kreuz eine Flamme, in der Kochsalz (NaCl) verdampft wird. Auf zwei verschiedenen Schirmen wird das Licht beider Lampen nach Durchgang durch die Flamme aufgefangen.

2.2 **Beschreibung der Beobachtung**
- Beobachtung auf dem Schirm, der von der Na-Lampe beleuchtet wird: Es ist ein Schatten der Flamme zu erkennen.
- Beobachtung auf dem Schirm, der von der Hg-Lampe beleuchtet wird: Es ist nichts zu erkennen, insbesondere kein Schatten der Flamme.

2.3 Gemäß dem 2. Bohr'schen Postulat können die Na-Atome nur Energiemengen absorbieren, die der Energiedifferenz zwischen zwei Energieniveaus entspricht (Anregungsenergie).
Die **Hg-Dampflampe** sendet nur Licht aus, das zu den (errechneten) Hg-Linien gehört, und keine dieser Wellenlängen bzw. keine der zugehörigen Photonenenergie stimmt mit der Anregungsenergie des Na überein. Weil die Photonen bei einem unelastischen Stoß mit den Hg-Atomen ihre Energie aber nur vollständig oder gar nicht abgeben können, tritt keine Wechselwirkung zwischen den Photonen des Hg-Lichts und den Elektronen der Na-Atomhülle auf; die Energie der von der Hg-Lampe ausgesandten Photonen ist entweder zu groß oder zu klein.
Die **Na-Dampflampe** sendet solches Licht mit exakt derjenigen Energie aus, die die Elektronen der Na-Atomhülle dazu anregen können, auf höhere Bahnen (gemäß Bohr) zu wechseln. Ein Teil der eingestrahlten Na-Lichts wird also dazu genutzt, die Na-Atome im verdampfenden NaCl anzuregen. Diese Photonen fehlen später auf dem Schirm.
Die angeregten Hüllelektronen des Na-Atoms kehren wieder in den Grundzustand zurück: Sie senden dabei zwar auch wieder Licht exakt der zuvor absorbierten Wellenlänge aus, aber dieses Licht wird in alle Raumrichtungen emittiert, sodass auf dem Schirm das dort fehlende Licht nicht vollständig ersetzt wird. Daher entsteht hinter der Flamme ein dunklerer Bereich, ein „Schatten".

Das helle gelbe Leuchten der Flamme entsteht hauptsächlich durch *thermische* Anregung der beim Verdampfen des Kochsalzes frei werdenden Na-Atome, d. h. das Überführen der Hüllelektronen in einen höheren (instabilen) Energiezustand erfolgt hier durch die wärmebedingten Stöße der Na-Atome untereinander. Bei der Rückkehr in den Grundzustand werden Photonen ausgesandt, deren Wellenlänge gerade im gelben Spektralbereich liegt.

3.1 a) **Erläuterung der Bauelemente**
- Die **Glühkathode** erzeugt die zu beschleunigenden Elektronen.
- Das **Gitter** sorgt aufgrund der anliegenden Spannung U_1 für die Beschleunigung der Elektronen und ermöglicht ihren Durchgang hin zur Anode.
- An der **Anode** werden die dort ankommenden Elektronen aufgefangen.
- Mit dem **Anodenstrommessgerät** lässt sich die Anodenstromstärke I_A bestimmen, die angibt, wie viele Elektronen die Anode erreichen.

Bedeutung der Spannungen

U_H: Heizspannung, mit der die Kathode zum Glühen gebracht wird

U_1: Beschleunigungsspannung für die Elektronen zwischen Kathode und Gitter

U_2: Die Gegenspannung bewirkt, dass durch unelastische Stöße abgeschwächte Elektronen die Anode dann nicht erreichen, wenn die Beschleunigungsspannung nur wenig oberhalb der für eine Anregung nötigen Spannung liegt.

b) 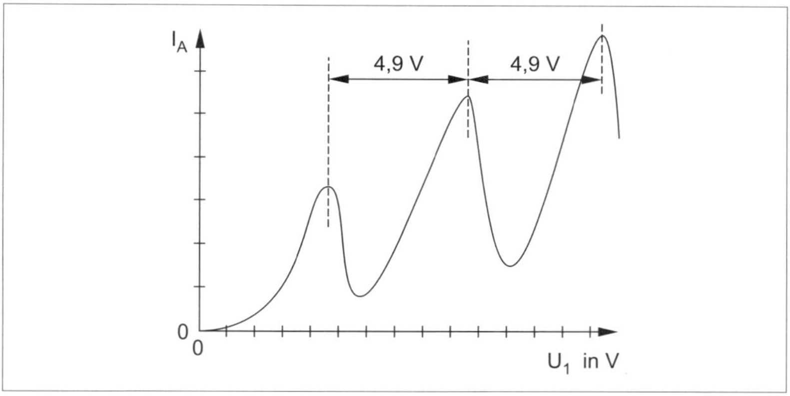

Abb. 12

c) Bei sehr niedriger Beschleunigungsspannung ($U_1 < U_2$) werden die Elektronen nicht ausreichend beschleunigt, um das Gegenfeld überwinden zu können. Darum wird zu Beginn keine Stromstärke gemessen.
Mit wachsender Beschleunigungsspannung erreichen (zunächst) immer mehr Elektronen pro Zeit die Anode, d. h. die Stromstärke steigt an. Die Elektronen stoßen zwar mit den Hg-Atomen zusammen, allerdings treten bei niedrigen Beschleunigungsspannungen nur elastische Stöße auf und die Elektronen geben (praktisch) keine kinetische Energie ab.
Bei einem bestimmten Wert der Beschleunigungsspannung U_1 nimmt die gemessene Stromstärke I_A plötzlich ab. Hier haben die Elektronen eine ausreichend große kinetische Energie erreicht, um mit den Hg-Atomen einen unelastischen Stoß auszuführen, d. h.: Die kinetische Energie der Elektronen entspricht (mindestens) der Anregungsenergie der Hg-Atome, also der Energiedifferenz zwischen dem Grundzustand und dem ersten angeregten Zustand. Da die Elektronen ihre Energie an die Hg-Atome übertragen haben, beträgt ihre kinetische Energie annähernd null und sie können das Gegenfeld nicht mehr überwinden.
Danach steigt die gemessene Stromstärke mit Erhöhung der Beschleunigungsspannung wieder an. Da die Beschleunigungsspannung nun höher ist, haben die Elektronen schon früher (d. h. weiter von dem Gitter entfernt) ausreichend Energie, um einen unelastischen Stoß mit den Hg-Atomen auszuführen. Die

Potenzialdifferenz zwischen diesem Ort und dem Gitter reicht aus, um die Elektronen noch einmal so stark zu beschleunigen, dass sie die Gegenspannung überwinden können und es erreichen mit wachsender Beschleunigungsspannung mehr Elektronen pro Zeitintervall die Anode, wodurch die gemessene Stromstärke wieder steigt.
Bei weiterer Steigerung der Beschleunigungsspannung wächst die kinetische Energie der Elektronen nach dem Stoß vor dem Gitter erneut so weit, dass sie einen zweiten unelastischen Stoß durchführen können. Dabei geben sie wieder annähernd ihre gesamte kinetische Energie ab und können die Gegenspannung nicht mehr überwinden.
Auf diese Weise können die Elektronen auf ihrem Weg zur Anode gleich zwei- oder mehrmals ihre Energie an Hg-Atome abgeben. So erklärt sich das Auftreten mehrerer Minima in der Spannung-Stromstärke-Kurve.
Geht man von diskreten Energieniveaus in der Hülle des Hg-Atoms aus, dann zeigt dieser Versuch: Nur wenn die kinetische Energie eines Elektrons der Differenz zweier atomarer Energieniveaus entspricht, kann sie durch das Hg-Atom aufgenommen werden. Ankommende Elektronen und die „getroffenen“ Atome sind nicht in der Lage, beliebige Energien auszutauschen.

3.2 a) Dem Spannungsabstand $\Delta U_A = 4{,}90\ \text{V}$ entspricht eine Energieabgabe der Elektronen von

$$\Delta E = e \cdot U_A = e \cdot 4{,}90\ \text{V} = 1{,}602 \cdot 10^{-19} \cdot 4{,}90\ \text{J} = 7{,}85 \cdot 10^{-19}\ \text{J}.$$

Wegen $\Delta E = E_{Ph}$ und $E_{Ph} = h \cdot f$ ergibt sich:

$$\Delta E = h \cdot f = h \cdot \frac{c}{\lambda_{FH}} \quad \Rightarrow \quad \lambda_{FH} = h \cdot \frac{c}{\Delta E}$$

$$\lambda_{FH} = 6{,}626 \cdot 10^{-34}\ \text{Js} \cdot \frac{3{,}00 \cdot 10^8\ \frac{\text{m}}{\text{s}^2}}{7{,}85 \cdot 10^{-19}\ \text{J}} \approx \underline{\underline{253\ \text{nm}}}$$

b) Aus dem Termschema ergibt sich, dass langwelligere Strahlung erst dann emittiert werden kann, wenn zuvor Anregungen von mindestens 6,71 eV auftreten, da die langwelligere Strahlung erst bei Übergängen zwischen den „höheren“ Energieniveaus vorkommen. Der Prozess der Anregung auf das 6,71 eV-Niveau ist aber sehr unwahrscheinlich, da die anregenden Elektronen ab einer Energie von 4,90 eV bereits ihre Energie mit hoher Wahrscheinlichkeit an die Hüllelektronen abgeben, die diese dann beim „Rücksprung“ in den Grundzustand als 253 nm-Linie abgeben.

c) **Mögliche Ursachen**

- Aufgrund des geringen Drucks stoßen nicht alle Elektronen genau dann, wenn sie 4,9 eV Energie aufgenommen haben. Es kann also leicht passieren, dass die Elektronen auf kein Atom treffen, obwohl sie ausreichend Energie für einen unelastischen Stoß besäßen, und dann zur Anode weiterfliegen.

- Beim Austritt aus der Glühkathode haben die Elektronen schon eine geringe kinetische Energie, die aber für alle Elektronen verschieden ist, d. h. die kinetische Energie ist bei fester Beschleunigungsspannung nicht für alle Elektronen identisch.
- Trifft ein Elektron auf ein bereits angeregtes Hg-Atom, können zudem auch andere Energien absorbiert werden.

Im Internet findet man viele Applets, die die erste Ursache gut verdeutlichen, z. B. auf www.schule-bw.de/unterricht/faecher/physik/online_material/atomphysik/experimente/franckhertzd.htm

4.1 Genau wie das Franck-Hertz-Diagramm zeigt die Messkurve des Franck-Knipping-Experiments einen deutlichen Anstieg bis zu einer Spannung von 4,9 V. Danach fällt die Kurve bis auf etwa $\frac{1}{10}$ des maximalen Anodenstroms zurück, allerdings steiler, als dies in der Regel beim Franck-Hertz-Versuch zu beobachten ist. Ab einer Beschleunigungsspannung von ca. 6 V steigt die Kurve wieder an, dies entspricht ebenfalls dem Verlauf des Franck-Hertz-Diagramms. Einigermaßen deutlich erkennbar ist ein zusätzliches Maximum bei einer Spannung von 6,71 V, die beim Franck-Hertz-Versuch nicht zu beobachten ist.

4.2 Bevor die Elektronen überhaupt auf Hg-Atome treffen, ist ihnen durch die Trennung der beiden Strecken insbesondere aufgrund der Kürze der Beschleunigungsstrecke die Möglichkeit gegeben, **größere Energien als 4,9 eV** aufzunehmen, ohne dass sie bereits auf ein Hg-Atom träfen, an das sie diese Energie abgeben könnten. In der üblichen Anordnung würden solche Elektronen i. d. R. durch die erste Anregung von 4,90 eV bereits ihre Energie verlieren, während beim Franck-Knipping-Versuch die Elektronen erst auf Hg-Atome treffen, wenn sie ihre maximal erreichbare kinetische Energie innerhalb der Beschleunigungsstrecke aufgenommen haben, sodass dann auch höhere Energieniveaus angeregt werden können.
Außerdem **verlängert sich** i. d. R **die Reaktionsstrecke** mit Hg-Atomen, wodurch die Wahrscheinlichkeit, dass sie zufällig kein Atom treffen, deutlich geringer ist als beim Franck-Hertz-Versuch. Dies erklärt, warum die Messkurve des Franck-Knipping-Experiments nach 4,9 V deutlich steiler abfällt als beim Franck-Hertz-Versuch. Bei letzterem haben die Elektronen bei einer Beschleunigungsspannung von z. B. 5 V erst sehr kurz vor dem Gitter ausreichend kinetische Energie, um ein Hg-Atom anzuregen. Aufgrund des geringen Gasdrucks geschieht es häufig, dass sie auf kein Atom mehr treffen. Da die Elektronen beim Franck-Knipping-Experiment bereits am Anfang der Reaktionsstrecke die entsprechende Energie haben, ist es sehr unwahrscheinlich, dass sie kein Atom treffen.

4.3 Aufgrund der Trennung von Beschleunigungs- und Reaktionsstrecke erlaubt die Anordnung nach Franck und Knipping den Nachweis dieser höheren Anregungen: Die beobachtete Flanke bei 6,71 V entspricht dem **Übergang von der 2. Anregung in den Grundzustand des Hg-Atoms** (siehe Termschema, Abbildung 4 der Aufgabenstellung bzw. Abbildung 11 der Lösung).

5.1 Photonen können bei Wechselwirkung mit der Atomhülle – im Gegensatz zu Elektronen – ihre Energie nur vollständig oder gar nicht abgeben. Beim Beschuss der Hg-Atome mit Photonen der Energie zwischen 5 eV und 6 eV tritt **keine Anregung** der Hg-Atome auf, weil die Energiedifferenzen zwischen dem Grundzustand und allen anderen Niveaus nicht innerhalb des Intervalls von 5 eV–6 eV liegt.

5.2 Bei dem Beschuss der Hg-Atome mit Photonen der Energie zwischen 6 eV und 7 eV **tritt Anregung** der Hg-Atome **auf**, weil 6,71 eV ein Anregungsniveau im Termschema des Hg ist.

Punkte

Aufgabe 1: Definition und Messung der Feldstärke B (auch Flussdichte genannt) magnetischer Felder – kontaktlose Messung großer Ströme

1.1 Die Abbildung 1 zeigt eine Versuchsanordnung, mit der die Feldstärke B eines (homogenen) magnetischen Feldes gemäß der Feldstärkendefinition gemessen werden kann.

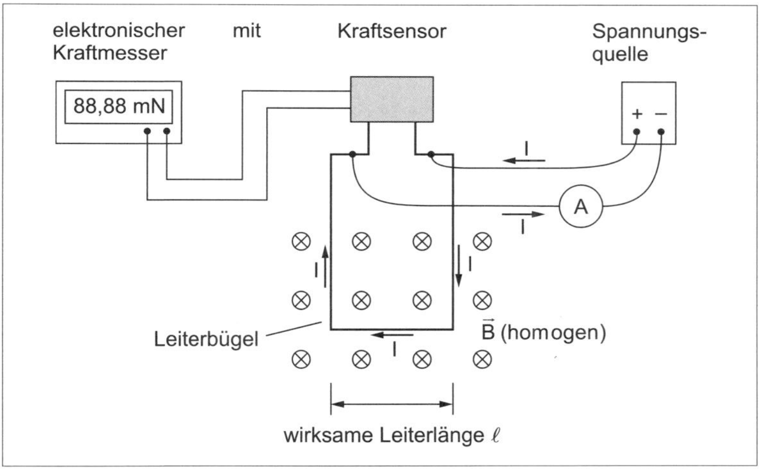

Abb. 1: Versuchsanordnung zur Messung der Stärke B magnetischer Felder

Beschreiben Sie, wie mithilfe dieser Anordnung die Stärke B eines räumlich ausgedehnten homogenen Magnetfeldes gemessen werden kann. 7

1.2 In der Praxis ist die Messung der Stärke eines magnetischen Feldes mithilfe der Kraftwirkung auf einen stromdurchflossenen Leiter sehr umständlich. Spezielle Magnetfeldstärkenmessgeräte, z. B. die „Hallsonde", lassen sich wesentlich einfacher bedienen.
Eine Hallsonde besteht im Wesentlichen aus einem kleinen, dünnen, quaderförmigen Halbleiterplättchen, durch das in Längsrichtung ein konstanter Strom der Stärke I fließt. Befindet sich dieses Plättchen wie in Abbildung 2 dargestellt in einem (homogenen) Magnetfeld, so kann zwischen der „oberen" und der „unteren" Seite des Plättchens eine Spannung, die sogenannte Hallspannung U_{Hall}, gemessen werden.

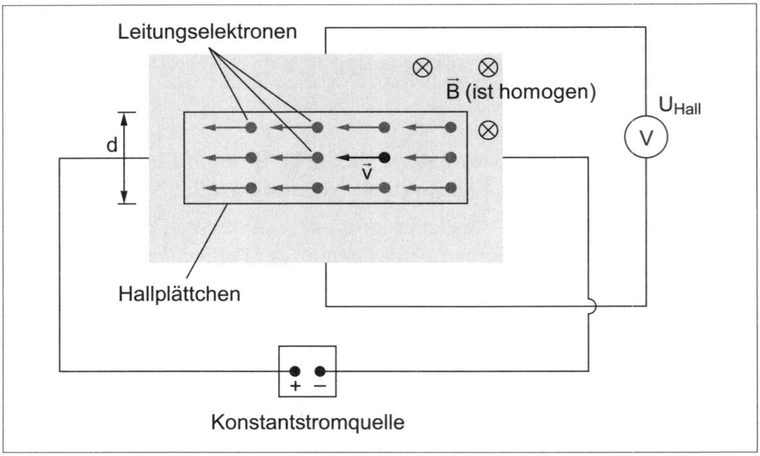

Abb. 2: Prinzipieller Aufbau einer Hallsonde. *Hinweis:* Der grau markierte Bereich sei von einem homogenen Magnetfeld der Stärke $\vec{B}$ durchsetzt.

a) Erläutern Sie, durch welche physikalischen Prozesse bei dieser Anordnung eine Spannung U_{Hall} zwischen der „oberen" und der „unteren" Seite des Hallplättchens auftritt, und geben Sie die Polung der Hallspannung in der in Abbildung 2 skizzierten Situation begründet an.

b) Leiten Sie (unter Bezug auf die Skizze) aus einem geeigneten Kraftansatz die hier gültige Beziehung $U_{Hall} = d \cdot v \cdot B$ her und begründen Sie Ihren (Kraft-)Ansatz. (d bezeichnet die Breite des Hallplättchens, siehe Abbildung 2; v ist die Driftgeschwindigkeit der Leitungselektronen im Plättchen.)

c) Erläutern Sie, warum bei konstanter Steuerstromstärke I die Beziehung $U_{Hall} \sim B$ gilt und warum die Hallsonde sich somit gut zur Messung der Stärke B magnetischer Felder eignet. 20

1.3 In einem Versuch gemäß Abbildung 3 wird das magnetische Feld eines langen, geraden, stromdurchflossenen Leiters mithilfe einer Hallsonde vermessen. Die Stärke des Konstantstromes, der durch den Leiter fließt, wird mit I bezeichnet. r sei der Abstand der Hallsonde von der Längsachse des Leiters.
Gemessen wird zunächst für einen konstanten Abstand von $r = 0{,}04$ m die Stärke B des magnetischen Feldes in Abhängigkeit von der Stromstärke I. In einer zweiten Messreihe wird bei konstanter Stromstärke von $I = 40$ A die Stärke B des magnetischen Feldes in Abhängigkeit vom Abstand r gemessen.

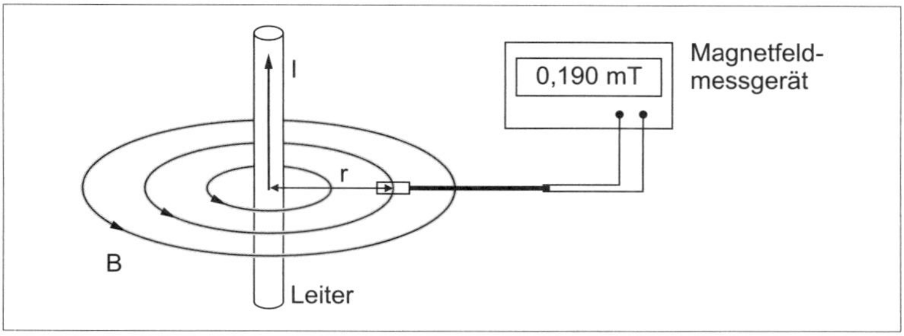

Abb. 3: Hallsonde im Magnetfeld eines geraden, stromdurchflossenen Leiters (Markiert ist die technische Richtung des Stromes.)

Dabei ergeben sich folgende Messwerte:

	für r = 0,04 m				
I in A	20	25	30	35	40
B in mT	0,09	0,13	0,15	0,17	0,19

	für I = 40 A				
r in m	0,02	0,03	0,04	0,05	0,06
B in mT	0,39	0,27	0,19	0,16	0,13

a) Zeigen Sie mithilfe einer grafischen Auswertung der Messwerte, dass die Beziehung $B \sim \frac{I}{r}$ in guter Näherung erfüllt ist.

b) Ermitteln Sie ausgehend von Ihrer grafischen Auswertung der Messwerte den Wert für die Proportionalitätskonstante. 16

1.4 Für die Stärke des magnetischen Feldes eines langen, geraden, stromdurchflossenen Leiters gilt der Theorie nach die Beziehung

$$B_{\text{gerader Leiter}} = \frac{\mu_0}{2\pi} \cdot \frac{I}{r}.$$

Wird ein solcher Leiter von einem Wechselstrom durchflossen, so ist er von einem zeitlich veränderlichen Magnetfeld umgeben. In ein solches zeitlich veränderliches Magnetfeld wird eine Induktionsspule gebracht. Um hinreichend große Induktionsspannungen zu erhalten, verwendet man, wie in Abbildung 4 dargestellt, zusätzlich einen geschlossenen Eisenkern, auf den die Spule aufgebracht wird.

a) Zeigen Sie, dass für die in der Spule induzierte Spannung die Beziehung

$$U_{\text{ind}}(t) = -n \cdot A \cdot \frac{\mu_r \cdot \mu_0}{2\pi} \cdot \frac{I_0}{r} \cdot \omega \cdot \cos(\omega \cdot t)$$

gilt, wenn der gerade Leiter von einem Wechselstrom der Stärke $I(t) = I_0 \cdot \sin(\omega \cdot t)$ durchflossen wird.

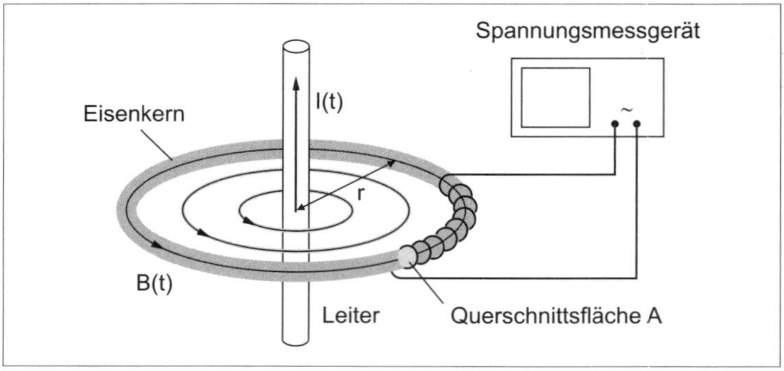

Abb. 4: Ringförmiger Eisenkern mit Induktionsspule im B-Feld des langen, geraden, stromdurchflossenen Leiters

(n: Anzahl der Windungen der Induktionsspule
A: Querschnittsfläche der Induktionsspule
μ_0: magnetische Feldkonstante
μ_r: Materialkonstante des Eisenkerns
r: Abstand der Mitte der Induktionsspule von der Längsachse des Leiters
ω: Kreisfrequenz des Wechselstromes)

Hinweis: Bei der Bearbeitung dieser Aufgabe können Sie von der Näherung ausgehen, dass das magnetische Feld des Leiters im Bereich der Querschnittsfläche A der Induktionsspule homogen ist.

b) Das Oszillogramm in Abbildung 5 zeigt die in Abhängigkeit von der Zeit aufgezeichnete Induktionsspannung.

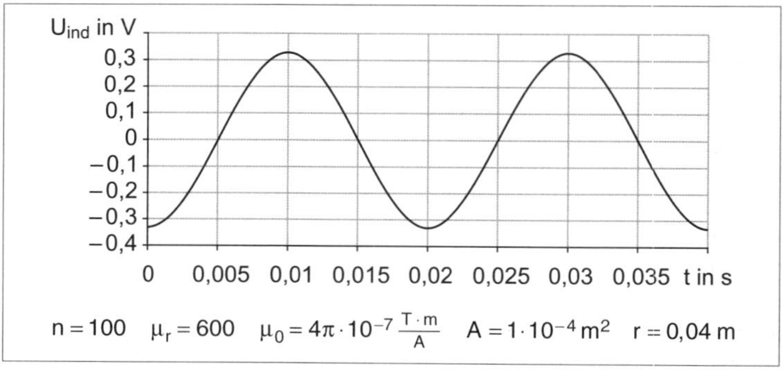

Abb. 5: Oszillogramm, aufgenommen mit einer Anordnung gemäß Abbildung 4

Bestimmen Sie die Frequenz f und die Amplitude I_0 des im Leiter fließenden sinusförmigen Wechselstromes.

c) Begründen Sie, warum das in dieser Teilaufgabe 1.4 dargestellte Verfahren zur (kontaktlosen) Bestimmung von zeitlich konstanten Gleichströmen nicht geeignet ist.

Aufgabe 2: Radioaktive Strahlung

2.1 Radioaktive Strahlung kann z. B. mit einem Geiger-Müller-Zählrohr registriert werden. Die Abbildung 1 zeigt den prinzipiellen Aufbau eines solchen Zählrohres.

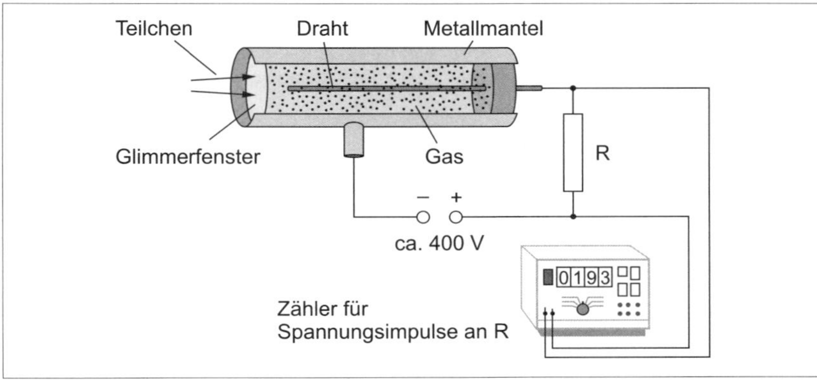

Abb. 1: Prinzipieller Aufbau eines Geiger-Müller-Zählrohres

Erläutern Sie unter Bezug auf die vorgegebene Skizze die prinzipielle Funktionsweise eines solchen Geiger-Müller-Zählrohres. 6

2.2 Im vorgeführten Versuch wird ein Radium-226-Präparat verwendet.

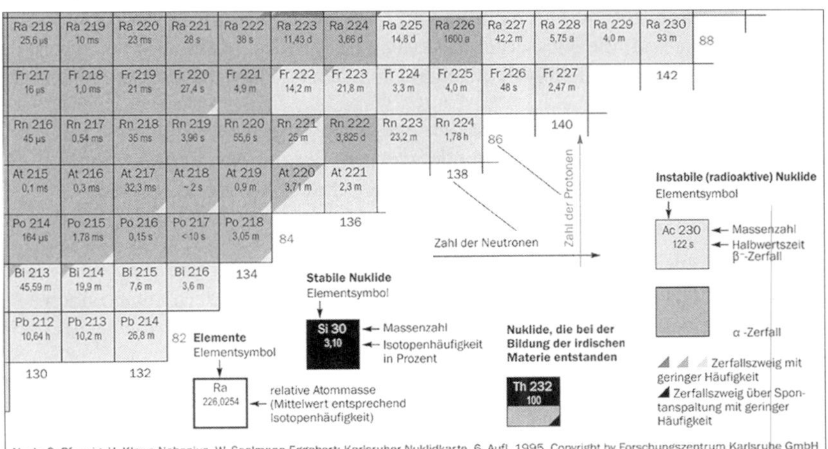

Abb. 2: Ausschnitt aus einer Nuklidkarte

a) Ermitteln Sie anhand der beigefügten Nuklidkarte (Abbildung 2) die weitere Zerfallsreihe vom Ra 226 über die diversen Zerfallsprodukte bis hin zu Po 214.

b) Geben Sie für jeden Zerfall auch die Zerfallsart an.

Hinweis: Sie können Ihre Darstellung zu Teilaufgabe a entsprechend ergänzen.

c) Erläutern Sie, wieso das Ra-226-Präparat (genau wie viele andere Nuklide) auch γ-Strahlung zahlreicher unterschiedlicher Energiewerte aussendet, obwohl in dem in Abbildung 2 wiedergegebenen Ausschnitt einer Nuklidkarte nur α- und β-Zerfälle dargestellt werden. 9

2.3 Um sich vor radioaktiver Strahlung zu schützen, kann man unter anderem einen möglichst großen Abstand von der Strahlungsquelle halten. Das verwendete Ra-226-Präparat sendet α-, β- und γ-Strahlung aus. Die α-Strahlung wird aber durch ein Blatt Papier zwischen Präparat und Zählrohr absorbiert. Die Zählrate Z wird in Abhängigkeit vom Abstand r zwischen Präparat und Zählrohr gemessen.

Folgende Messwerte wurden ermittelt:

Abstand r in cm	2	3	4	5	6	8	10	12
Zählrate Z pro 100 s	6277	2913	1710	1102	748	415	261	174

(Die Zählraten sind bereits um die Nullrate reduziert.)

a) Zeigen Sie mithilfe der Messwerte, dass der Zusammenhang zwischen der Zählrate Z und dem Abstand r (näherungsweise) durch die Beziehung $Z \sim \frac{1}{r^2}$ beschrieben werden kann, und erläutern Sie Ihr Vorgehen.

b) Erläutern Sie, wie sich ein Verzicht auf die Abschirmung der Alphateilchen auf die Messergebnisse auswirken würde. Gehen Sie dazu insbesondere auf die physikalischen Ursachen für diese Auswirkungen ein. 14

2.4 Zum Schutz vor γ-Strahlung sollten wegen ihrer großen Reichweite in Luft geeignete Absorber verwendet werden. Für die Absorption (monoenergetischer) γ-Strahlung durch Materie gilt das Absorptionsgesetz:

$$Z(d) = Z_0 \cdot e^{-\mu \cdot d}$$

(Z_0: Zählrate, die ohne Absorber registriert wird
$Z(d)$: Zählrate, die nach Durchdringen eines Absorbers der Dicke d noch registriert wird
μ: Absorptionskoeffizient)

a) Erläutern Sie den Begriff der Halbwertsdicke $d_{1/2}$.

b) Geben Sie zwei Faktoren an, die Einfluss auf die Halbwertsdicke haben.

c) Leiten Sie ausgehend vom Absorptionsgesetz die Beziehung

$$\mu \cdot d_{1/2} = \ln 2$$

zwischen der Halbwertsdicke $d_{1/2}$ und dem Absorptionskoeffizienten μ her. 10

2.5 Mithilfe des in Abbildung 3 dargestellten Versuchs soll nun gezeigt werden, dass für die monoenergetische γ-Strahlung eines Cäsium-137-Präparats das in Teilaufgabe 2.4 angegebene Absorptionsgesetz gilt.

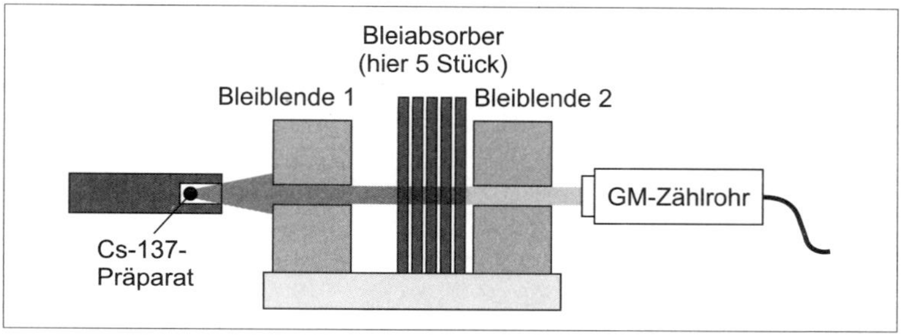

Abb. 3: Versuchsaufbau zur Absorption von γ-Strahlung

Hinweise: Cs 137 sendet β- und γ-Strahlung aus, aufgrund der Bauart der Umhüllung des Präparates tritt allerdings keine β-Strahlung aus, untersucht wird also nur die (relativ intensive) monoenergetische γ-Strahlung. Die Energie dieser γ-Quanten beträgt $E_{\gamma;\,Cs\,137} \approx 662$ keV.
Zunächst wird die Zählrate Z_0 dieser γ-Strahlung bestimmt. Dann werden zusätzlich Bleiplatten zunehmender Dicke d angebracht. Dabei bleibt der Abstand zwischen Zählrohr und Strahlenquelle konstant. Durch die beiden Bleiblenden „1" und „2" soll möglichst verhindert werden, dass neben den vom Cs-137-Präparat stammenden γ-Quanten auch noch Streustrahlung bzw. Sekundärelektronen ins Zählrohr gelangen.

Folgende Werte werden gemessen:

Bleidicke d in mm	0	2	4	6	8	10	12	14	16	18
Zählrate Z pro 10 min	2 467	1 987	1 549	1 232	987	773	623	480	411	312

(Die Zählraten sind bereits um die Nullrate reduziert.)

a) Überprüfen Sie mithilfe einer grafischen Auswertung der Messwerte, ob diese dem in Teilaufgabe 2.4 angegebenen Absorptionsgesetz genügen.

b) Bestimmen Sie aus der grafischen Darstellung den Absorptionskoeffizienten μ und die Halbwertsdicke $d_{1/2}$. 16

2.6 Die Schwächung von γ-Strahlung durch einen Absorber erfolgt durch Wechselwirkung der γ-Quanten mit der Absorbermaterie. Dabei kann es unter bestimmten Umständen zur sogenannten Paarbildung kommen. Bei diesem Paarbildungseffekt wird **ein** γ-Quant im elektrischen Feld eines Atomkerns in ein Elektron und in ein Positron umgewandelt.

Zeigen Sie mithilfe einer Energiebetrachtung, dass es bei der hier verwendeten γ-Strahlung von Cs 137 **nicht** zu einer Paarbildung kommen kann.
Hinweis: Die Energie der γ-Quanten beträgt $E_{\gamma;\,Cs137} \approx 662$ keV. 7

Bildnachweis
Abb. 1: Physik Oberstufe, Cornelsen Verlag, Berlin 2008 (leicht geändert)
Abb. 2: Das große Tafelwerk, Volk und Wissen Verlag, Berlin 2002, leicht geändert

---

Tipps und Hinweise zur Lösung von Prüfungsaufgabe I

Tipps zu Aufgabe 1

Vorbemerkung: In dieser Aufgabe geht es um die Kraft auf stromdurchflossene Leiter (1.1), um die Kraft auf einzelne Ladungsträger (1.2; Lorentzkraft) sowie um das Magnetfeld und die Messung der Stärke des Magnetfelds, das von einem geradlinigen Leiter in seiner Umgebung erzeugt wird (1.3 und 1.4). Während man mit der Hallsonde zeitlich unveränderliche Magnetfelder messen kann (1.3), kann das sich zeitlich verändernde Magnetfeld eines zeitlich veränderlichen Stromes mithilfe der Messung von Induktionsspannungen ermittelt werden (1.4).
Sachliche Gegenstände dieser Aufgabe sind damit die wichtigsten Grundlagen der Kraftwirkungen in Magnetfeldern (also insbesondere Lorentzkraft) sowie Induktionsvorgänge (Entstehen einer Induktionsspannung gemäß Induktionsgesetz).

Teilaufgabe 1.1

- Vielleicht haben Sie in Ihrem Unterricht ein Experiment zur sogenannten „Stromwaage" kennengelernt. Dann werden Sie den prinzipiellen Aufbau sicher wieder erkennen.
- Denken Sie an den stromdurchflossenen Leiter, der sich in einem Magnetfeld befindet.
- Beachten Sie, dass alle relevanten physikalischen Größen senkrecht zueinander stehen.

Teilaufgabe 1.2

- Anders als in der ersten Teilaufgabe geht es hier nicht um die Kräfte auf einen gesamten stromdurchflossenen Leiter, sondern um die Kräfte auf die einzelnen Elektronen.

Teilaufgabe 1.2 a

- Hier handelt es sich um Kräfte, die ein Magnetfeld auf bewegte Elektronen ausübt.
- Denken Sie daran, dass beim Einsetzen des Prozesses Elektronen aufgrund der Lorentzkraft abgelenkt werden. Beachten Sie die Konsequenz aus dieser Ablenkung.
- Nach einer „gewissen" Zeit wandern die weiteren Elektronen weitestgehend geradlinig von rechts nach links durch den Leiter – warum?

Teilaufgabe 1.2 b

- Nach der oben genannten „gewissen" Zeit wirken zwei(!) Kräfte auf die Elektronen.
- Beachten Sie die Wirkung beider Kräfte.

Teilaufgabe 1.2 c

- Überlegen Sie, was Sie über die durchschnittliche Geschwindigkeit der Elektronen aussagen können, wenn im Leiter ein konstanter Strom fließt.
- Nutzen Sie die in Teilaufgabe b angegebene Gleichung.

Teilaufgabe 1.3 a

- Sie können den Quotienten $\frac{I}{r}$ als eine (neue) Variable auffassen, die Sie als x-Koordinate in dem zu erstellenden Koordinatensystem verwenden.
- Wenn zu zeigen ist, dass die magnetische Feldstärke B proportional zum Quotienten aus der Stromstärke I und dem Abstand r ist, dann sollte die Auftragung von B in Abhängigkeit von $\frac{I}{r}$ eine Gerade ergeben.

Teilaufgabe 1.3 b

- Beachten Sie, dass in der Aufgabenstellung gefordert ist, dass die Proportionalitätskonstante mithilfe der grafischen Darstellung und nicht rechnerisch aus den Messwerten bestimmt werden soll.
- Der Proportionalitätsfaktor ist die Steigung der Geraden in Ihrem Diagramm.
- Die Steigung können Sie anhand eines Steigungsdreiecks aus der Grafik entnehmen.

Teilaufgabe 1.4 a

- Erinnern Sie sich an die zwei Möglichkeiten, in einem Leiter eine induzierte Spannung entstehen zu lassen. Eine der beiden Möglichkeiten wird hier genutzt.
- Bei diesem Experiment geht es um einen zeitlich veränderlichen Strom, der ein sich daher zeitlich änderndes magnetisches Feld in seiner Umgebung zur Folge hat.
- Lassen Sie sich durch die gebogene Induktionsspule nicht irritieren: Stellen Sie sie sich einfach vor wie eine lange gerade Induktionsspule, in der sich ein (homogenes) Magnetfeld zeitlich verändert.
- Der Ansatz für die Rechnung selbst ist, wie bei solchen Aufgaben üblich, immer das Induktionsgesetz.

Teilaufgabe 1.4 b

- Aus dem gegebenen Diagramm können Sie anhand der erkennbaren Schwingungsdauer unmittelbar die Frequenz bestimmen.
- Ebenso lässt sich der Maximalwert der induzierten Spannung aus der Grafik unmittelbar ablesen. Sie können aber anhand der in Teilaufgabe a gegebenen Gleichung einen Zusammenhang zur Stromstärke herstellen und nutzen.
- Vergessen Sie nicht zu zeigen, dass sich in Ihrer Lösungsdarstellung tatsächlich die richtige Einheit für die Stromstärke ergibt.

Teilaufgabe 1.4 c

- Die Antwort auf diese Teilaufgabe ist nicht schwer, wenn ihnen die beiden Fälle, in denen eine Induktionsspannung auftritt, geläufig sind.

Tipps zu Aufgabe 2

Vorbemerkung: In dieser Aufgabe geht es zunächst um Grundlagen zum radioaktiven Zerfall (Kernumwandlungen, Entstehung der drei Strahlungsarten) sowie um das wohl bekannteste Nachweisinstrument für ionisierende Strahlung (Geiger-Müller-Zählrohr). Danach geht es um die Reichweite und die Absorption ionisierender Strahlung, auch mithilfe eines mathematischen Modells in Form einer Exponentialfunktion. Der letzte Aufgabenteil verlangt Wissen um das Phänomen der Paarbildung und der dafür zugrunde liegenden Betrachtung der Energien der beteiligten Objekte.
Aus fachmethodischer Sicht müssen Verfahren wie der Nachweis einer Proportionalität zwischen zwei physikalischen Größen bekannt sein – am besten, Sie kennen hier gleich mehrere gleichwertige grafische bzw. rechnerische Methoden. Sie sollten darüber hinaus mit den Eigenschaften der Exponentialfunktion vertraut sein und mit diesem Funktionstyp rechnerisch umgehen können.

Teilaufgabe 2.1

- In der gegebenen Abbildung sind mehrere Begriffe angegeben, die Sie auch verwenden sollten.
- Sie müssen nur die prinzipielle Wirkungsweise beschreiben. Daher sollten Sie in kurzer Form die wesentliche Aufgabe bzw. den wesentlichen Zweck zu jedem Begriff nennen.
- Nutzen Sie auch die Informationen, wie ihnen teilweise durch die Begriffe selbst bereits vorgegeben werden: So registriert beispielsweise der Zähler Spannungsimpulse, die er an den Enden des Widerstands feststellt.

Teilaufgabe 2.2 a und b

- Das Lesen von Daten aus einer Nuklidkarte sollte Ihnen vertraut sein. Sie haben sicher Zerfallsketten im Unterricht behandelt und anhand der Nuklidkarte verfolgt.
- Die Lösung zu beiden Teilaufgaben lässt sich gemeinsam darstellen.

Teilaufgabe 2.2 c

- Während Alpha- und Betazerfall zwei ganz verschiedene Kernumwandlungen darstellen, tritt die Gammastrahlung meist als Folge eines der beiden zuvor erfolgten Zerfälle auf.
- Denken Sie daran, dass sich der Atomkern nach einem unmittelbar vorangegangenen Zerfall in der Regel in einem angeregten Zustand befindet.

Teilaufgabe 2.3

- Vergegenwärtigen Sie sich zunächst einmal, welche ungefähren Reichweiten die drei Strahlungsarten in normaler Luft haben und welche Materialien diese Strahlung wie gut absorbieren können.

Teilaufgabe 2.3 a

- Sie kennen sicher unterschiedliche Methoden des Nachweises einer direkten Proportionalität.
- Da Ihnen das Verfahren freigestellt ist, nehmen Sie das Ihnen am einfachsten erscheinende.

- Sollten Sie sich für das Verfahren der Quotientengleichheit entschieden haben, sollten Sie diesen Quotienten vor der konkreten Rechnung noch vereinfachen.
- Zur Übung sollten sie auch noch ein weiteres Verfahren zum Nachweis einer Proportionalität, beispielsweise das Erstellen einer Grafik, durchführen.

Teilaufgabe 2.3 b

- Für die Antwort zu dieser Aufgabe ist es wichtig, daran zu denken, dass Alphateilchen in Luft eine sehr begrenzte maximale Reichweite haben.
- Die Reichweite von Alphateilchen natürlicher Radionuklide beträgt bis auf wenige Ausnahmen weniger als etwa 8 cm in Luft.
- Beachten Sie, dass die in der Messreihe angegebenen Abstände 12 cm erreichen.
- Machen Sie sich bewusst, inwieweit ein Blatt Papier Einfluss nimmt auf die Absorption von Alpha-, Beta- und Gammastrahlung.

Teilaufgabe 2.4 a

- Erinnern Sie sich daran, bei welchen Funktionstypen der Begriff einer Halbwertsgröße vorkommt.

Teilaufgabe 2.4 b

- Denken Sie bei Ihrer Antwort an die beiden an dem Absorptionsprozess Beteiligten.

Teilaufgabe 2.4 c

- Auch wenn Sie im Unterricht diese Herleitung für die Halbwertsdicke nicht durchgeführt haben sollten, so wird sie Ihnen nicht schwer fallen, wenn sie sich daran erinnern, wie Sie die entsprechende Rechnung für die Halbwertszeit beim radioaktiven Zerfall durchgeführt haben.

Teilaufgabe 2.5 a

- Die Ihnen in Teilaufgabe 2.4 angegebene Gleichung zeigt eine exponentielle Abnahme der Zählraten in Abhängigkeit von der Absorberdicke, die es zu prüfen gilt.
- Um den exponentiellen Abfall nachzuweisen, kann man das Logarithmieren als Umkehrung der Exponentiation nutzen. Sie erhalten dann als Graphen eine Gerade.

Teilaufgabe 2.5 b

- Analysieren Sie die in Teilaufgabe 2.5. a gefundene Gerade: Durch welche Kenngröße der Geraden ist der Absorptionskoeffizient bestimmt?
- Wenn Sie den Absorptionskoeffizienten ermittelt haben, können Sie mithilfe der in Teilaufgabe 2.4 c angegebenen Gleichung die Halbwertsdicke recht einfach berechnen.

Teilaufgabe 2.6

- Um bei der Paarbildung ein Elektron und ein Positron entstehen zu lassen, muss mindestens die Ruheenergie dieser beiden Elementarteilchen zur Verfügung gestellt sein.
- Berechnen sie die Ruheenergie eines Elektrons und ein Positrons.
- Vergleichen Sie die Summe dieser beiden Energien mit der vom Gammaquant zur Verfügung gestellten Energie.

Lösungen zur Prüfungsaufgabe I

Aufgabe 1

1.1 Der Leiterbügel befindet sich mit seinem unteren „Abschnitt" in dem homogenen Magnetfeld (vgl. Abb. 1). Er ist so ausgerichtet, dass alle drei geraden Leiterteilstücke genau senkrecht zu $\vec{B}$ verlaufen.
Fließt ein Strom durch den Leiter, erfahren die drei (geraden) Leiterteilstücke jeweils eine **Lorentzkraft**. Wegen des symmetrischen Aufbaus gleichen sich die auf das linke und das rechte Leiterteilstück wirkenden Kräfte gegenseitig aus, da die hier fließenden Ströme in genau die entgegen gesetzte Richtung fließen, sodass die dort wirkenden Lorentzkräfte ebenfalls zueinander entgegengesetzt gerichtet sind. Lediglich die auf das untere Teilstück wirkende Lorentzkraft wird vom Kraftmesser registriert. Werden diese magnetische Kraft F_L, die Stromstärke I und die Länge ℓ des „untersten" Leiterteilstücks gemessen, so kann gemäß der Definition

$$B = \frac{F_L}{I \cdot \ell}$$

die **Stärke B des magnetischen Feldes** bestimmt werden.

1.2 a) Aufgrund der angelegten Spannungsquelle fließen Elektronen von rechts nach links durch das Hallplättchen mit einer gewissen durchschnittlichen Geschwindigkeit $\vec{v}$. Sie befinden sich dabei in einem homogenen Magnetfeld der Stärke $\vec{B}$. Auf jedes bewegte Leitungselektron im Hallplättchen wirkt folglich eine Lorentzkraft $\vec{F}_L = -e \cdot \vec{v} \times \vec{B}$, welche senkrecht zu $\vec{v}$ und senkrecht zu $\vec{B}$ steht. Daher werden die Leitungselektronen zunächst nach oben abgelenkt (Drei-Finger-Regel), wodurch es zu einem „Elektronenüberschuss" an der einen Seite des Hallplättchens und zu einem „Elektronenmangel" an der anderen Seite des Plättchens kommt. Aus dieser Ladungstrennung resultiert eine elektrische Spannung zwischen der Ober- und der Unterseite des Hallplättchens, die sogenannte **Hallspannung**.
In der in Abb. 2 dargestellten Situation wird aufgrund des beschriebenen Prozesses die **obere Seite** des Hallplättchens **negativ**, die **untere Seite positiv geladen**.

b) Da die obere Seite des Halbleiterplättchens negativ und die untere Seite positiv geladen wird, erfahren die Leitungselektronen im Plättchen zusätzlich zur Lorentzkraft auch noch eine elektrische Kraft $\vec{F}_{el}$, welche der Lorentzkraft genau entgegen gerichtet ist. Die in Teilaufgabe 1.2 a beschriebene Verschiebung der Leitungselektronen erfolgt so lange, bis die elektrische Kraft so groß ist, dass sie die Lorentzkraft gerade kompensiert, bis also $\vec{F}_{el} = -\vec{F}_L$ gilt (siehe Abb. 6).

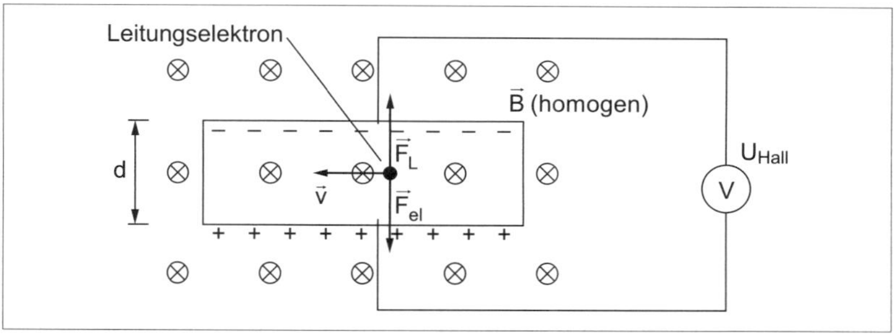

Abb. 6

Für den damit erreichten **Gleichgewichtszustand** gilt dann:

$$|\vec{F}_{el}| = |\vec{F}_L| \quad \Rightarrow \quad e \cdot E = e \cdot v \cdot B \cdot \sin 90° \quad \Rightarrow \quad E = v \cdot B$$

Mit $E = \frac{U_{Hall}}{d}$ für die Stärke des sich ausbildenden homogenen elektrischen Feldes erhält man hieraus die angegebene **Formel**:

$$\frac{U_{Hall}}{d} = v \cdot B \quad \Rightarrow \quad U_{Hall} = \underline{\underline{d \cdot v \cdot B}}$$

c) Bei konstanter Steuerstromstärke I ist die (mittlere) Geschwindigkeit v der Leitungselektronen im Hallplättchen konstant. Da auch d (Gerätekonstante) konstant ist, ist gemäß $U_{Hall} = d \cdot v \cdot B$ die Hallspannung U_{Hall} **proportional** zu B. Wird der Proportionalitätsfaktor beispielsweise experimentell ermittelt, kann danach aus einer gemessenen Hallspannung auf die Stärke B des magnetischen Feldes geschlossen werden: U_{Hall} ist also ein Maß für B.

1.3 a) Um $B \sim \frac{I}{r}$ nachzuweisen, ist es sinnvoll, in einem Diagramm B gegen $\frac{I}{r}$ aufzutragen, da sich dort eine Gerade ergeben müsste. Aus den beiden angegebenen Tabellen kann man insgesamt 10 Werte für $\frac{I}{r}$ berechnen, von denen aber zwei (für I = 40 A und r = 0,04 m) übereinstimmen. Andererseits ist aber klar, dass sich für I = 0 A auch B = 0 T ergibt, sodass sich insgesamt 10 Werte in das Diagramm eintragen lassen:

$\frac{I}{r}$ in $\frac{A}{m}$	0	500	625	667	750	800	875	1000	1333	2000
B in mT	0	0,09	0,13	0,13	0,15	0,16	0,17	0,19	0,27	0,39

Sie liegen, wie Abb. 7 zeigt, tatsächlich auf einer **Geraden**.

b) Der **Proportionalitätsfaktor k** ergibt sich aus der Geradensteigung, die sich mithilfe eines Steigungsdreiecks aus dem $B\left(\frac{I}{r}\right)$-Diagramm ermitteln lässt (vgl. Markierung ○ in Abb. 7):

$$k = \frac{\Delta B}{\Delta\left(\frac{I}{r}\right)} \approx \frac{0{,}35\ \text{mT} - 0{,}00\ \text{mT}}{1750\ \frac{A}{m} - 0\ \frac{A}{m}} = \frac{0{,}35 \cdot 10^{-3}\ \text{T}}{1750\ \frac{A}{m}} = \underline{\underline{2{,}0 \cdot 10^{-7}\ \frac{T \cdot m}{A}}}$$

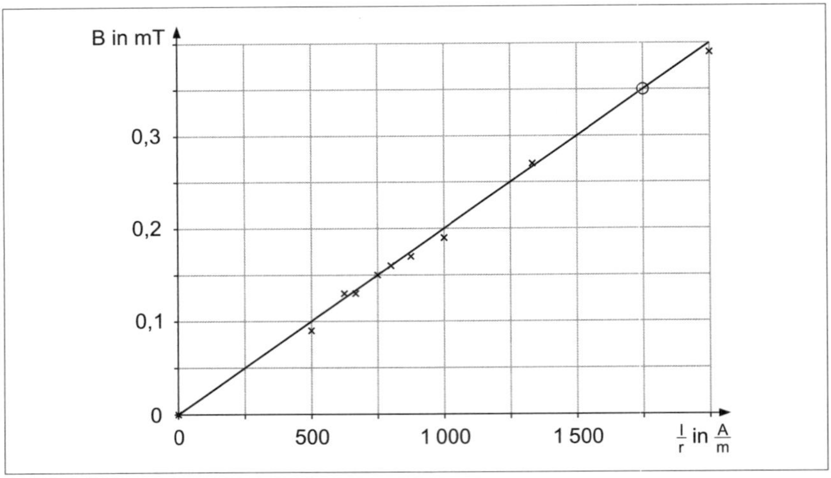

Abb. 7

Es ist alternativ auch (allerdings etwas umständlicher) möglich, zwei einzelne Diagramme anzufertigen, um $B \sim I$ für konstantes $r = 0{,}04$ m sowie $B \sim \frac{1}{r}$ für konstantes $I = 40$ A nachzuweisen. Dann kann man aus den jeweiligen Geradensteigungen und den jeweils konstanten Parametern r bzw. I den Wert für die gesuchte Proportionalitätskonstante k ermitteln. Abb. 8 zeigt die für dieses Vorgehen nötigen Diagramme.

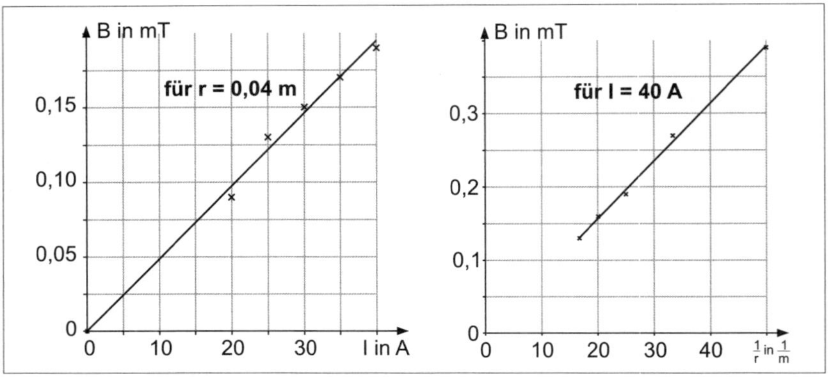

Abb. 8

Steigung:

$$m_{B \sim I} = \frac{\Delta B}{\Delta I} \approx \frac{0{,}195 \text{ mT}}{40 \text{ A}} = 4{,}88 \cdot 10^{-6} \frac{\text{T}}{\text{A}}$$

Steigung:

$$m_{B \sim \frac{1}{r}} = \frac{\Delta B}{\Delta\left(\frac{1}{r}\right)} \approx \frac{0{,}39 \text{ mT} - 0{,}13 \text{ mT}}{50 \frac{1}{\text{m}} - 17 \frac{1}{\text{m}}} = 7{,}88 \cdot 10^{-6} \text{ T} \cdot \text{m}$$

Proportionalitätskonstante:

$$k = m_{B\sim I} \cdot r \approx 4{,}88 \cdot 10^{-6}\,\frac{T}{A} \cdot 0{,}04\ m \approx 2{,}0 \cdot 10^{-7}\,\frac{T \cdot m}{A}$$

Proportionalitätskonstante:

$$k = \frac{m_{B\sim\frac{1}{r}}}{I} \approx \frac{7{,}88 \cdot 10^{-6}\ T \cdot m}{40\ A} \approx 2{,}0 \cdot 10^{-7}\,\frac{T \cdot m}{A}$$

1.4 a) Nach dem allgemeinen Induktionsgesetz gilt:

$$U_{ind} = -n \cdot \dot{\Phi}$$

Unter der Annahme, dass der Betrag der Stärke B des magnetischen Feldes über der (hier relativ wenig ausgedehnten) Querschnittsfläche A der Induktionsspule konstant ist und stets $\vec{B} \parallel \vec{A}$ gilt, folgt für den magnetischen Fluss $\Phi = \vec{B} \cdot \vec{A} = B \cdot A$. Wegen der zeitlichen Konstanz von A ist somit:

$$U_{ind}(t) = -n \cdot \dot{\Phi} = -n \cdot \frac{d}{dt}(A \cdot B(t)) = -n \cdot A \cdot \dot{B}(t)$$

Mit $B_{\text{gerader Leiter}}(t) = \frac{\mu_0}{2\pi} \cdot \frac{I(t)}{r}$ und $B_{\text{im Eisenkern}}(t) = \mu_r \cdot B_{\text{gerader Leiter}}(t)$ ergibt sich somit für die in der kleinen Spule **induzierte Spannung** die Beziehung:

$$U_{ind}(t) = -n \cdot A \cdot \frac{d}{dt}\left(\mu_r \cdot \frac{\mu_0}{2\pi} \cdot \frac{I(t)}{r}\right)$$

$$= -n \cdot A \cdot \mu_r \cdot \frac{\mu_0}{2\pi} \cdot \frac{d}{dt}\left(\frac{I_0 \cdot \sin(\omega \cdot t)}{r}\right)$$

$$= -n \cdot A \cdot \frac{\mu_r \cdot \mu_0}{2\pi} \cdot \frac{I_0}{r} \cdot \omega \cdot \cos(\omega \cdot t) \qquad (1)$$

b) Dem Diagramm in Abb. 5 entnimmt man die Spannungsamplitude U_0 sowie T als Zeitintervall zwischen zwei einander entsprechenden Nulldurchgängen:

$$U_0 \approx 0{,}33\ V \quad \text{und} \quad T = 0{,}025\ s - 0{,}005\ s = 0{,}02\ s$$

Damit folgt für die **Frequenz**:

$$f = \frac{1}{T} = \frac{1}{0{,}02\ s} = 50\ Hz$$

Für die Zeit-Induktionsspannungs-Funktion gilt damit einerseits

$$U_{ind}(t) = -0{,}33\ V \cdot \cos\left(\frac{2\pi}{T} \cdot t\right), \qquad (2)$$

andererseits gemäß Teilaufgabe 1.4 a aber auch die Beziehung (1).

Der Vergleich der Terme rechts vom Gleichheitszeichen in (1) und (2) ergibt:

$$-n \cdot A \cdot \frac{\mu_r \cdot \mu_0}{2\pi} \cdot \frac{I_0}{r} \cdot \frac{2\pi}{T} = -0{,}33\ \text{V}$$

Nach dem Umstellen nach I_0 und Einsetzen der Werte erhält man:

$$I_0 = \frac{0{,}33\ \text{V} \cdot T \cdot r}{n \cdot A \cdot \mu_r \cdot \mu_0} = \frac{0{,}33\ \text{V} \cdot 0{,}02\ \text{s} \cdot 0{,}04\ \text{m}}{100 \cdot 1 \cdot 10^{-4}\ \text{m}^2 \cdot 600 \cdot 4\pi \cdot 10^{-7}\ \frac{\text{T} \cdot \text{m}}{\text{A}}} = \underline{\underline{35\ \text{A}}}$$

Überprüfung der Einheiten:

$$\left[\frac{U \cdot T \cdot r}{n \cdot A \cdot \mu_r \cdot \mu_0}\right] = 1\,\frac{\text{V} \cdot \text{s} \cdot \text{m}}{\text{m}^2 \cdot \frac{\text{T} \cdot \text{m}}{\text{A}}} = 1\,\frac{\text{V} \cdot \text{s} \cdot \text{A}}{\text{m}^2 \cdot \text{T}} = 1\,\frac{\frac{\text{Nm}}{\text{As}} \cdot \text{s} \cdot \text{A}}{\text{m}^2 \cdot \frac{\text{N}}{\text{A} \cdot \text{m}}} = 1\,\frac{\text{N} \cdot \text{m}}{\text{m} \cdot \frac{\text{N}}{\text{A}}} = 1\ \text{A}$$

c) Wird der lange gerade Leiter von einem **zeitlich konstanten Gleichstrom** durchflossen, so hat er in seiner Umgebung zwar ein magnetisches Feld, dieses ist aber zeitlich nicht veränderlich!
Gemäß Induktionsgesetz entsteht in der kleinen Induktionsspule nur dann eine Induktionsspannung, wenn sich der magnetische Fluss, der die Spule durchsetzt, ändert. Da sich aber weder die Spulenquerschnittsfläche noch die Stärke des magnetischen Feldes ändern, ist der magnetische Fluss zeitlich konstant und die **Induktionsspannung** somit **stets gleich null** (vgl. Herleitung der Gleichung (1) in Teilaufgabe 1.4 a).

Aufgabe 2

2.1 Die durch das dünne Glimmerfenster einfallende Strahlung ionisiert zunächst einige Atome der Gasfüllung des **Geiger-Müller-Zählrohres**. Die freigesetzten Elektronen werden im elektrischen Feld zwischen dem Draht und dem Metallmantel zum positiv geladenen Draht hin beschleunigt. Dabei nimmt ihre kinetische Energie zu. Auf ihrem Weg zum positiven Draht stoßen sie mit weiteren Gasatomen zusammen, wodurch diese ionisiert werden können (Stoßionisation). So entstehen immer mehr freie Ladungsträger (Elektronen und positive Ionen) in dem elektrischen Feld zwischen positivem Draht und dem negativen Metallmantel des Zählrohres. Die Folge ist ein „Stromstoß", der am Widerstand R einen kurzzeitigen Spannungsimpuls erzeugt. Dieser wird mit einem geeigneten Zähler registriert und gezählt.

2.2 a/b) **Zerfallsreihe einschließlich Zerfallsarten**

$$^{226}_{88}\text{Ra} \xrightarrow{\alpha} {}^{222}_{86}\text{Rn} \xrightarrow{\alpha} {}^{218}_{84}\text{Po} \xrightarrow{\alpha} {}^{214}_{82}\text{Pb} \xrightarrow{\beta^-} {}^{214}_{83}\text{Bi} \xrightarrow{\beta^-} {}^{214}_{84}\text{Po}$$

c) Unmittelbar nach α- oder β-Zerfällen (sowohl bei β^--Zerfällen wie bei β^+-Zerfällen) befinden sich die beim Zerfall entstandenen Tochterkerne sehr vieler Nuklide zunächst noch in einem energetisch angeregten Zustand. Von diesem angeregten Zustand aus gehen die Tochterkerne dann unter Aussendung von **γ-Strahlung** in den Grundzustand über. Dieser Übergang erfolgt zum Teil auch in mehreren Schritten, sodass mehrere γ-Quanten mit jeweils unterschiedlichen Energiewerten abgestrahlt werden.

2.3 a) Wann immer eine Größe zu einer anderen Größe proportional ist, ist der Quotient aus diesen beiden Größen konstant, wobei dieser Quotient bei experimentell ermittelten, physikalischen Größen wegen möglicher Messfehler natürlich nur ungefähr konstant sein muss. Zu überprüfen ist somit, ob der Quotient $\frac{Z}{\frac{1}{r^2}}$ – also das Produkt $Z \cdot r^2$ – für alle Messwerte ungefähr konstant ist:

r in cm	2	3	4	5	6	8	10	12
Z pro 100 s	6277	2913	1710	1102	748	415	261	174
$Z \cdot r^2$ in cm^2	25100	26200	27400	27600	26900	26600	26100	25100

Wie die letzte Zeile der Tabelle zeigt, ist die Konstanz von $Z \cdot r^2$ im Rahmen der Messgenauigkeit gegeben. Also ist die **Zählrate umgekehrt proportional zum Abstandsquadrat**.

Alternativ kann auch in einem Diagramm Z gegen r^{-2} aufgetragen werden; der Graph bzw. die Ausgleichsgerade ist dann (nahezu) eine Ursprungsgerade.

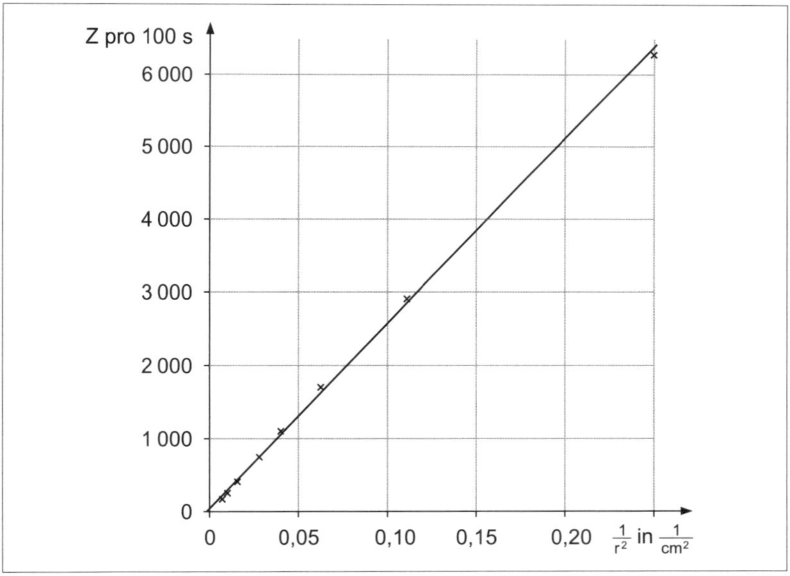

Abb. 4

b) Die Reichweite von α-Strahlung natürlicher radioaktiver Nuklide beträgt in Luft zumeist deutlich weniger als 10 cm. Die Papierabschirmung reicht bereits aus, α-Strahlung vollständig abzublocken.

Ohne Papierabschirmung

- tragen daher bei geringen Abständen alle drei Strahlungsarten zur Zählrate bei, während bei größeren Abständen nur noch die β-Strahlung und die γ-Strahlung registriert werden.
- wären also wegen des (hohen) Anteils an α-Strahlung die Zählraten bei kleinen Abständen deutlich größer, während sie ab ca. 5 bis 8 cm gleich den Zählraten mit der Papierabschirmung wären. (Die Papierabschirmung hat auf die β- und die γ- Strahlung nahezu keine Auswirkung.)
- würde die Verringerung der Zählraten also nicht ausschließlich auf dem geometrisch bedingten Abstandseffekt, sondern im Hinblick auf die α-Strahlung auch auf der Absorption in der Luft beruhen, welche für β- und γ-Strahlung (bei diesen Entfernungen) fast keine Rolle spielt.

Es würde sich daher **kein quadratisches Abstandsgesetz** ergeben.

2.4 a) Die **Halbwertsdicke** ist die Dicke, die ein Absorbermaterial haben muss, um die Intensität einer bestimmten Strahlung auf die Hälfte zu reduzieren.

Vergleichbar ist der Begriff Halbwertsdicke mit dem der Halbwertszeit, die diejenige Zeitspanne angibt, in der sich eine radioaktive Substanz zur Hälfte in eine andere Substanz umgewandelt hat. Die zugrunde liegende Funktion ist immer eine Exponentialfunktion, deren typische Eigenschaft die Existenz einer solchen Halbwertsgröße ist.

b) Die Halbwertsdicke hängt vom **Material**, aus dem der Absorber besteht, sowie von der **Energie der Strahlung** ab.

c) Aus der Definition der Halbwertsdicke ergibt sich durch Einsetzen in das Absoptionsgesetz und Umformen die **Beziehung zwischen μ und $d_{1/2}$**:

$$\left.\begin{aligned} Z(d_{1/2}) &= \frac{1}{2} Z_0 \\ Z(d_{1/2}) &= Z_0 \cdot e^{-\mu \cdot d_{1/2}} \end{aligned}\right\} \Rightarrow e^{-\mu \cdot d_{1/2}} = \frac{1}{2} \Rightarrow -\mu \cdot d_{1/2} = \ln\frac{1}{2}$$

$$\text{bzw.} \quad \underline{\underline{\mu \cdot d_{1/2} = \ln 2}}$$

Auch hier lässt sich die Analogie zum Zerfallsgesetz der Radioaktivität fortführen. Aus dem Zerfallsgesetz folgt für den Zusammenhang zwischen Zerfallskonstante und Halbwertszeit: $\lambda \cdot T_{1/2} = \ln 2$.

2.5 a) Um grafisch zu prüfen, ob die Messwerte der Beziehung $Z(d) = Z_0 \cdot e^{-\mu \cdot d}$ genügen, ob also ein **exponentieller Zusammenhang** besteht, trägt man die Messwerte in einer geeigneten Darstellung auf, d. h.: Man logarithmiert zunächst beide Seiten der Gleichung, denn dadurch erhält man – falls Z exponentiell von d abhängt – einen **linearen** Zusammenhang der folgenden Form:

$$\ln(\{Z\}) = \ln(\{Z_0\}) + \ln(e^{-\mu \cdot d}) = -\mu \cdot d + \ln(\{Z_0\}) \qquad (*)$$

Die geschweiften Klammern sind ein Symbol, mit dem der in ihnen stehenden physikalischen Größe allein der Zahlenwert zugeordnet wird; $\{Z\}$ ist also der reine Zahlenwert von Z ohne dessen Einheit. Dies geschieht aus dem Grund, dass man – mathematisch formal – den Logarithmus (ähnlich wie bei den trigonometrischen Funktionen) nur von einer reellen Zahl, aber nicht von einer Einheiten behafteten physikalischen Größe bilden kann.

Die Auftragung von $\ln(\{Z\})$ gegen die Absorberdicke d liefert dann eine **Gerade** mit der Steigung $-\mu$ und dem Achsenabschnitt $\ln(\{Z_0\})$.

d in mm	0	2	4	6	8	10	12	14	16	18
Z pro 10 min	2 467	1 987	1 549	1 232	987	773	623	480	411	312
ln ({Z})	7,81	7,59	7,35	7,12	6,89	6,65	6,43	6,17	6,02	5,74

Tatsächlich ergibt sich die in Abb. 5 gezeichnete Gerade. Damit ist gezeigt, dass die **Messwerte dem Absorptionsgesetz genügen**.

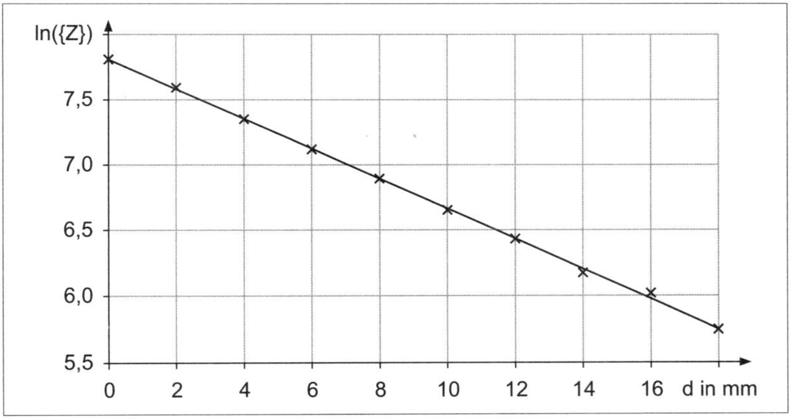

Abb. 5

Lösungsalternative 1: Wenn der Umgang mit den Klammern { } ungewohnt ist, können Sie auch die gegebene Form des Absorptionsgesetzes zu

$$\ln\frac{Z(d)}{Z_0} = -\mu \cdot d$$

umformen, um dann $\ln\frac{Z(d)}{Z_0}$ gegen d aufzutragen. Sie erhalten dann das in Abb. 6 dargestellte Diagramm.

Lösungsalternative 2: Die Messwerte können auch auf halblogarithmischem Papier aufgetragen werden, den zugehörigen Graphen zeigt Abb. 7.

Lösungsalternative 3: Gleichwertig ist auch eine Lösung, bei der unmittelbar Z(d) gegen d – also eine Exponentialkurve – aufgetragen wird, um dann an mehreren Beispielen über den gesamten Verlauf des Graphen zu prüfen, ob eine konstante „Halbwertsdicke $d_{1/2}$“ existiert.

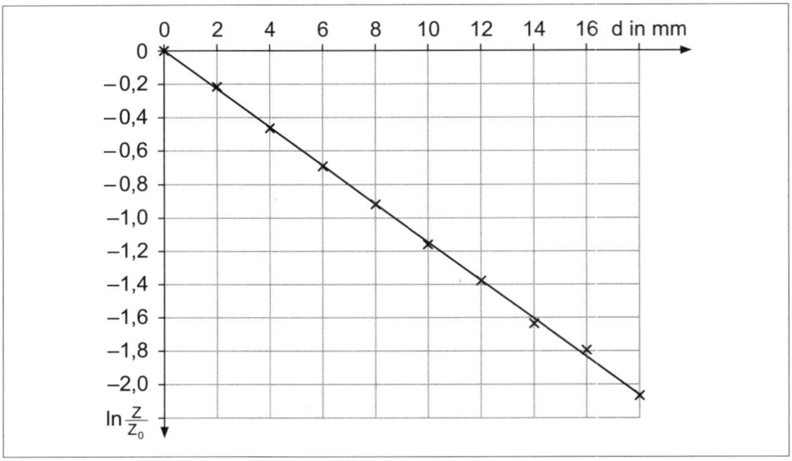

Abb. 6

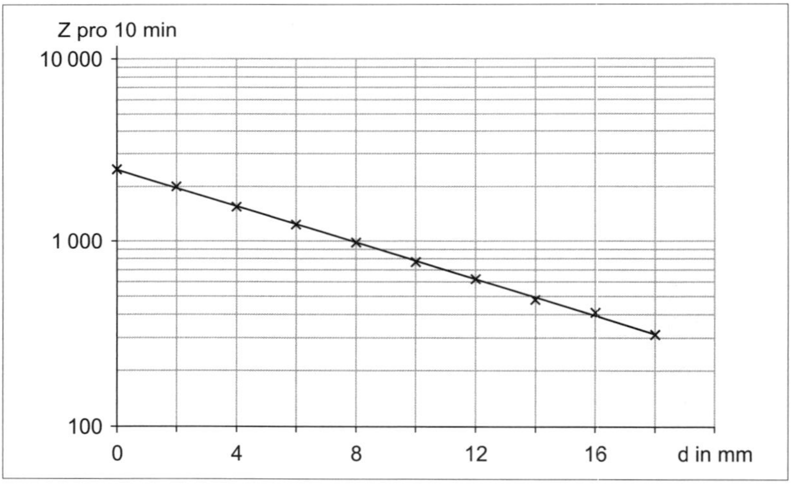

Abb. 7

b) Gemäß der in Teilaufgabe 2.5 a gefundenen Geradengleichung (∗) ist der **Absorptionskoeffizient μ** gleich dem Betrag der Geradensteigung m. Der Abb. 5 entnimmt man hierfür:

$$\mu = |m| = \left| \frac{\Delta \ln(\{Z\})}{\Delta d} \right| = \left| \frac{5{,}74 - 7{,}81}{18\text{ mm} - 0\text{ mm}} \right| = \underline{\underline{0{,}115\,\frac{1}{\text{mm}}}}$$

Mit der Beziehung $\mu \cdot d_{1/2} = \ln 2$ aus Teilaufgabe 2.4 c lässt sich damit die **Halbwertsdicke** berechnen:

$$d_{1/2} = \frac{\ln 2}{\mu} = \frac{\ln 2}{0{,}115 \, \frac{1}{\text{mm}}} = \underline{\underline{6{,}0 \text{ mm}}}$$

2.6 Bei der Paarbildung wird die Energie eines γ-Quants in Materie, hier in ein Elektron und ein Positron, umgewandelt. Nach der Beziehung $E = m \cdot c^2$ muss das γ-Quant also mindestens die Energie haben, die der gesamten Ruhemasse von einem Elektron und einem Positron entspricht. Somit ist folgende Energie erforderlich:

$$E_{0e^-} + E_{0e^+} = (m_{0e^-} + m_{0e^+}) \cdot c^2 = 2 \cdot 9{,}11 \cdot 10^{-31} \text{ kg} \cdot \left(3{,}00 \cdot 10^8 \, \frac{\text{m}}{\text{s}}\right)^2$$

$$\approx 1{,}64 \cdot 10^{-13} \text{ J}$$

Zur Verfügung stehen in Form des γ-Quants aber nur:

$$E_{\gamma;\,\text{Cs137}} = 662 \text{ keV} = 662 \cdot 10^3 \cdot 1{,}602 \cdot 10^{-19} \text{ C} \cdot \frac{\text{J}}{\text{C}} = 1{,}06 \cdot 10^{-13} \text{ J}$$

Somit kann der **Paarbildungsprozess** bei der Absorption der Gammastrahlung von Cs 137 **nicht auftreten**, denn die Energie der Gammaquanten ist kleiner als die mindestens erforderliche Ruheenergie der beiden zu erzeugenden Teilchen.

Punkte

Aufgabe: Der Doppelspalt

1.1 Interferenzen bei Licht

In einem ersten Experiment untersucht man Interferenzen von sichtbarem Licht, das einen Doppelspalt durchläuft. Der verwendete Doppelspalt hat einen Spaltabstand von d = 0,57 mm. Der Schirm, auf dem die Interferenzen beobachtet werden können, kann in verschiedenen Entfernungen e vom Doppelspalt aufgestellt werden (Abbildung 1). Hierbei ist die verwendete Lichtwellenlänge λ sehr viel kleiner als der Spaltabstand d und der Spaltabstand d wiederum sehr viel kleiner als die Entfernung e.

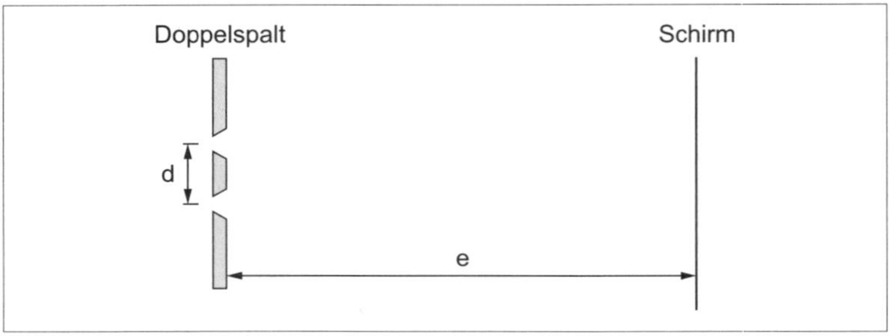

Abb. 1: Prinzipieller Aufbau des Doppelspaltexperiments (nicht maßstäblich gezeichnet)

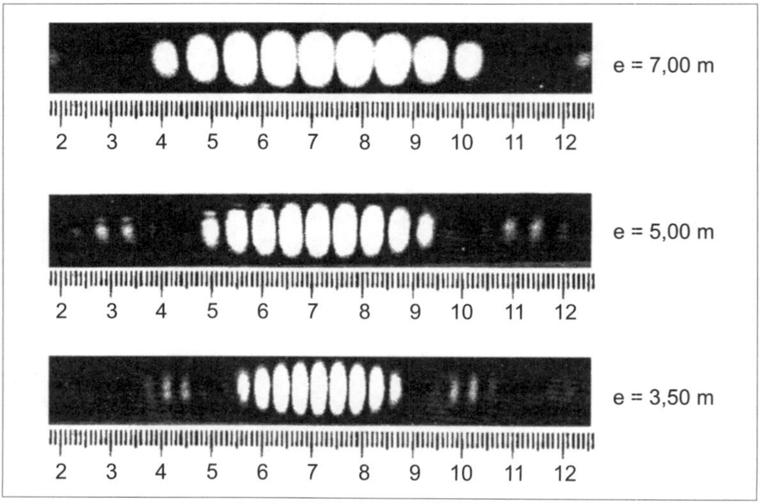

Abb. 2: Interferenzbilder für drei verschiedene Schirmentfernungen e

Der Doppelspalt wird mit monochromatischem Licht der Wellenlänge λ beleuchtet. Der Schirm wird in drei verschiedenen Entfernungen aufgestellt und darauf werden die entstehenden Hell- und Dunkelstellen fotografiert. Zur Messung wird ein Längenmaßstab mit cm-Einteilung unterlegt. Die drei entstandenen Interferenzbilder sind in Abbildung 2 dargestellt.

a) Erläutern Sie, warum auf dem Schirm Hell- und Dunkelbereiche entstehen. (Gehen Sie dabei davon aus, dass die Spaltbreiten vernachlässigbar klein sind.)

b) Erläutern Sie, warum die Abfolge der Hell- und Dunkelstellen symmetrisch zum Maximum der Ordnung Null ist. Erläutern Sie dazu auch das Zustandekommen des Maximums der Ordnung Null.

c) Für die Entfernung des Maximums n-ter Ordnung von der Mitte der Interferenzfigur gilt näherungsweise (für kleine Winkel α_n):

$$a_n = \frac{n \cdot e \cdot \lambda}{d}$$

Leiten Sie diese Gleichung anhand einer geeigneten Skizze her und erläutern Sie Ihre Herleitungsschritte.

d) Ermitteln Sie aus der Abbildung 2 für die drei Interferenzfiguren jeweils die Wellenlänge.

e) Ein Experimentator beleuchtet nun den Doppelspalt mit Licht eines Helium-Neon-Lasers mit der Wellenlänge $\lambda = 633$ nm. Er misst bei dem Abstand $e = 7{,}00$ m die Entfernung des Maximums erster Ordnung vom Maximum der Ordnung Null zu $a_1 = 7{,}5$ mm.
Berechnen Sie den prozentualen Fehler der Ablesung von a_1. 30

1.2 **Interferenzen beim Schall**

In einem zweiten Experiment werden – analog zum Doppelspaltexperiment mit sichtbarem Licht – akustische Phänomene mit Schallwellen untersucht. Dazu erzeugen zwei als punktförmig betrachtete Lautsprecher L_1 und L_2 (an den in Abbildung 3 mit × bezeichneten Stellen) phasengleich Schall derselben Frequenz f und derselben Intensität. Die beiden Lautsprecher haben den gegenseitigen Abstand d voneinander.
Es werden die Interferenzphänomene betrachtet, die in einer Ebene stattfinden, in der auch die Lautsprecher liegen. Diese Ebene ist hier die Zeichenebene.

a) In der Abbildung 3 ist ein Teil des sich in der Zeichenebene nach rechts ausbreitenden Interferenzfeldes der beiden Schallwellen zu einem festen Zeitpunkt dargestellt. Die dünn gezeichneten durchgezogenen Kreise stellen „Wellenberge“ der Schallwellen dar, die dünn gezeichneten gestrichelten Kreise stellen „Wellentäler“ dar.

Beschreiben Sie die Interferenzergebnisse entlang der dick gezeichneten durchgezogenen Linien und entlang der dick gezeichneten gestrichelten Linien.
Beschreiben Sie damit die örtliche Verteilung der Schallwellenenergie im Interferenzfeld.

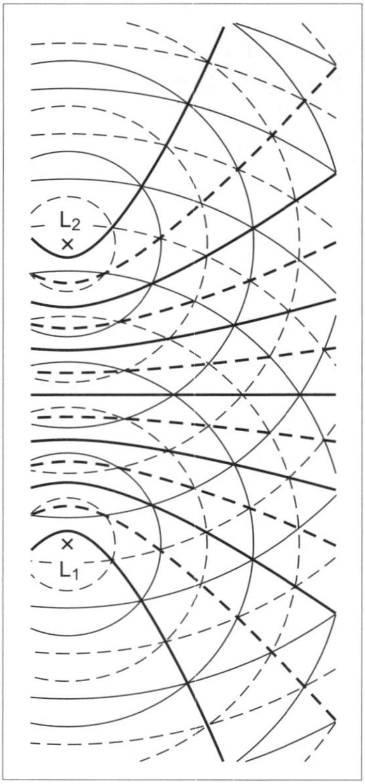

Abb. 3: Das Interferenzfeld zweier Schallquellen

b) Nun wird das Lautsprechersystem mit konkreten Werten betrachtet: Die Frequenz der ausgesandten Schallwellen beträgt f = 1 134 Hz. Der Lautsprecherabstand beträgt d = 0,75 m.
Berechnen Sie die Wellenlänge λ der Schallwellen. Verwenden Sie als Schallausbreitungsgeschwindigkeit den Wert $c = 340 \frac{m}{s}$.
[Kontrollwert: λ = 0,300 m]

c) Abbildung 4 zeigt den Bereich zwischen den beiden Lautsprechern mit den Punkten 1, 2, 3 und 4.
Die Abbildung ist maßstäblich gezeichnet (die Länge eines Kästchens entspricht 2,5 cm), sodass daraus die Lagen der 4 Punkte entnommen werden können.

Hinweis: Beachten Sie, dass das Interferenzfeld der beiden Schallwellen für diese konkreten Werte anders verläuft als das in Abbildung 3 allgemein dargestellte Interferenzfeld.

Geben Sie für diese vier Punkte an, welches Ergebnis die Interferenz der beiden sich überlagernden Schallwellen dort jeweils hat.

Hinweis: Die Skizze ist maßstäblich gezeichnet.

Begründen Sie jeweils Ihre Antwort.
Geben Sie die Lage eines weiteren Punktes auf der Verbindungslinie von L_1 zu L_2 an, an dem es zu einer Wellenauslöschung kommt.
Ermitteln Sie, wie viele Punkte von maximaler konstruktiver Interferenz es auf der Verbindungslinie insgesamt gibt, und geben Sie deren Lage auf der Verbindungslinie an.

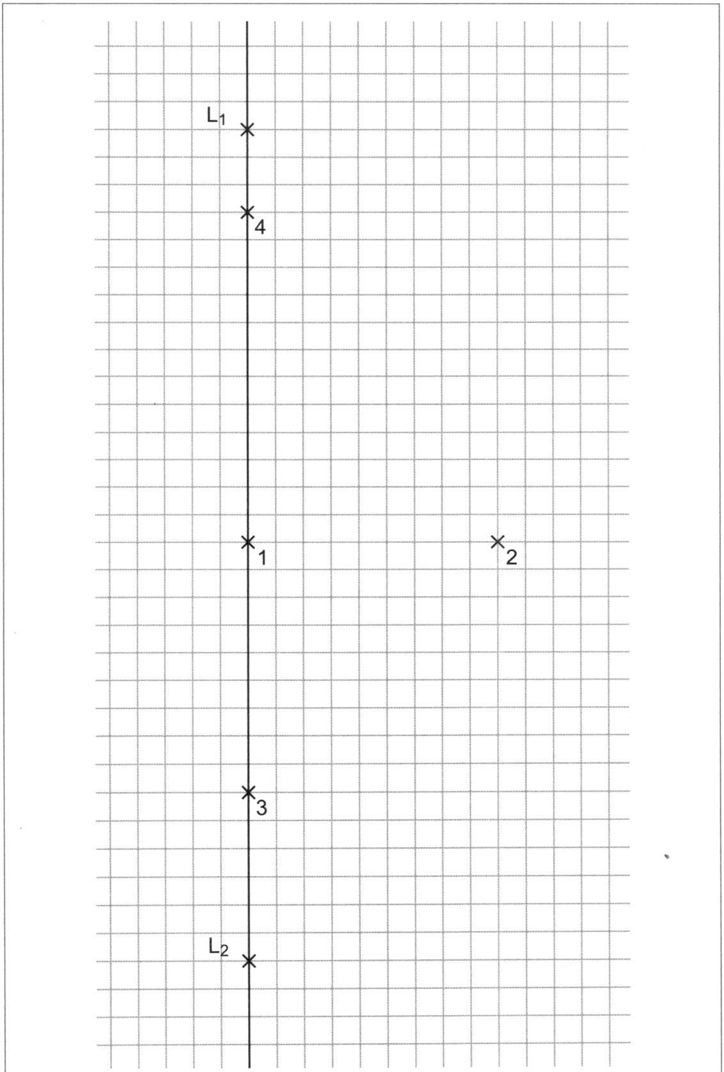

Abb. 4: Lage der Punkte im Interferenzfeld

d) Beschreiben Sie, wie sich das Interferenzfeld ändert, wenn die beiden Lautsprecher die Schallwellen gegenphasig aussenden, sich also die Lautsprechermembranen zu jedem Zeitpunkt genau gegenläufig bewegen.

e) In vielen Fällen ist es aus Lärmschutzgründen erwünscht, dass Lärmemission vermindert oder verhindert wird.
Ein Beispiel dazu ist die medizinische Untersuchung in einem sogenannten Kernspintomographen, bei der der zu untersuchende Patient einem hohen Geräuschpegel ausgesetzt ist. Wie sich dieser Lärm verhindern ließe, daran arbeitet unter anderem ein britisches Forscherteam:

„Kernspintomographen [...] machen zudem einen Heidenlärm. [...] Unsere Technik setzt bei der Wahrnehmung an. Der Tomograph ist genauso laut wie vorher. Aber der Patient bekommt von diesem Lärm nicht mehr soviel mit. Und das funktioniert so: Ein Mikrofon nimmt den Lärm auf, und ein Prozessor errechnet aus diesem Signal in Echtzeit eine Art Gegensignal. Dieses Gegensignal geben wir dem Patienten dann auf einen Kopfhörer [...].“ *

Erläutern Sie, was mit „Gegensignal“ gemeint ist, und beschreiben Sie die physikalische Wirkung dieses Signals. 30

Bild- und Quellennachweis
Abb. 2: Materialien zum Kursunterricht Physik, Teil 2, geändert, Aulis-Verlag 1980 (in der Stark Verlagsgesellschaft mbH & Co. KG)
* Zitat: http://dradio.de/dlf/sendungen/forschak/633568

Aufgabe 2: Der lichtelektrische Effekt

2.1 Zur quantitativen Untersuchung des lichtelektrischen Effekts dient folgender Versuchsaufbau:

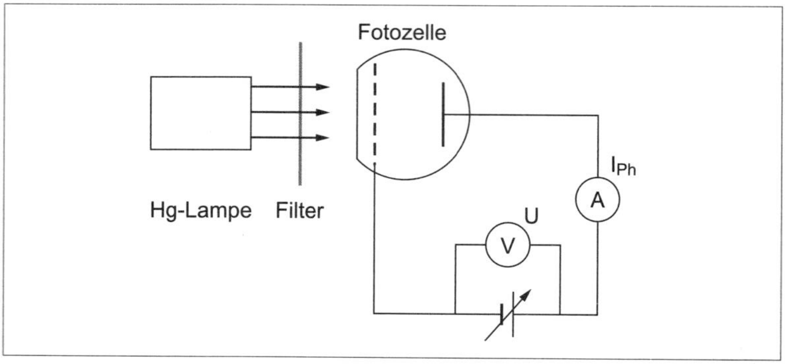

Abb. 1

a) Beschreiben Sie anhand der Skizze den Aufbau und die Durchführung des Versuchs zum Fotoeffekt mit der sogenannten Gegenfeldmethode. Gehen Sie dabei insbesondere auf die Bestimmung der maximalen kinetischen Energie der Elektronen ein.

Bei der Durchführung des Experiments ergeben sich die folgenden Messdaten:

Wellenlänge λ in nm	578	546	436	405	253
Frequenz f in 10^{14} Hz	5,19	5,49	6,88	7,40	11,85
Gegenspannung U in V	0,16	0,30	0,82	1,04	2,77

b) Stellen Sie die Energie der Elektronen (in eV) in Abhängigkeit von der Frequenz des Lichts grafisch dar.

c) Deuten Sie den entstandenen Graphen im Rahmen der Einstein'schen Lichtquantenhypothese.

d) Bestimmen Sie unter Berücksichtigung aller Messwerte die Austrittsarbeit W_A und die Grenzfrequenz f_G des verwendeten Kathodenmaterials sowie das Planck'sche Wirkungsquantum h.

[Kontrollergebnis: $W_A = 1{,}86$ eV]

e) Die Fotokathode werde nun mit einer weiteren UV-Linie der Quecksilberdampflampe ($\lambda = 185$ nm) bestrahlt.
Bestimmen Sie die maximal mögliche Geschwindigkeit der dadurch gelösten Elektronen. 36

2.2 Die Fotokathode werde mit dem monochromatischen Licht eines Lasers der Wellenlänge 532 nm bestrahlt. Der Laser habe eine Lichtleistung von 1 mW.

a) Berechnen Sie die Anzahl von Photonen, die der Laser in einer Sekunde aussendet.

b) Der zuvor verwendete Laser werde durch einen Laser gleicher Lichtleistung mit der Wellenlänge 405 nm (Blu-Ray-Laser) ersetzt.
Erläutern Sie qualitativ den Einfluss auf die Anzahl der ausgelösten Elektronen und ihre maximale Geschwindigkeit. 9

2.3 Die Fotozelle werde nun durch ein homogenes, regelbares Magnetfeld der Stärke B mit Feldlinien parallel zur Fotokathode und zur Gitteranode durchsetzt (siehe Abbildung 2). Fotokathode und Gitteranode haben den Abstand d, zwischen ihnen liegt keine äußere Spannung an. Die Frequenz f des einfallenden Lichts und die Auslösearbeit W_A werden als bekannt vorausgesetzt. Die Stärke B des magnetischen Feldes wird nun während der Bestrahlung langsam erhöht.

a) Zeichnen Sie in Abbildung 2 die Flugbahn eines aus der Kathode senkrecht austretenden Elektrons ein und begründen Sie den Bahnverlauf.

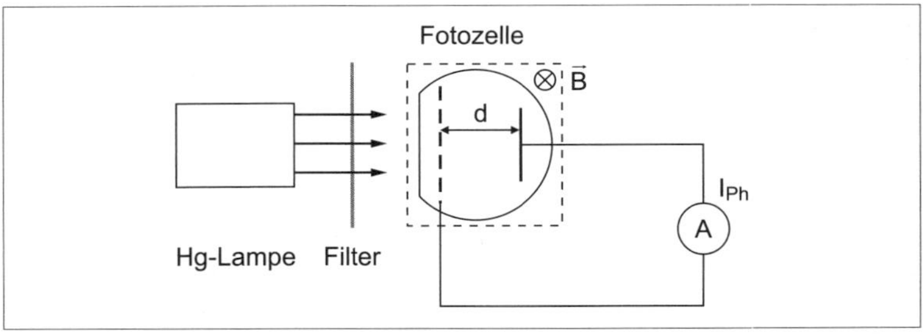

Abb. 2: Der gestrichelt umrandete Bereich wird vom angegebenen Magnetfeld durchsetzt.

b) Zeigen Sie, dass für den Bahnradius r eines mit der Geschwindigkeit v aus der Kathode austretenden Elektrons gilt:

$$r = \frac{m_e \cdot v}{e \cdot B}$$

c) Zeigen Sie mithilfe des Ergebnisses aus Teilaufgabe b, dass für diejenige Stärke B_1 des Magnetfeldes, bei der senkrecht aus der Kathode austretende Elektronen die Anode gerade noch erreichen, folgende Beziehung gilt:

$$B_1 = \frac{m_e}{e \cdot d} \cdot \sqrt{\frac{2(h \cdot f - W_A)}{m_e}}$$

d) Erklären Sie, warum bei der Stärke B_1 des magnetischen Feldes noch immer Elektronen die Anode erreichen. Begründen Sie, warum der Fotostrom erst dann null wird, wenn die Stärke des magnetischen Feldes den doppelten Wert von B_1 übersteigt. 20

Tipps und Hinweise zur Lösung von Prüfungsaufgabe II

Tipps zu Aufgabe 1

Vorbemerkung: Die Interferenz von Wellen ist einer der zentralen Inhalte der Oberstufenphysik und fast jedes Jahr Gegenstand einer Aufgabe im Zentralabitur. Die in Teilaufgabe 1.1 behandelten Fragestellungen sind nicht nur typisch für Licht, sondern können analog auf alle elektromagnetischen Wellen und bei der Elektronenbeugung angewendet werden. Die bei der Teilaufgabe 1.2 untersuchten Schallwellen unterscheiden sich von den Lichtwellen insbesondere durch ihre deutlich größere Wellenlänge, ähnlich wie z. B. Wasserwellen. Die realen Größenordnungen bedingen, dass die meisten Untersuchungen bei akustischen Wellen und Wasserwellen bezogen auf die Wellenlänge zumeist nahe an den Wellenerregern erfolgen (im Nahfeld), die Betrachtungen bei Licht und den meisten anderen elektromagnetischen Wellen erfolgen hingegen im Fernfeld. Ein wesentlicher Unterschied ist, dass im Nahfeld eine Betrachtung der Interferenzhyperbeln notwendig ist, während diese im Fernfeld sehr exakt durch Geraden angenähert werden können.

Teilaufgabe 1.1 a

- Lesen Sie zunächst alle Aufgabenteile, damit Sie Ihre Lösungen ausreichend eingrenzen und Doppelungen vermeiden.
- Beachten Sie, dass die Entstehung sowohl der hellen als auch der dunklen Bereiche erläutert werden muss.
- Berücksichtigen Sie den in der Aufgabenstellung angegebenen Hinweis.

Teilaufgabe 1.1 b

- Berücksichtigen Sie die Bedingungen für konstruktive und destruktive Interferenz.

Teilaufgabe 1.1 c

- Beachten Sie den einleitenden Aufgabentext. Hier sind entscheidende Bedingungen angegeben.
- Überladen Sie Ihre Skizzen nicht. Beachten Sie, dass die wesentlichen Aspekte betont werden.
- Achten Sie auf eine ausreichende Beschriftung Ihrer Skizzen, sodass alle Größen, auf die Sie Bezug nehmen, auch in der Skizze zu finden sind.
- Sie können auch zwei Skizzen anfertigen, um die Situation übersichtlicher darstellen zu können.
- Beachten Sie, dass notwendige Eigenschaften wie z. B. parallele Geraden und rechte Winkel auch wirklich exakt als solche gezeichnet werden.
- Stellen Sie sicher, dass von Ihnen verwendete Variablen durch die Skizzen oder durch Ihren Text erklärt wenden. Verwenden Sie gleiche Variablen wie im Aufgabentext.
- Achten Sie darauf, dass Sie mögliche Näherungen angeben und begründen, warum Sie diese vornehmen dürfen.

Teilaufgabe 1.1 d

- Beachten Sie die in Teilaufgabe 1.1 c angegebene Gleichung.
- Überlegen Sie sich, wie Sie Ihre Messfehler minimieren können.
- Beachten Sie, dass Sie stets mit gleichen Einheiten rechnen.
- Überprüfen Sie Ihr Ergebnis. Der Aufgabenstellung ist zu entnehmen, dass lediglich der Abstand des Schirms variiert wird.

Teilaufgabe 1.1 e

- Gehen Sie schrittweise vor und überlegen Sie sich, welche Größe zuerst berechnet werden muss.
- Wählen Sie den richtigen Wert als Grundwert: Der experimentelle Wert weicht vom theoretischen Wert ab.

Teilaufgabe 1.2 a

- Beachten Sie die unabhängige Überlagerung von Wellen.
- Um die Energieverteilung zu untersuchen, kann es hilfreich sein, andere mechanische Wellen zu betrachten: In welchem Zustand ist die Energie von Wasserwellen besonders hoch bzw. annähernd null?

Teilaufgabe 1.2 b

- In Ihrer Formelsammlung finden Sie eine einfache Formel, die Wellenlänge und Ausbreitungsgeschwindigkeit in Beziehung setzt.
- Beachten Sie, dass ein Kontrollwert angegeben ist. Ihr Ergebnis sollte in der gleichen Größenordnung liegen. Falls Sie einen anderen Wert bekommen, rechnen Sie grundsätzlich mit dem Kontrollwert weiter.

Teilaufgabe 1.2 c

- Ermitteln Sie die Gangunterschiede zu den einzelnen Punkten.
- Erinnern Sie sich an die Beziehung zwischen Gangunterschied und Wellenlänge für konstruktive und destruktive Interferenz.
- Berücksichtigen Sie die Symmetrie der Anordnung.
- Berücksichtigen Sie, dass der Abstand von dem einen Lautsprecher zunimmt und von dem anderen gleichermaßen abnimmt, wenn ein Punkt entlang der Verbindungslinie bewegt wird. Überlegen Sie, welche Auswirkungen dies auf den Gangunterschied hat.

Teilaufgabe 1.2 d

- Betrachten Sie Abbildung 3 und überlegen Sie, wie sich die Abbildung für die neue Situation verändern würde.

Teilaufgabe 1.2 e

- Lesen Sie den Text genau, dort finden Sie ganz eindeutige Hinweise auf die Lösung.
- Berücksichtigen Sie auch Ihre Überlegungen aus Teilaufgabe 1.2 d.

Tipps zu Aufgabe 2

Vorbemerkung: Der beschriebene Versuchsaufbau stellt eines der grundlegenden Experimente der Oberstufenphysik dar. In der Regel wird dieser Aufbau benutzt, um das Planck'sche Wirkungsquantum zu bestimmen. Der Versuch existiert an den unterschiedlichen Schulen in mehreren leicht abgewandelten Versionen. Es ist hilfreich, sich anfangs deutlich darüber klar zu werden, wo die Gemeinsamkeiten und Unterschiede zu dem Versuchsaufbau, der Ihnen aus dem Unterricht bekannt ist, liegen.

Teilaufgabe 2.1 a

- Beachten Sie, dass sowohl der Aufbau als auch die Durchführung beschrieben werden sollen.
- Beachten Sie, welche Bauteile in der Skizze beschriftet sind; diese sollten Sie bei der Beschreibung des Aufbaus berücksichtigen.

Teilaufgabe 2.1 b

- Beachten Sie, dass die Einheit der Energie vorgegeben ist.
- Wählen Sie eine kluge Skalierung für Ihr Koordinatensystem.

Teilaufgabe 2.1 c

- Überlegen Sie, was das Neue der Einstein'schen Lichtquantenhypothese (Photonenmodell) gegenüber dem Wellenmodell des Lichts ist. Welche Eigenschaften können durch Wellen nicht erklärt werden?
- Beachten Sie die Aufgabenstellung genau. Gefragt ist nach einer Deutung des Graphen.

Teilaufgabe 2.1 d

- Beachten Sie, dass laut Aufgabenstellung alle Messwerte berücksichtigt werden müssen.
- Beachten Sie den Operator: „Bestimmen“ fordert nicht unbedingt eine Rechnung.

Teilaufgabe 2.1 e

- Greifen Sie auf Ihre Überlegungen aus Teilaufgabe 2.1 a und b zurück.

Teilaufgabe 2.2 a

- Berücksichtigen Sie den Zusammenhang zwischen Energie und Leistung.
- Beachten Sie, dass die Lichtleistung durch die Photonen transportiert wird.

Teilaufgabe 2.2 b

- Überlegen Sie, welchen Einfluss die Wellenlänge auf die Energie der Photonen hat.
- Berücksichtigen Sie den Zusammenhang zwischen Frequenz und Wellenlänge.
- Es ist nach Geschwindigkeit und Anzahl der ausgelösten Elektronen gefragt.

Teilaufgabe 2.3 a

- Es ist unerheblich, dass der Vorgang innerhalb einer Fotozelle stattfindet. Es handelt sich einfach um eine Bewegung eines Elektrons innerhalb eines Magnetfeldes.
- Berücksichtigen Sie die Richtungen, in der die Feldlinien des magnetischen Feldes und die Geschwindigkeit zueinander stehen.

Teilaufgabe 2.3 b

- Den Ansatz zur Herleitung dieser Formel haben Sie in vielen anderen Zusammenhängen (z. B. beim Fadenstrahlrohr) verwendet.
- Die Aufgabenstellung gibt Ihnen einen Hinweis auf die Bahnkurve („Bahnradius"). Überlegen Sie sich, wodurch das Elektron auf diese Bahn gezwungen wird.

Teilaufgabe 2.3 c

- Formen Sie die Formel aus Teilaufgabe 2.3 b zunächst nach B um und vergleichen Sie dann mit der gesuchten Formel.
- Zeichnen Sie die beschriebene Bahn ein, damit Sie z. B. den Bahnradius leichter erkennen.
- Schauen Sie sich Ihre Überlegungen aus Teilaufgabe 2.1 noch einmal an und überlegen Sie, was durch den Term $(h \cdot f - W_A)$ beschrieben wird.

Teilaufgabe 2.3 d

- Berücksichtigen Sie, dass nicht alle Elektronen mit der gleichen Geschwindigkeit und nicht alle senkrecht zur Oberfläche der Kathode austreten.

Lösungen zur Prüfungsaufgabe II

Aufgabe 1

1.1 Interferenzen bei Licht

a) Das Laserlicht wird am Doppelspalt gebeugt. Die beiden Spalte können als Ausgangspunkt von zwei phasengleichen Elementarwellen aufgefasst werden (Prinzip von Huygens). Auf dem Schirm kommt es zur ungestörten Überlagerung und Interferenz der beiden Elementarwellen. Die Wege der beiden Elementarwellen zu einem Punkt auf dem Schirm sind von beiden Spalten unterschiedlich lang, d. h., es entsteht ein Gangunterschied. Je nach Größe des Gangunterschieds verstärken oder schwächen sich die Wellen bei der Überlagerung, sodass **konstruktive Interferenz (helle Bereiche)** oder **destruktive Interferenz (dunkle Bereiche)** entsteht.

b) **Maximum der Ordnung Null**
Das Maximum der Ordnung Null entsteht, wenn kein Gangunterschied vorliegt. Dies ist dann der Fall, wenn der Punkt auf dem Schirm gleich weit von beiden Spalten entfernt ist, sodass der Weg dorthin von beiden Spalten gleich lang ist. Diese Bedingung ist für alle Punkte erfüllt, die auf der Mittelsenkrechten der Verbindungslinie der beiden Spalte liegen.

Symmetrie der Abfolge der Hell- und Dunkelstellen
Betrachtet man Bereiche auf einer Seite neben der Mittellinie, so nimmt nach außen hin der Gangunterschied zwischen den Wellen kontinuierlich zu. Dies ist in beide Richtungen – also rechts und links vom Maximum der Ordnung Null – der Fall; der einzige Unterschied ist, welcher der beiden Wege der längere ist und welcher der kürzere. Der Betrag der Wegdifferenz wächst aber auf beiden Seiten gleichermaßen.

c) Wie in Abb. 5 a zu erkennen, ist der Weg vom oberen Spalt zum Schirm um Δs kürzer als der vom unteren Spalt. Damit auf dem Schirm ein Maximum entsteht, muss der Gangunterschied Δs der beiden von den Spalten ausgehenden Elementarwellen ein ganzzahliges Vielfaches der Wellenlänge betragen:

$$\Delta s = n \cdot \lambda \quad (n = 0, 1, 2, \ldots)$$

Aus dem in Abb. 5 grau getönten rechtwinkligen Dreieck ergibt sich:

$$\sin \alpha_n = \frac{\Delta s}{d} = \frac{n \cdot \lambda}{d}$$

Abb. 5 b zeigt schematisch die Versuchsanordnung, wobei der Winkel α_n im realen Versuch sehr viel kleiner als hier gezeichnet ist. Aus der Skizze folgt:

$$\tan \alpha_n = \frac{a_n}{e}$$

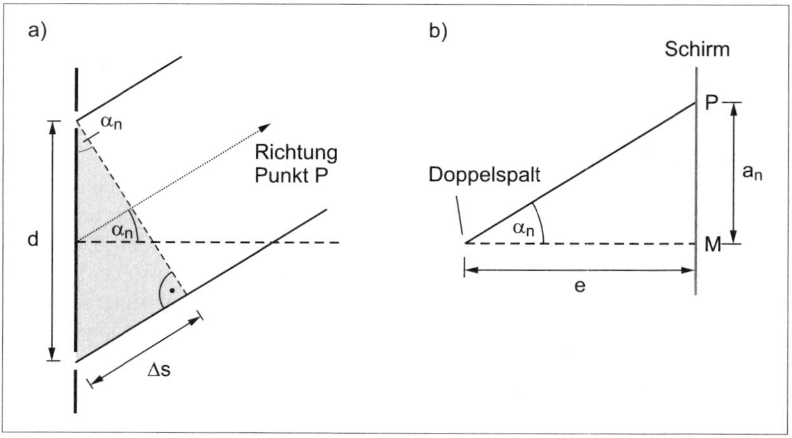

Abb. 5

Weil laut Vorgabe die Wellenlänge sehr viel kleiner ist als der Spaltabstand, sind die Beugungswinkel sehr klein und man kann die Näherung $\sin\alpha \approx \tan\alpha$ für kleine Winkel verwenden. Daraus folgt die gesuchte Beziehung:

$$\sin\alpha_n \approx \tan\alpha_n$$

$$\Leftrightarrow \quad \frac{n \cdot \lambda}{d} \approx \frac{a_n}{e}$$

$$a_n \approx \underline{\underline{\frac{n \cdot e \cdot \lambda}{d}}}$$

d) Aus der in Teilaufgabe 1.1 c angegebenen Beziehung kann eine Gleichung für die **Wellenlänge** hergeleitet werden:

$$a_n = \frac{n \cdot e \cdot \lambda}{d} \quad \Leftrightarrow \quad \lambda = \frac{a_n \cdot d}{n \cdot e}$$

Die Schirmabstände e und der Spaltabstand d sind gegeben, der Abstand a_n des Maximums n-ter Ordnung vom Maximum der Ordnung Null lässt sich anhand der Interferenzbilder messen. Um die Ablesefehler zu minimieren, wählt man die größtmögliche Messstrecke, also $2a_{n,\,max}$. In den Bildern sind jeweils 9 helle Bereiche zu erkennen, d. h. die beiden äußersten stellen die Maxima 4. Ordnung dar.

Abb. 2 oben: Die Mitten der beiden äußeren hellen Bereiche liegen bei 4,1 cm bzw. 10,1 cm, d. h. die beiden Maxima haben einen Abstand von 6,0 cm. Dieser Abstand beschreibt $2a_4$, also ist $a_4 = 3{,}0$ cm. Mit $e = 7{,}00$ m und $d = 0{,}57 \text{ mm} = 5{,}7 \cdot 10^{-4}$ m folgt:

$$\lambda = \frac{0{,}030 \text{ m} \cdot 5{,}7 \cdot 10^{-4} \text{ m}}{4 \cdot 7{,}00 \text{ m}} = \underline{\underline{6{,}1 \cdot 10^{-7} \text{ m}}}$$

Abb. 2 Mitte: Die analoge Rechnung ergibt:

$$a_4 = \frac{9{,}3\ \text{cm} - 5{,}0\ \text{cm}}{2} = 2{,}15\ \text{cm}$$

$$\lambda = \frac{0{,}0215\ \text{m} \cdot 5{,}7 \cdot 10^{-4}\ \text{m}}{4 \cdot 5{,}00\ \text{m}} = \underline{\underline{6{,}1 \cdot 10^{-7}\ \text{m}}}$$

Abb. 2 unten: Die analoge Rechnung ergibt:

$$a_4 = \frac{8{,}7\ \text{cm} - 5{,}7\ \text{cm}}{2} = 1{,}5\ \text{cm}$$

$$\lambda = \frac{0{,}015\ \text{m} \cdot 5{,}7 \cdot 10^{-4}\ \text{m}}{4 \cdot 3{,}50\ \text{m}} = \underline{\underline{6{,}1 \cdot 10^{-7}\ \text{m}}}$$

Auf dem mittleren und dem unteren Interferenzbild der Abb. 2 sind nach den Maxima 4. Ordnung zunächst Lücken zu erkennen, bevor wieder helle Stellen sichtbar sind. Hier lägen eigentlich auch Maxima, die aber durch Interferenz am Einzelspalt (der Doppelspalt besteht aus zwei Einzelspalten) verschwinden

e) Hier muss zunächst der Wert für a_1 berechnet werden, der sich aus den vorgegebenen Werten ergeben würde:

$$a_1 = \frac{n \cdot e \cdot \lambda}{d} = \frac{1 \cdot 7{,}00\ \text{m} \cdot 633 \cdot 10^{-9}\ \text{m}}{5{,}7 \cdot 10^{-4}\ \text{m}} = 7{,}8\ \text{mm}$$

Der **prozentuale Fehler** des gemessenen Wertes berechnet sich damit zu:

$$\frac{\Delta a_1}{a_1} = \frac{7{,}8 - 7{,}5}{7{,}8} = 0{,}038 = \underline{\underline{3{,}8\ \%}}$$

1.2 Interferenzen beim Schall

a) **Interferenztyp**

- Entlang der dick durchgezogen gezeichneten Linien treffen jeweils Berg auf Berg und Tal auf Tal. Demnach liegt entlang dieser Linien **maximale Verstärkung (maximale konstruktive Interferenz)** vor.
- Entlang der dick gestrichelt gezeichneten Linien treffen jeweils Berg auf Tal und Tal auf Berg. Demnach liegt entlang dieser Linien **Auslöschung (maximale destruktive Interferenz)** vor.

Energie

- Entlang der Linien maximaler Verstärkung ist die Energie ebenfalls **maximal**.
- Entlang der Linien von Auslöschung ist **keine Energie** vorhanden.

Demnach ist die Gesamtenergie im Interferenzfeld örtlich aufgeteilt.

b) Die **Wellenlänge** kann mithilfe der Wellengrundgleichung $c = \lambda \cdot f$ berechnet werden:

$$c = \lambda \cdot f \quad \Leftrightarrow \quad \lambda = \frac{c}{f} = \frac{340\,\frac{m}{s}}{1134\text{ Hz}} = \underline{\underline{0{,}300\text{ m} = 30{,}0\text{ cm}}}$$

c) **Interferenz an den Punkten 1 bis 4**
Hier ist für die angegebenen Punkte zunächst deren Lage (Entfernungen von den Schallquellen) zu ermitteln und daraus der jeweilige dort vorliegende Gangunterschied zu bestimmen (1 Kästchen $\hat{=}$ 2,5 cm).

Punkt 1 liegt in der Mitte der Verbindungslinie von L_1 und L_2, d. h., er ist von beiden Lautsprechern gleich weit entfernt. Folglich sind die Wegstrecken für die beiden Wellenzüge dorthin gleich groß, der Gangunterschied ist 0: Es liegt **maximale Verstärkung** vor (Bedingung für maximale konstruktive Interferenz: $\Delta s = n \cdot \lambda$).

Punkt 2 liegt auf der Mittelsenkrechten der Verbindungslinie von L_1 und L_2 und ist damit von beiden Lautsprechern ebenfalls gleich weit entfernt. Es liegt wiederum der Gangunterschied 0 vor, der zu **maximaler Verstärkung** führt.

Punkt 3 ist von einer Quelle 15 cm entfernt und von der anderen 60 cm, der Gangunterschied ist demnach 45 cm. Dies entspricht der 1,5-fachen Wellenlänge und führt zu **Auslöschung** (Bedingung für maximale destruktive Interferenz $\Delta s = (2n+1) \cdot \frac{\lambda}{2}$).

Punkt 4 ist von einer Quelle 7,5 cm entfernt und von der anderen 67,5 cm, der Gangunterschied beträgt also 60 cm. Dies entspricht dem Zweifachen der Wellenlänge, sodass an dieser Stelle **maximale Verstärkung** vorliegt.

Lage eines Punktes mit Wellenauslöschung
In dem gesuchten Punkt muss die oben genannte Bedingung für destruktive Interferenz $\Delta s = (2n+1) \cdot \frac{\lambda}{2}$ erfüllt sein. Dies ist z. B. für einen Punkt der Fall, der **30 cm von einer Quelle entfernt** ist. Die Entfernung zur anderen Quelle beträgt dann 45 cm und der Gangunterschied dazwischen 15 cm, was zu Auslöschung führt.

Formal lässt sich ein solcher Punkt auf der Verbindungsstrecke der beiden Quellen im Abstand d folgendermaßen ermitteln. Bezeichnen s_1 und s_2 die Abstände von den Quellen, so muss gelten (wobei $s_1 > s_2$ gewählt wird):

$$\left.\begin{aligned} \Delta s &= s_1 - s_2 = s_1 - (d - s_1) = 2s_1 - d \\ \Delta s &= (2n+1) \cdot \frac{\lambda}{2} \end{aligned}\right\} \Rightarrow \; 2s_1 - d = (2n+1) \cdot \frac{\lambda}{2}$$

Da nur ein Punkt gesucht ist, wählt man am einfachsten $n = 0$ und erhält mit $\lambda = 30$ cm und $d = 75$ cm:

$$2s_1 - 75\text{ cm} = 15\text{ cm} \quad \Rightarrow \quad s_1 = \underline{\underline{45\text{ cm}}}; \quad s_2 = 75\text{ cm} - 45\text{ cm} = \underline{\underline{30\text{ cm}}}$$

Anzahl und Lage der Punkte maximaler konstruktiver Interferenz
Die Anzahl der Punkte von maximaler Verstärkung auf der Verbindungslinie ergibt sich aus dem Abstand der Schallquellen und der Wellenlänge. Der Abstand beträgt 75 cm, die Wellenlänge 30 cm. Für maximale Verstärkung muss der Gangunterschied ein ganzzahliges Vielfaches der Wellenlänge sein. Ausgehend vom Mittelpunkt der Verbindungslinie, auf dem der Gangunterschied null ist, kann man zu beiden Seiten jeweils eine halbe Wellenlänge abzählen. Eine halbe Wellenlänge zu einer Seite weniger bedeutet Zunahme von einer halben Wellenlänge zur anderen Seite, also insgesamt einen Gangunterschied von einer ganzen Wellenlänge. Demnach liegen auf der einen Seite von der Mitte noch zwei weitere Stellen mit einem Gangunterschied zwischen den beiden Wellen von 30 cm und 60 cm. Dasselbe gilt auf der anderen Seite von der Mitte.
Demnach gibt es insgesamt **5 Stellen maximaler Verstärkung** auf der Verbindungslinie (7,5 cm, 22,5 cm, 37,5 cm, 52,5 cm und 67,5 cm von einer der beiden Quellen entfernt).

Für die Rechner unter Ihnen: Auch diese Frage lässt sich formal beantworten. Die Abstände s_1 und s_2 von den Quellen müssen jeweils zwischen 0 cm und $d = 75$ cm liegen, ihre Differenz muss ein ganzzahliges Vielfaches der Wellenlänge betragen:

$$\left.\begin{array}{l}\Delta s = |s_1 - s_2| = |s_1 - (d - s_1)| = |2s_1 - d| \\ \Delta s = n \cdot \lambda\end{array}\right\} \Rightarrow |2s_1 - d| = n \cdot \lambda$$

$$2s_1 - d = \pm n \cdot \lambda$$

$$\underline{\underline{s_1 = \frac{1}{2} \cdot (d \pm n \cdot \lambda)}} \quad (*)$$

Wegen $s_1 \in [0; d]$ kann n nur die Werte $-n_{max}, \ldots, +n_{max}$ annehmen:

$$\left.\begin{array}{l}s_1 = \frac{1}{2} \cdot (d - n_{max} \cdot \lambda) \geq 0 \;\Rightarrow\; n_{max} \leq \frac{d}{\lambda} = \frac{75\text{ cm}}{30\text{ cm}} = 2{,}5 \\ s_1 = \frac{1}{2} \cdot (d + n_{max} \cdot \lambda) \leq d \;\Rightarrow\; n_{max} \leq \frac{d}{\lambda} = \frac{75\text{ cm}}{30\text{ cm}} = 2{,}5\end{array}\right\} \Rightarrow n_{max} = 2$$

Es ist also $n \in \{-2; -1; 0; 1; 2\}$; durch Einsetzen in (*) erhält man die oben angeführten 5 Stellen.

d) Betrachtet man die Abbildung 3 der Aufgabenstellung 1.2 a, so ergibt sich dort durch die neue Situation – **Wechsel von gleich- zu gegenphasiger Abstrahlung** – ein anderes Bild. Bei einer Schallquelle bleiben die durchgezogenen und gestrichelten Linien unverändert, bei der anderen werden aus den durchgezogenen nun gestrichelte und aus den gestrichelten umgekehrt durchgezogene Linien. Daraus folgt, dass an den Stellen, an denen vorher zwei durchgezogene bzw. zwei gestrichelte Linien aufeinander trafen (also Berg auf Berg bzw. Tal auf Tal), nun eine durchgezogene und ein gestrichelte Linie aufeinander treffen (also Berg auf Tal). Genauso treffen an der Stellen, an denen vorher eine gestrichelte und eine durchgezogene Linie aufeinander trafen, nun zwei gleiche Linien aufeinander (also statt Tal auf Berg nun Berg auf Berg bzw. Tal auf Tal). Daher werden nun aus Orten maximaler Verstärkung Orte maximaler Auslöschung und aus Orten maximaler Auslöschung werden umgekehrt Orte maximaler Verstärkung.

e) Mit Gegensignal ist ein Signal gemeint, das durch Überlagerung mit dem ursprünglichen Signal zu einer Auslöschung oder Abschwächung führt. Damit dies geschieht, muss das Gegensignal so verlaufen, dass es (möglichst zu allen Zeiten) jeweils die entgegengesetzte Elongation besitzt, es verläuft also **gegenphasig**.

Aufgabe 2

2.1 a) **Versuchsaufbau und Durchführung**

Die Hg-Lampe sendet ein Spektrum diskreter Wellenlängen aus. Durch das Filter fällt nur Licht einer Wellenlänge auf die Kathode der Fotozelle. Die Kathode befindet sich in einem evakuierten Glaskolben, ihr gegenüber in dem Glaskolben liegt der Anodenring. Mithilfe eines sehr empfindlichen Amperemeters wird der Anodenstrom zwischen Fotokathode und Anodenring gemessen. Ebenfalls zwischen Anodenring und Fotokathode ist eine regelbare Spannungsquelle geschaltet, mit der die Gegenspannung eingestellt werden kann. Diese wird so lange erhöht, bis der Anodenstrom null ist.

Bestimmung der maximalen kinetischen Energie der Fotoelektronen

Solange ein Fotostrom I_{Ph} mit dem Amperemeter gemessen wird, müssen aus der Kathode herausgelöste Elektronen den Anodenring erreichen. Die kinetische Energie dieser Elektronen ist also größer als die potenzielle Energie, mit der sie durch das elektrische Gegenfeld abgebremst werden.

$$E_{kin} > E_{pot}$$

$$\Rightarrow \quad E_{kin} > U \cdot e$$

Um die kinetische Energie der schnellsten Elektronen zu bestimmen, wird die Spannung U so eingestellt, dass gerade kein Fotostrom mehr fließt. In diesem Fall gilt:

$$E_{kin,\,max} = U \cdot e$$

b) Zunächst muss die maximale kinetische Energie $E_{kin,\,max} = U \cdot e$ berechnet werden:

Wellenlänge λ in nm	578	546	436	405	253
Frequenz f in 10^{14} Hz	5,19	5,49	6,88	7,40	11,85
Gegenspannung U in V	0,16	0,30	0,82	1,04	2,77
$E_{kin,\,max}$ in eV	0,16	0,30	0,82	1,04	2,77

In Abb. 3 ist das resultierende **f-$E_{kin, max}$-Diagramm** gezeichnet.

In das Diagramm sind außerdem ein Steigungsdreieck eingezeichnet und die Schnittpunkte mit den Koordinatenachsen benannt, siehe Teilaufgabe 2.1 d.

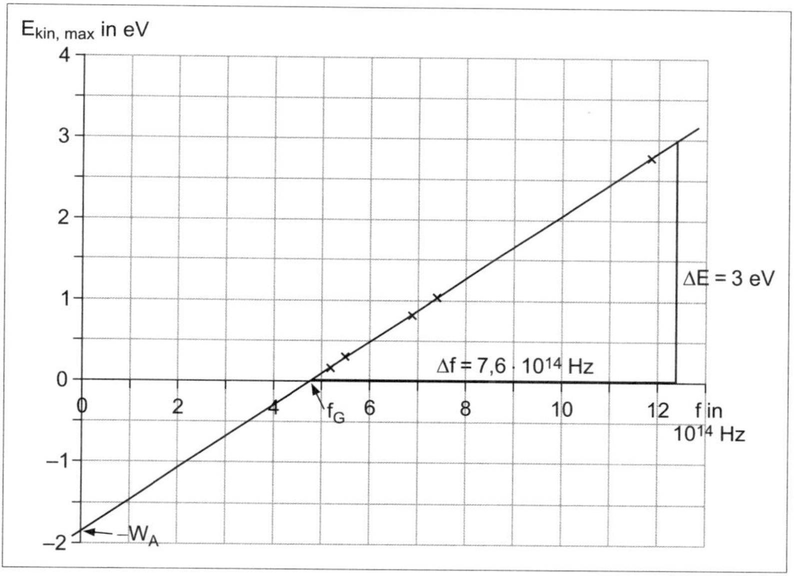

Abb. 3

c) Nach der **Einstein'schen Lichtquantenhypothese** besteht Licht aus Photonen mit der Energie $h \cdot f$, wobei h das Planck'sche Wirkungsquantum ist. Bei der Wechselwirkung mit einem Elektron in der Fotokathode kann das Photon seine Energie vollständig auf das Elektron übertragen. Da dieses Elektron an die Atome der Kathode gebunden ist, wird zunächst Energie benötigt, um das Elektron aus dem Material zu lösen, das ist die sogenannte Austrittsarbeit W_A. Der Rest der Photonenenergie wird in kinetische Energie des Elektrons umgewandelt. Daraus ergibt sich die folgende Energiebilanz:

$$E_{Photon} = E_{Elektron} \quad \Leftrightarrow \quad h \cdot f = W_A + E_{kin,\, max}$$

Diese Gleichung kann man umformen zu

$$E_{kin,\, max} = h \cdot f - W_A,$$

wodurch der lineare Zusammenhang zwischen der maximalen kinetischen Energie der Elektronen und der Frequenz des einfallenden Lichts beschrieben wird.

Der Graph der Funktion $E_{kin, max}(f)$ ist eine **Gerade**. Ihre Steigung ist das Planck'sche Wirkungsquantum, ihre Schnittstelle mit der E-Achse ist die negative Austrittsarbeit $-W_A$, ihre Schnittstelle mit der f-Achse ist die Grenzfrequenz f_G (vgl. Teilaufgabe 2.1 d)

d) Der Graph in Abb. 3 stellt die Ausgleichgerade für alle Messwerte dar.
Die **Austrittsarbeit** entspricht dem Betrag der Schnittstelle mit der E-Achse:

$$W_A \approx \underline{\underline{1{,}85\ \text{eV}}}$$

Die **Grenzfrequenz** ist die Frequenz, bei der die Photonenenergie gerade ausreicht, um ein Elektron aus dem Kathodenmaterial herauszulösen. Die kinetische Energie dieser Elektronen ist null, also ist die Grenzfrequenz genau die Schnittstelle der Ausgleichsgeraden mit der f-Achse:

$$f_G \approx \underline{\underline{4{,}7 \cdot 10^{14}\ \text{Hz}}}$$

Das **Planck'sche Wirkungsquantum** ergibt sich, wie in Teilaufgabe 2.1 c erläutert, als Steigung der Geraden:

$$h = \frac{\Delta E_{\text{kin, max}}}{\Delta f} \approx \frac{3\ \text{eV}}{7{,}6 \cdot 10^{14}\ \text{Hz}} = 3{,}95 \cdot 10^{-15}\ \text{eVs} = \underline{\underline{6{,}3 \cdot 10^{-34}\ \text{Js}}}$$

e) Die **maximale Geschwindigkeit der Fotoelektronen** ist durch die maximale kinetische Energie bestimmt. Hierzu muss zunächst berechnet werden, wie groß die Energie des Photons ist:

$$f = \frac{c}{\lambda} = \frac{3{,}00 \cdot 10^8\ \frac{\text{m}}{\text{s}}}{185 \cdot 10^{-9}\ \text{m}} = 1{,}622 \cdot 10^{15}\ \text{Hz}$$

$$\Rightarrow\ E_{ph} = h \cdot f = 6{,}626 \cdot 10^{-34}\ \text{Js} \cdot 1{,}62 \cdot 10^{15}\ \text{Hz} = 1{,}075 \cdot 10^{-18}\ \text{J}$$

Die kinetische Energie der Elektronen ergibt sich, wie bei Teilaufgabe 2.1 c erläutert, als Differenz aus Photonenenergie und Austrittsarbeit:

$$E_{kin} = E_{ph} - W_A = 1{,}075 \cdot 10^{-18}\ \text{J} - 1{,}86\ \text{eV} \cdot 1{,}602 \cdot 10^{-19}\ \frac{\text{J}}{\text{eV}}$$
$$= 7{,}765 \cdot 10^{-19}\ \text{J}$$

Mithilfe der aus der Mechanik bekannten Formel für die kinetische Energie wird die Geschwindigkeit der Elektronen berechnet:

$$E_{kin} = \frac{1}{2} m_e \cdot v^2$$

$$\Rightarrow\ v = \sqrt{\frac{2E_{kin}}{m_e}} = \sqrt{\frac{2 \cdot 7{,}765 \cdot 10^{-19}\ \text{J}}{9{,}11 \cdot 10^{-31}\ \text{kg}}} = \underline{\underline{1{,}31 \cdot 10^6\ \frac{\text{m}}{\text{s}}}}$$

2.2 a) Die Leistung des Lasers beschreibt, wie viel Energie pro Sekunde übertragen wird. Diese Energie entspricht der Summe der Energien der emittierten Photonen. Da bei monochromatischem Licht alle Photonen die gleiche Energie haben, muss man zur **Bestimmung der Photonenanzahl N** den Quotienten aus der vom Laser pro Sekunde übertragenen Energie ΔE und der Energie eines Photons E_{ph} bilden.

In der Zeit t = 1 s vom Laser übertragene Energie:

$$\Delta E = P \cdot \Delta t = 1 \cdot 10^{-3}\ \text{W} \cdot 1\ \text{s} = 1 \cdot 10^{-3}\ \text{J}$$

Energie eines Photons:

$$E_{ph} = h \cdot f = \frac{h \cdot c}{\lambda} = \frac{6{,}626 \cdot 10^{-34}\ \text{Js} \cdot 3{,}00 \cdot 10^{8}\ \frac{\text{m}}{\text{s}}}{532 \cdot 10^{-9}\ \text{m}} = 3{,}737 \cdot 10^{-19}\ \text{J}$$

Anzahl der Photonen, die notwendig sind, um die Energie ΔE zu erzeugen:

$$N = \frac{\Delta E}{E_{ph}} = \frac{1 \cdot 10^{-3}\ \text{J}}{3{,}737 \cdot 10^{-19}\ \text{J}} = \underline{\underline{2{,}68 \cdot 10^{15}}} \quad (*)$$

b) Eine kleinere Wellenlänge bedeutet gemäß $E_{ph} = h \cdot f = \frac{h \cdot c}{\lambda}$ eine größere Photonenenergie. Daher
- sinkt bei gleicher Lichtleistung nach Gleichung (*) die Zahl der pro Sekunde nötigen Photonen, weshalb **weniger Elektronen** pro Sekunde ausgelöst werden.
- steigt bei konstanter Austrittsarbeit die kinetische Energie der Elektronen, sodass sie eine **höhere Geschwindigkeit** besitzen.

2.3 a) Auf die ausgelösten Elektronen wirkt im Magnetfeld die Lorentzkraft. Die Richtung der Lorentzkraft ist stets senkrecht zur Bewegungsrichtung gerichtet (Drei-Finger-Regel, $\vec{v} \perp \vec{B}$). Die Lorentzkraft wirkt somit als Zentripetalkraft und zwingt die Elektronen auf eine **Kreisbahn**. Gemäß der Drei-Finger-Regel für die linke Hand (Daumen zeigt in die Bewegungsrichtung der Elektronen, Zeigefinger zeigt in die in die Richtung des Magnetfelds und der Mittelfinger gibt die Richtung der Lorentzkraft an) werden die Elektronen nach Austritt aus der Kathodenoberfläche **nach oben** abgelenkt (Abb. 4).

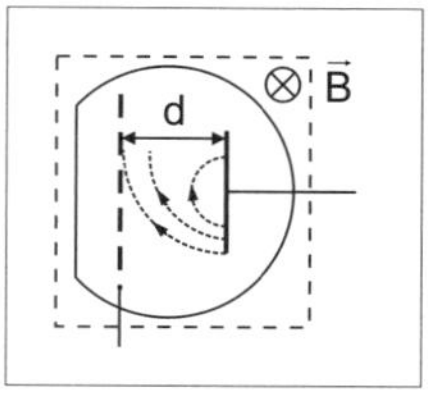

Abb. 4 Ausschnitt aus Abb. 2 mit möglichen Elektronenbahnen

Da keine Angaben über den Betrag von $\vec{B}$ und $\vec{v}$ gemacht wurden, kann keine Aussage über den Radius gemacht werden. Darum sind in der Abbildung mehrere mögliche Bahnen dargestellt.

b) Wie in Teilaufgabe 2.3 a erwähnt, wirkt die Lorentzkraft als Zentripetalkraft. Gleichsetzen der Kraftterme und Umstellen führt auf den **Bahnradius**:

$$F_Z = F_L \quad \Rightarrow \quad \frac{m_e \cdot v^2}{r} = e \cdot v \cdot B \quad \Rightarrow \quad r = \underline{\underline{\frac{m_e \cdot v}{e \cdot B}}}$$

c) Das Ergebnis aus Teilaufgabe 2.3 c nach B umgeformt ergibt:

$$B = \frac{m_e \cdot v}{e \cdot r}$$

Für den beschriebenen Fall $B = B_1$ gilt $r = d$: Wenn die senkrecht austretenden Elektronen die Anode gerade noch erreichen sollen, müssen sie einen Viertelkreis beschreiben und die Anode berühren (vgl. Abb. 4 in Teilaufgabe 2.3 a; die Anodenoberfläche ist, mathematisch beschrieben, die Tangentialfläche an den beschriebenen Kreis).

Es ist also $B_1 = \frac{m_e}{e \cdot d} \cdot v$. Somit muss noch gezeigt werden, dass sich für v der gesuchte Wurzelterm ergibt. Nach Teilaufgabe 2.1 e gilt für die Geschwindigkeit der Fotoelektronen der kinetischen Energie $E_{kin,\,max} = h \cdot f - W_A$

$$v = \sqrt{\frac{2E_{kin}}{m_e}} = \sqrt{\frac{2 \cdot (h \cdot f - W_A)}{m_e}}$$

und damit auch die angegebene **Formel für B_1**:

$$B_1 = \frac{m_e}{e \cdot d} \cdot \sqrt{\frac{2 \cdot (h \cdot f - W_A)}{m_e}} \qquad (**)$$

d) Die aus der Kathode austretenden Elektronen werden in alle Richtungen emittiert. Sie erreichen gerade noch die Anode, wenn die Anodenoberfläche eine Tangentialfläche an die Kreisbahn ist, auf der sich die Elektronen bewegen. Entscheidend ist nun – bei gleich bleibenden Versuchsbedingungen – die Richtung, in der die Elektronen die Kathode verlassen (Abb. 5):

- Der Mittelpunkt der Kreisbahn eines Elektrons, das die Kathode *senkrecht* zur Kathodenoberfläche verlässt, liegt auf der Kathodenfläche (Bild a).
- Verlässt ein Elektron die Kathode *schräg nach oben*, so liegt der Mittelpunkt der Kreisbahn rechts von der Kathode; die horizontale Reichweite eines solchen Elektrons ist kleiner als im Falle der senkrechten Emission (Bild b).
- Verlässt ein Elektron die Kathode *schräg nach unten*, so liegt der Mittelpunkt der Kreisbahn zwischen Kathode und Anode; die horizontale Reichweite dieses Elektrons ist größer als im Falle der senkrechten Emission (Bild c).

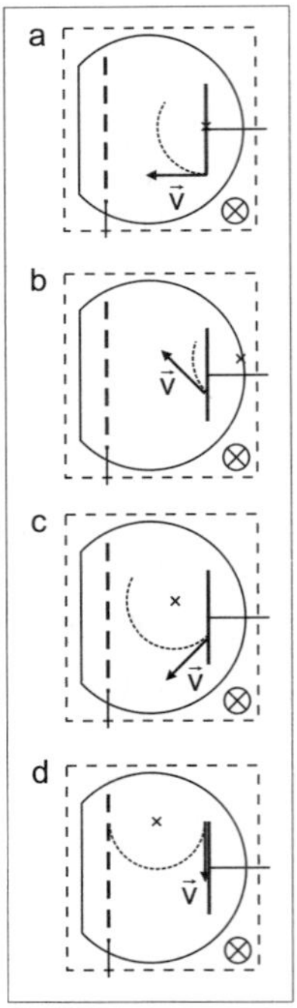

Abb. 5

Die Reichweite wird daher **maximal**, wenn ein Elektron die Kathode nahezu **parallel zur Oberfläche nach unten** verlässt (Bild d). Soll es die Anode gerade noch erreichen, liegt der Kreismittelpunkt annähernd in der Mitte zwischen Kathode und Anode. Der Bahnradius ist in diesem Fall $\frac{d}{2}$ und nach (**) die erforderliche Magnetfeldstärke $2B_1$. Erst bei einem noch stärkeren magnetischen Feld erreicht selbst ein solches Elektron die Anode nicht mehr.

Abiturprüfung Physik 2012 (Nordrhein-Westfalen) – Leistungskurs
Aufgabe 1: Elektromagnetische Schwingungen und Resonanz

Punkte

Die Abbildung 1 zeigt die Schaltskizze einer Versuchsanordnung zur Erzeugung und Registrierung einer gedämpften elektromagnetischen Schwingung. Vor Beginn des Versuchs wird der Kondensator geladen (Schalter S befindet sich in Position A). Zum Zeitpunkt $t = 0$ wird der Schalter S in Position B gebracht. Mit einem Messwerterfassungssystem wird die Stromstärke I des im Schwingkreis fließenden Stromes registriert, das entsprechende Diagramm ist in Abbildung 2 wiedergegeben. Das Messgerät ist so getriggert, dass die Aufzeichnung des Graphen mit dem Umlegen des Schalters S in die (abgebildete) Position B beginnt.

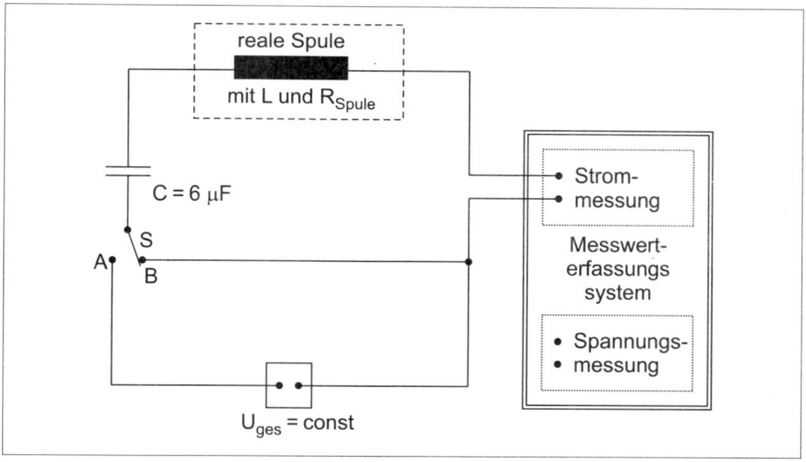

Abb. 1: Schaltskizze zum Versuchsaufbau ($C = 6\mu F$)

1.1 Gehen Sie davon aus, dass für die Stromstärke-Zeit-Funktion I(t) dieser **gedämpften** elektromagnetischen Schwingung in guter Näherung gilt:

$$I(t) = I_0 \cdot e^{-k \cdot t} \cdot \sin(\omega \cdot t) \text{ mit } \omega = \frac{2\pi}{T}.$$

a) Ermitteln Sie aus dem Diagramm in Abbildung 2 die Schwingungsdauer T dieser gedämpften elektromagnetischen Schwingung.

b) Bestimmen Sie den sogenannten Dämpfungsfaktor k anhand des Diagramms in Abbildung 2 und begründen Sie die Richtigkeit des von Ihnen verwendeten Verfahrens.
[Ergebnis: $k \approx 48\ s^{-1}$]

Hinweis: Der Vorfaktor I_0 ist **nicht** bekannt, I_0 entspricht auch **nicht** der ersten Amplitude. 12

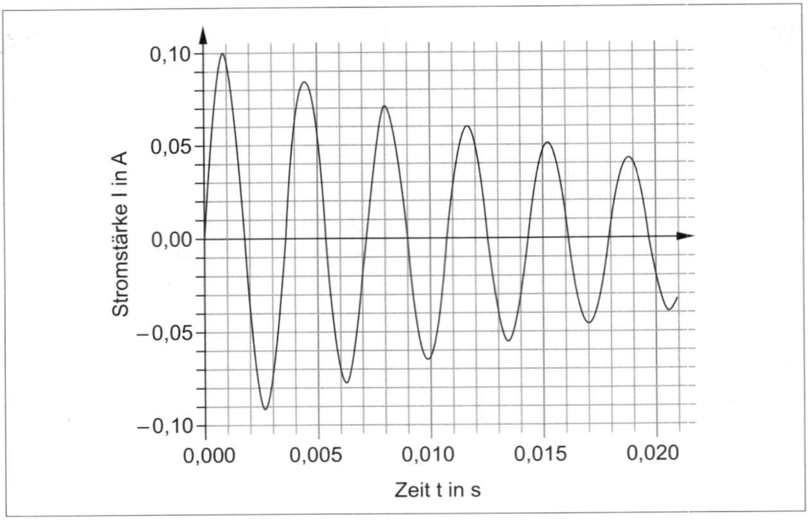

Abb. 2: Registrierter zeitlicher Verlauf der Stärke des im Schwingkreis fließenden Stromes

1.2 a) Für die Kreisfrequenz ω einer gedämpften elektromagnetischen Schwingung gilt die Beziehung

$$\omega = \sqrt{\frac{1}{L \cdot C} - k^2}.$$

Für die Kreisfrequenz ω_0 einer **nicht** gedämpften elektromagnetischen Schwingung gilt dagegen

$$\omega_0 = \sqrt{\frac{1}{L \cdot C}}.$$

Ermitteln Sie mithilfe der bisherigen Messwerte und Ergebnisse den Unterschied zwischen ω und ω_0 und beurteilen Sie Ihr Ergebnis.

b) Ermitteln Sie mithilfe der bisherigen Messwerte und Ergebnisse die Induktivität L der Spule.
[Ergebnis: $L \approx (56 \pm 2)\,\text{mH}$]

Hinweis: Die Kapazität des Kondensators beträgt $C = 6\,\mu\text{F}$. 11

1.3 Die in Teilaufgabe 2 angegebenen Beziehungen für ω bzw. für ω_0 können mithilfe theoretischer Betrachtungen hergeleitet werden:
Für die Strom-Zeit-Funktion I(t) der **gedämpften** elektromagnetischen Schwingung ist zu jedem Zeitpunkt t die Differenzialgleichung

$$\ddot{I}(t) = -\frac{1}{L \cdot C} \cdot I(t) - \frac{R}{L} \cdot \dot{I}(t)$$

erfüllt.

Eine mögliche Lösung dieser Differenzialgleichung ist die Strom-Zeit-Funktion

$$I(t) = I_0 \cdot e^{-k \cdot t} \cdot \sin(\omega \cdot t) \text{ mit } \omega = \frac{2\pi}{T}.$$

a) Leiten Sie die oben angegebene Differenzialgleichung her, indem Sie die an den Bauteilen des Schwingkreises auftretenden Spannungen sowie die Summe dieser Spannungen betrachten.

b) Leiten Sie **für den Sonderfall**, dass die Schwingung **nicht** gedämpft ist (d. h.: $R = 0\ \Omega$ und $k = 0\ s^{-1}$) die in Teilaufgabe 2a angegebene Beziehung

$$\omega_0 = \sqrt{\frac{1}{L \cdot C}}$$

mithilfe der Differenzialgleichung und dem angegebenen Lösungsansatz für die Strom-Zeit-Funktion I(t) her. 12

1.4 Um eine elektromagnetische Schwingung mit konstanter Amplitude zu erhalten, wird die Konstantspannungsquelle durch eine Wechselspannungsquelle mit einstellbarer Frequenz f ersetzt (siehe Abbildung 3).
Die beiden Diagramme in Abbildung 4 geben die zeitlichen Verläufe der Spannung $U_{Erreger}(t)$ sowie der Stromstärke-Zeit-Funktion $I_{erzwungen}(t)$ bei einer bestimmten Erregerfrequenz f_{res} in phasenrichtiger Darstellung wieder. (Mit $U_{Erreger}$ wird die Spannung an der Wechselspannungsquelle und mit $I_{erzwungen}$ wird die Stromstärke im Schwingkreis bezeichnet.)

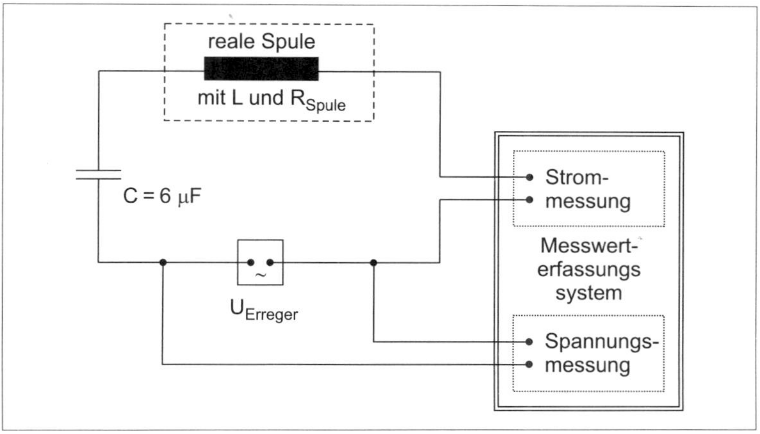

Abb. 3: Schaltskizze eines Serien-Resonanz-Schwingkreises

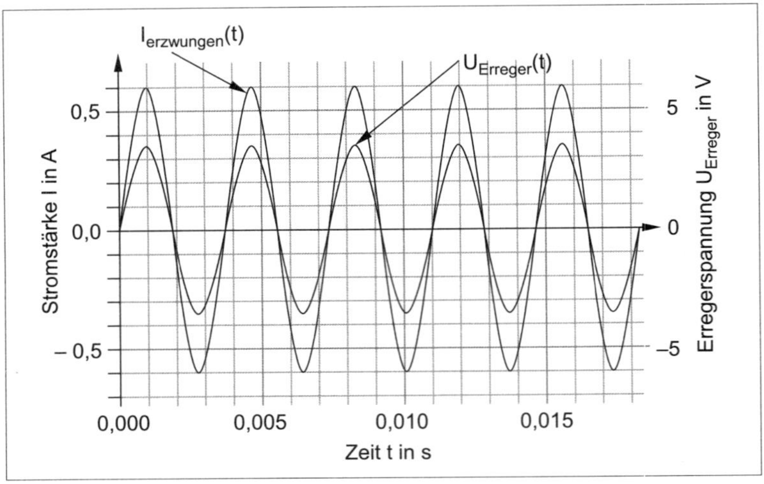

Abb. 4: Registrierte Messdiagramme

a) Erläutern Sie die Begriffe „erzwungene Schwingung" und „Resonanz".

b) Geben Sie (mindestens) ein Kriterium an, aus dem geschlossen werden kann, dass das Diagramm in Abbildung 4 im Resonanzfall aufgezeichnet wurde.

Hinweis: Spule und Kondensator sind bei den in den Abbildungen 1 und 3 gezeigten Versuchsaufbauten identisch.

c) Beschreiben Sie, wie sich das in Abbildung 4 dargestellte Diagramm für $I_{erzwungen}(t)$ verändert, wenn eine kleinere bzw. größere Erregerfrequenz f eingestellt wird. Die Amplitude der Erreger-Wechselspannung soll dabei konstant gehalten werden. 10

1.5 Die Stromstärke-Zeit-Funktion dieser sogenannten erzwungenen Schwingung kann durch

$$I_{erzwungen}(t) = \hat{I} \cdot \sin(\omega \cdot t) \quad \text{mit} \quad \omega = \frac{2\pi}{T}$$

beschrieben werden (Abbildung 4).
Für den aufgrund der Induktivität L der Spule auftretenden Spannungsabfall gilt dann in Abhängigkeit von der Zeit die Beziehung

$$U_L(t) = \omega \cdot L \cdot \hat{I} \cdot \cos(\omega \cdot t).$$

Der am Kondensator mit der Kapazität C auftretende Spannungsabfall lautet dann in Abhängigkeit von der Zeit

$$U_C(t) = -\frac{1}{\omega \cdot C} \cdot \hat{I} \cdot \cos(\omega \cdot t).$$

a) Leiten Sie **eine** der beiden angegebenen Beziehungen, also

$$U_L(t) = \omega \cdot L \cdot \hat{I} \cdot \cos(\omega \cdot t) \quad \textbf{oder} \quad U_C(t) = -\frac{1}{\omega \cdot C} \cdot \hat{I} \cdot \cos(\omega \cdot t),$$

her.

b) Entsprechende Rechnungen zeigen, dass die Amplituden von $U_L(t)$ und von $U_C(t)$ **im hier vorliegenden Resonanzfall** den gleichen Wert haben.
Bestimmen Sie die Amplitude $\hat{U}_L$ der aufgrund der Induktivität L der Spule auftretenden Spannung $U_L(t)$ oder die Amplitude $\hat{U}_C$ der Spannung $U_C(t)$.

Hinweis: Es reicht, eine der beiden Amplituden zu ermitteln, da sie ja gleich groß sind (Resonanzfall).

c) Interpretieren Sie das Ergebnis für $\hat{U}_L$ $(= \hat{U}_C)$ im Hinblick auf den hier vorliegenden Resonanzfall. 12

1.6 Wie in Abbildung 5 dargestellt, wird in einem weiteren Versuch zusätzlich ein zweiter Schwingkreis so aufgebaut, dass die beiden Spulenlängsachsen genau zusammenfallen. Spule und Kondensator des neuen Kreises stimmen in allen relevanten Daten mit denen des ersten Kreises überein. Der neue Kreis wird also im Resonanzfall betrieben. Wie der Versuch zeigt **und wie in Abbildung 6 dargestellt**, sinkt die Stromstärke im neuen Kreis (Empfängerkreis) deutlich ab, sobald eine weitere (also dritte) kurzgeschlossene Spule zwischen die beiden Spulen gehalten wird. Ist die dritte Spule nicht kurzgeschlossen, zeigt sich keine Veränderung der Stromstärkenamplitude des Empfängerkreises.

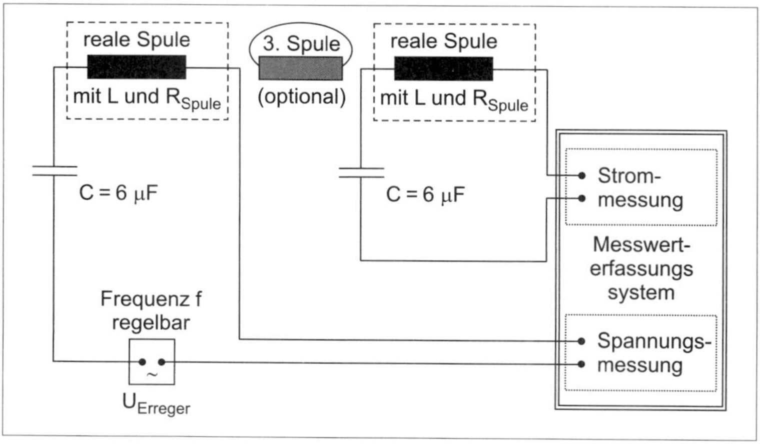

Abb. 5: Zwei im Resonanzfall betriebene Schwingkreise

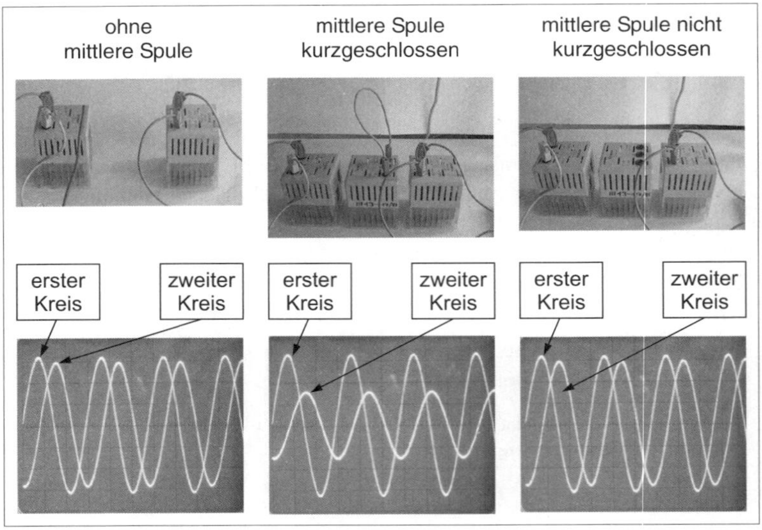

Abb. 6: Spulenkombinationen und resultierende Signale

Erklären Sie, wieso das Einbringen der kurzgeschlossenen Spule zu einem Absinken der Stromstärke im Empfängerkreis führt, während dieser Effekt bei einer nicht kurzgeschlossenen Spule nicht zu beobachten ist. 8

Ergänzung zum Aufgabentext

Vorbemerkung zu den Experimenten: Bei dieser Aufgabe können die Fachlehrer ihren Schülern zwei Experimente vor Beginn der eigentlichen Arbeit vorführen.

Experiment 1: Demonstration der Abstimmung auf Resonanz (Teilaufgabe 1.4)

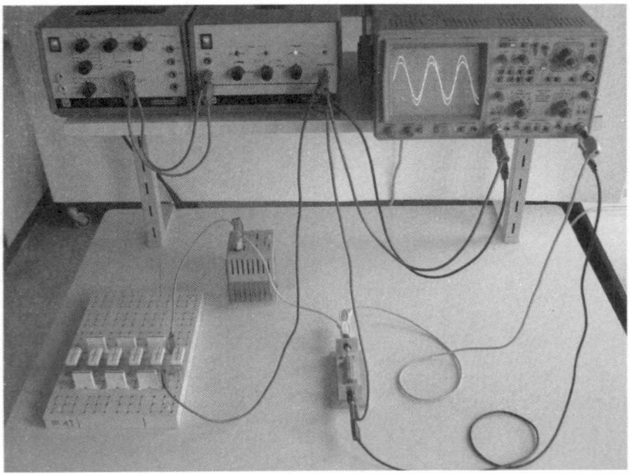

Abb.7

Experiment 2: Demonstration des Verhaltens des Systems (Teilaufgabe 1.6, Abb. 6)

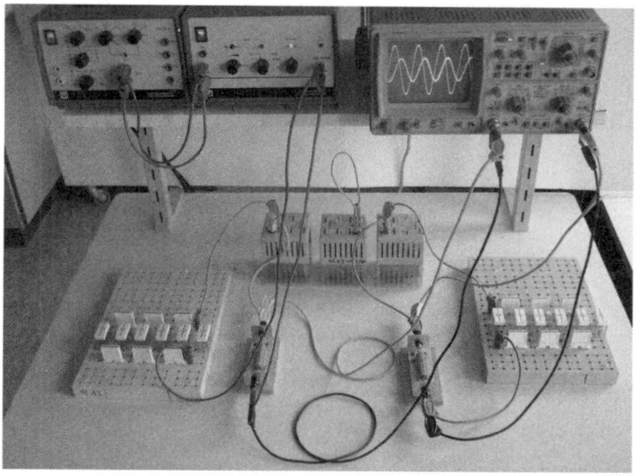

Abb. 8

Tipps und Hinweise zur Lösung von Aufgabe 1

Vorbemerkung: Sachlicher Gegenstand dieser Aufgabe ist das zeitliche Verhalten von Spannung und Stromstärke in einem elektrischen Schaltkreis aus Widerstand, Kondensator und Spule. Es geht also um (gedämpfte) elektrische Schwingungen.
Grundvoraussetzungen für die Lösung dieser Aufgabe sind daher Kenntnisse über die Kapazität von Kondensatoren und über die Induktivität von Spulen. Es muss auch der Umgang mit Differenzialgleichungen (DGL) in der Form beherrscht werden, als die Form vorgegebenen DGL begründet und vorgegebene Lösungsfunktionen überprüft werden sollen.
Auch wenn Ihnen die Aufgabenstellung auf den ersten Blick recht umfangreich vorzukommen scheint, sollten Sie versuchen, sich langsam in die Aufgabe einzulesen. Sie werden dann feststellen, dass die einzelnen Teilaufgaben sehr eng miteinander in Verbindung stehen, sodass immer nur einzelne neue Aspekte von Teilaufgabe zu Teilaufgabe in den Vordergrund gerückt werden.
Wenn Sie der Reihe nach einzelne Werte errechnen, dann notieren Sie sich diese Werte (bzw. die angegebenen Ersatzwerte für den Fall, dass Sie einmal scheitern sollten), da sie in späteren Teilaufgaben weiter verwendet werden müssen.

Teilaufgabe 1.1 a

Beachten Sie, dass die Schwingungsdauer auch bei einer gedämpften Schwingung annähernd konstant ist.

Sie müssen sich das Diagramm genau ansehen und insbesondere die Einheit auf der Rechtsachse (Zeitachse) berücksichtigen.

Entscheiden Sie, ob sie Hoch- bzw. Tiefpunkte der Kurve oder ihre Nulldurchgänge berücksichtigen wollen.

Teilaufgabe 1.1 b

- Beachten Sie, dass Ihnen im Vortext zu dieser Teilaufgabe eine Gleichung gegeben ist; in ihr finden Sie den Dämpfungsfaktor k.
- Es geht um den exponentiellen Abfall der Amplituden der Kurven. Vergegenwärtigen Sie sich dazu, dass die Exponentialfunktion als Vorfaktor die Amplitude der Sinuskurve maßgeblich beeinflusst.
- Erinnern Sie sich an verschiedene im Unterricht besprochene Möglichkeiten, bei einer gegebenen Kurve zu prüfen, ob eine exponentielle Abnahme vorliegt. Denken Sie dabei an Quotientengleichheit von Wertepaaren.
- Nutzen Sie diejenigen Zeitpunkte, zu denen der Sinusterm maximal (=1) wird.

Teilaufgabe 1.2 a

- Nutzen Sie alle in der vorangehenden Teilaufgabe genannten/berechneten Werte.
- Beachten Sie, dass Sie ω mithilfe von T berechnen können.
- Beurteilen Sie Ihre zwei Rechenergebnisse durch direkten Vergleich miteinander.

Teilaufgabe 1.2 b

- Da sich ω und ω_0 kaum voneinander unterscheiden, haben Sie mehrere Möglichkeiten, anhand der gegebenen Gleichungen die Induktivität L zu berechnen.

Teilaufgabe 1.3 a

- Der Ansatz zur Herleitung der DGL ist angegeben: Es müssen Spannungen betrachtet werden, die am Widerstand, am Kondensator und an der Spule vorhanden sind.
- Wenn Sie die Formeln für die Teilspannungen am Widerstand, am Kondensator und an der Spule nicht kennen, schauen Sie in der Formelsammlung nach.
- Der Schwingkreis ist eine Reihenschaltung – und in einer Reihenschaltung werden die Spannungen addiert.
- Erinnern Sie sich an den Zusammenhang zwischen Q(t) und I(t).
- Man darf auf beiden Seiten einer Gleichung die zeitliche Ableitung bilden.

Teilaufgabe 1.3 b

- Vereinfachen Sie mithilfe von $R=0$ und $k=0$ die gegebene DLG zunächst.
- Die gegebene Lösungsfunktion für I(t) kann ebenfalls mit $k=0$ vereinfacht werden.
- Einsetzen der Funktion I(t) und ihrer Ableitung führt auf die gesuchte Gleichung.

Teilaufgabe 1.4 a

- Hier müssen Sie lediglich in kurzer Form Ihnen bekannte Begriffe erläutern.

Teilaufgabe 1.4 b

- Es gibt alternative Lösungsmöglichkeiten: Vergleichen Sie Abb. 2 und 4 bzgl. der Schwingungsdauer des Resonators bzw. vergleichen Sie in Abb. 4 die Phasenlage von Erreger und Resonator.

Teilaufgabe 1.4 c

- Im Resonanzfall kann der Resonator „optimal" zum Schwingen gebracht werden, was sich auch in der Größe seiner Amplitude ausdrückt.

Teilaufgabe 1.5 a

- Beachten Sie, dass die Herleitung nur einer Gleichung gefordert ist.
- Nutzen Sie eine formelmäßig bekannte Beziehung zwischen der induzierten Spannung und der zeitlichen Veränderung der Stromstärke.
- *Alternative:* Nutzen Sie eine formelmäßig bekannte Beziehung zwischen der Spannung am Kondensator und seiner Ladung, mit deren Hilfe man Spannung und Stromstärke in Verbindung bringen kann.

Teilaufgabe 1.5 b

- Beachten Sie auch hier, dass nur **eine** Herleitung gefordert ist.
- In Aufgabenteil 1.5 a sind Ihnen Gleichungen für die Spannungen gegeben, bei denen jetzt lediglich die Maximalwerte zu errechnen sind.
- Berücksichtigen Sie die bisher berechneten Werte.

Teilaufgabe 1.5 c

- Denken Sie an die angegebenen Diagramme ($\rightarrow$ Größe der Wechselspannung).
- Das Diagramm der Abb. 4 lässt eine wichtige Größe erkennen, die Sie im Vergleich zu den von Ihnen in 1.5 b berechneten Größen heranziehen sollten.
- Begründen Sie, wie solch große Spannungswerte möglich sind.
- Denken Sie an eine Phasenverschiebung der Spannung am Kondensator im Vergleich zur Spannung an der Spule.

Teilaufgabe 1.6

- Bei kurzgeschlossenen Spulen kann ein Strom fließen; bei einer offenen Spule selbstverständlich nicht, auch wenn durch Induktion in ihr eine Spannung erzeugt wird.
- Beachten Sie, dass Magnetfelder entstehen, wenn Ströme fließen.
- Denken Sie an die Lenz'sche Regel.
- Vergleichen Sie die Ausrichtung des Magnetfelds der mittleren Spule mit der Ausrichtung des Magnetfelds der linken Spule.
- Berücksichtigen Sie, dass die rechte Spule die Magnetfelder der linken und der mittleren wahrnimmt.
- Sie können auch mithilfe einer Energiebetrachtung argumentieren: Wenn die mittlere Spule kurzgeschlossen ist, wird dort infolge des Stromflusses Energie „verbraucht" (in Wärme umgesetzt).

Lösungen zu Aufgabe 1

1.1 a) Unter Berücksichtigung von beispielsweise fünf vollen Perioden entnimmt man dem Diagramm in Abb. 2 die **Schwingungsdauer**

$$T = \frac{0{,}018\text{ s}}{5} = \underline{\underline{0{,}0036\text{ s.}}}$$

b) Bei einer Funktion der Form $I(t) = I_0 \cdot e^{-k \cdot t} \cdot \sin(\omega \cdot t)$ kann k beispielsweise durch Quotientenbildung ermittelt werden. Zur Vereinfachung betrachtet man nur Zeitpunkte, an denen jeweils die Elongation (im positiven Bereich) maximal ist, also die Amplituden; z. B. zu den Zeitpunkten $t = \frac{T}{4}$ und $t = \frac{T}{4} + T$, an diesen Zeitpunkten ist $\sin(\omega \cdot t) = 1$.

Der Quotient der zugehörigen Amplituden $I\left(\frac{T}{4}\right)$ und $I\left(\frac{T}{4} + T\right)$ lautet:

$$\frac{I\left(\frac{T}{4}\right)}{I\left(\frac{T}{4}+T\right)} = \frac{I_0 \cdot e^{-k \cdot \frac{T}{4}} \cdot 1}{I_0 \cdot e^{-k \cdot \frac{5}{4}T} \cdot 1} = e^{-k \cdot \frac{T}{4} - \left(-k \cdot \frac{5}{4}T\right)} = e^{-k \cdot \frac{T}{4} + k \cdot \frac{5}{4}T} = e^{k \cdot T}$$

Daraus folgt:

$$\ln \frac{I\left(\frac{T}{4}\right)}{I\left(\frac{T}{4}+T\right)} = k \cdot T \quad \Rightarrow \quad k = \frac{1}{T} \cdot \ln \frac{I\left(\frac{T}{4}\right)}{I\left(\frac{T}{4}+T\right)}$$

Aus dem Diagramm in Abbildung 2 entnimmt man für die beispielsweise erste und die zweite Amplitude:

$$I\left(\frac{T}{4}\right) = 0{,}100\text{ A} \quad \text{und} \quad I\left(\frac{T}{4} + T\right) = 0{,}084\text{ A}$$

Mit $T = 0{,}0036$ s folgt für den **Dämpfungsfaktor**:

$$k = \frac{1}{0{,}0036\text{ s}} \cdot \ln \frac{0{,}100}{0{,}084} = \underline{\underline{48{,}4\text{ s}^{-1}}}$$

Statt die erste und die zweite Amplitude zu verwenden, können Sie auch z. B. mit nicht unmittelbar aufeinander folgenden Amplituden arbeiten. Sie müssen dann den hier hergeleiteten Term für k noch durch die entsprechende Anzahl von Perioden dividieren.
Sie können die Aufgabe auch unter Verwendung grafischer Hilfsmittel lösen: Tragen Sie die Amplitudenhöhen gegen die Zeit auf (bzw. skizzieren Sie eine Einhüllende), so können Sie die „Halbwertzeit“ T_H der resultierenden Ausgleichskurve ablesen. Mithilfe der Beziehung $k \cdot T_H = \ln 2$ – die Sie, wenn sie nicht in der Formelsammlung steht, herleiten müssen –, lässt sich k ermitteln. Werden die „logarithmierten Amplitudenhöhen“ gegen die Zeit aufgetragen, so ergibt sich k unmittelbar aus dem Betrag der Steigung der entsprechenden Ausgleichsgeraden. Bei diesem Lösungsweg müssen Sie dann aber noch die Beziehung $\ln(\text{Amplitudenhöhe}) = -k \cdot t + \ln(I_0)$ herleiten.

1.2 a) Für die Kreisfrequenz ω der gedämpften Schwingung gilt mit $T = 0{,}0036\ \text{s}$ (Teilaufgabe 1.1 a):

$$\omega = \frac{2\pi}{T} = \frac{2\pi}{0{,}0036\ \text{s}} = 1\,745{,}3\ \text{s}^{-1}$$

Aus $\omega = \sqrt{\frac{1}{L \cdot C} - k^2}$ folgt mit $\omega_0 = \sqrt{\frac{1}{L \cdot C}}$ sofort

$$\omega^2 = \omega_0^2 - k^2 \;\Rightarrow\; \omega^2 + k^2 = \omega_0^2 \;\Rightarrow\; \omega_0 = \sqrt{\omega^2 + k^2}.$$

Mit den ermittelten Werten für ω und k ergibt sich:

$$\omega_0 = \sqrt{(1\,745{,}3\ \text{s}^{-1})^2 + (48{,}4\ \text{s}^{-1})^2} = 1\,746\ \text{s}^{-1}$$

Die **Abweichung** ist also (trotz der deutlichen Dämpfung des Systems) **sehr gering**, ω_0 liegt um 0,04 % über ω. Auch bei gedämpften Schwingungen kann in guter Näherung mit der einfachen Beziehung

$$\omega \approx \omega_0 = \sqrt{\frac{1}{L \cdot C}}$$

gerechnet werden.

Die beiden Kreisfrequenzen hängen zusammen: $\omega^2 + k^2 = \omega_0^2$. Leiten Sie diese Gleichung her.

b) Man formt die gegebene Beziehung für ω nach L um:

$$\omega = \sqrt{\frac{1}{L \cdot C} - k^2} \;\Rightarrow\; \omega^2 = \frac{1}{L \cdot C} - k^2 \;\Rightarrow\; \omega^2 + k^2 = \frac{1}{L \cdot C}$$

$$\Rightarrow\; L = \frac{1}{\left(\omega^2 + k^2\right) \cdot C}$$

Einsetzen der bereits bekannten Werte für ω, k und C liefert die **Induktivität**

$$L = \frac{1}{\left((1\,745{,}3\ \text{s}^{-1})^2 + (48{,}4\ \text{s}^{-1})^2\right) \cdot 6 \cdot 10^{-6}\ \text{F}} = 0{,}055\ \frac{\text{V} \cdot \text{s}^2}{\text{As}} = \underline{\underline{55\ \text{mH}}}.$$

Sie können L auch mit der näherungsweise gültigen Beziehung $\omega \approx \omega_0$ ermitteln (vgl. Teilaufgabe 1.2 a). Es gilt dann mit $\omega_0 = \sqrt{(L \cdot C)^{-1}}$:

$$\frac{2\pi}{T} \approx \sqrt{\frac{1}{L \cdot C}} \;\Rightarrow\; \frac{4\pi^2}{T^2} \approx \frac{1}{L \cdot C} \;\Rightarrow\; L \approx \frac{T^2}{4\pi^2 \cdot C}$$

Mit $T = 0{,}0036\ \text{s}$ (Teilaufgabe 1.1 a) folgt:

$$L \approx \frac{(0{,}0036\ \text{s})^2}{4\pi^2 \cdot 6 \cdot 10^{-6}\ \text{F}} = \underline{\underline{55\ \text{mH}}}$$

1.3 a) Nach dem 2. Kirchhoff'schen Gesetz gilt für den gedämpften Schwingkreis

$$U_R + U_L + U_C = U_{ges} = 0.$$

Mit $U_R = R \cdot I$, $U_L = L \cdot \dot{I}$ und $U_C = \frac{1}{C} \cdot Q$ folgt:

$$R \cdot I(t) + L \cdot \dot{I}(t) + \frac{1}{C} \cdot Q(t) = 0$$

Diese Gleichung wird nach der Zeit abgeleitet,

$$R \cdot \dot{I}(t) + L \cdot \ddot{I}(t) + \frac{1}{C} \cdot \dot{Q}(t) = 0$$

und mit $I(t) = \dot{Q}(t)$ folgt nach Umstellen die gesuchte **Differenzialgleichung**:

$$\underline{\underline{\ddot{I}(t) = -\frac{1}{L \cdot C} \cdot I(t) - \frac{R}{L} \cdot \dot{I}(t)}}$$

Der Ansatz $U_R + U_C = U_{ind,\, selbst} = -L \cdot \dot{I}$ ist ebenfalls möglich.
Sie können auch vom Energieerhaltungssatz ausgehen:

$$W_{Wärme}(t) + W_{elektr.}(t) + W_{magn.}(t) = W_{ges} = \text{konst.},$$

Dabei ist es sinnvoll, die Ableitung dieser Beziehung zu bilden.

b) Für den Sonderfall $R = 0\ \Omega$ reduziert sich die Differenzialgleichung zu

$$\ddot{I}(t) = -\frac{1}{L \cdot C} \cdot I(t) - 0$$

und für $k = 0\,s^{-1}$ der gegebene Lösungsansatz mit jetzt $\omega = \omega_0$ zu

$$I(t) = I_0 \cdot \sin(\omega_0 \cdot t).$$

Dieser Lösungsansatz sowie seine 2. Ableitung

$$\ddot{I}(t) = -I_0 \cdot \omega_0^2 \cdot \sin(\omega_0 \cdot t)$$

werden in die Differenzialgleichung eingesetzt:

$$-I_0 \cdot \omega_0^2 \cdot \sin(\omega_0 \cdot t) = -\frac{1}{L \cdot C} \cdot I_0 \cdot \sin(\omega_0 \cdot t)$$

Damit diese Gleichung für alle Zeiten t erfüllt ist, müssen die Vorfaktoren der Sinusfunktion übereinstimmen. Wenn $I_0 \neq 0$ ist, folgt die gesuchte Beziehung:

$$\omega_0^2 = \frac{1}{L \cdot C} \quad \Rightarrow \quad \underline{\underline{\omega_0 = \sqrt{\frac{1}{L \cdot C}}}}$$

1.4 a) Wird ein „schwingungsfähiges" System (hier der R-L-C-Serien-Schwingkreis) von außen (hier durch die Wechselspannungsquelle) periodisch zu **erzwungenen Schwingungen** angeregt, so schwingt es (nach einer „kurzen Einschwingphase") stets mit der gleichen Frequenz wie der Erreger. Im vorliegenden Beispiel hat die Stromstärke-Zeit-Funktion $I_{erzwungen}(t)$ also stets die gleiche Frequenz wie die Erregerspannung $U_{Erreger}(t)$.

Die Schwingungsamplitude dieser erzwungenen Schwingung (also die Amplitude von $I_{erzwungen}(t)$) wird genau dann maximal, wenn die Erregerfrequenz gleich der Eigenfrequenz des **un**gezwungenen Systems ist – also der freien Schwingung – ist. Dies bezeichnet man als **Resonanz**.

In der voranstehenden Lösung (wie auch in der Aufgabenstellung selbst) wird nicht thematisiert, dass genau genommen die Resonanzfrequenz für $I_{erzwungen}(t)$ („Dämpfungskrafterregung") geringfügig von der Eigenfrequenz der gedämpften Schwingung abweicht und stattdessen gleich der Eigenfrequenz des ungedämpften Systems ist.

b) *Kriterium 1:* Im Resonanzfall sind die Frequenz f bzw. die Schwingungsdauer T der erzwungenen Schwingung gleich der Frequenz bzw. der Schwingungsdauer der freien (ungezwungenen) Schwingung. Die **Übereinstimmung dieser Werte** kann unmittelbar den Diagrammen in den Abb. 2 und 4 entnommen werden; für die Schwingungsdauer liest man jeweils $T \approx 0{,}0036$ s ab (vgl. Teilaufgabe 1.1 a).

Kriterium 2: Im Resonanzfall sind die Erregerspannung $U_{Erreger}(t)$ an der Wechselspannungsquelle und die Stromstärke-Zeit-Funktion $I_{erzwungen}(t)$ gerade **in Phase**, d. h., die Amplituden werden jeweils zum gleichen Zeitpunkt erreicht. Dass dies hier der Fall ist, kann dem Diagramm in Abb. 4 unmittelbar entnommen werden.

c) Wird die Frequenz der Erregerwechselspannung kontinuierlich verkleinert oder kontinuierlich vergrößert, so wird die **Amplitude von $I_{erzwungen}(t)$** (in beiden Fällen) kontinuierlich **kleiner**. Nur im Resonanzfall ist die Amplitude von $I_{erzwungen}(t)$ maximal. Zusätzlich wird es zu einer **Phasenverschiebung** kommen.

Ist die Erregerfrequenz größer als die Resonanzfrequenz, so eilt die Amplitude der Erregerspannung der Stromstärkenamplitude voraus.
Ist die Erregerfrequenz kleiner als die Resonanzfrequenz, so eilt die Amplitude der Erregerspannung der Stromstärkenamplitude hinterher.

1.5 a) **Beziehung für $U_L(t)$**

Für die in einer Spule mit der Induktivität L auftretende Selbstinduktionsspannung gilt $U_{ind,\,selbst}(t) = -L \cdot \dot{I}(t)$, wenn mit I(t) die Stärke des durch die Spule fließenden Stromes bezeichnet wird. Für den aufgrund der Induktivität L der Spule auftretenden Spannungsabfall gilt somit

$$U_L(t) = L \cdot \dot{I}(t).$$

Im vorliegenden Fall ist $I(t) = I_{erzwungen}(t) = \hat{I} \cdot \sin(\omega \cdot t)$. Somit gilt:

$$\dot{I}(t) = \dot{I}_{erzwungen}(t) = \hat{I} \cdot \cos(\omega \cdot t) \cdot \omega$$

Daraus folgt die erste angegebene Beziehung

$$\underline{\underline{U_L(t) = \omega \cdot L \cdot \hat{I} \cdot \cos(\omega \cdot t).}}$$

Beziehung für $U_C(t)$

Gemäß $C = \frac{Q}{U_C}$ gilt

$$U_C(t) = \frac{1}{C} \cdot Q(t) = \frac{1}{C} \cdot \int I(t)dt,$$

wenn mit I(t) die Stärke des im Schwingkreis fließenden Stromes bezeichnet wird. Im vorliegenden Fall ist $I(t) = I_{erzwungen}(t) = \hat{I} \cdot \sin(\omega \cdot t)$. Somit folgt:

$$U_C(t) = \frac{1}{C} \cdot \int \hat{I} \cdot \sin(\omega \cdot t)\, dt = \frac{1}{C} \cdot \hat{I} \cdot \left(-\cos(\omega \cdot t)\right) \cdot \frac{1}{\omega}$$

Vereinfachen ergibt die zweite angegebene Beziehung

$$U_C(t) = -\frac{1}{\omega \cdot C} \cdot \hat{I} \cdot \cos(\omega \cdot t).$$

b) Die Amplitude $\hat{U}_L$ des aufgrund der Induktivität L der Spule auftretenden Spannungsabfalls ist gemäß der angegebenen Beziehung für $U_L(t)$:

$$\hat{U}_L = \omega \cdot L \cdot \hat{I} = \frac{2\pi}{T} \cdot L \cdot \hat{I}$$

Dem Diagramm in Abb. 4 entnimmt man $\hat{I} = 0{,}6$ A. Mit T = 0,0036 s (Teilaufgabe 1.1 a bzw. Diagramm in Abb. 4) und mit L = 55 mH (Teilaufgabe 1.2 b) ergibt sich für die gesuchte **Spannungsamplitude**:

$$\hat{U}_L = \frac{2\pi}{0{,}0036\text{ s}} \cdot 55 \cdot 10^{-3}\text{ H} \cdot 0{,}6\text{ A} = \underline{\underline{58\text{ V}}}$$

Alternative Lösung: Die Amplitude $\hat{U}_C$ der am Kondensator der Kapazität C auftretenden Spannung ist gemäß der angegebenen Beziehung für $U_C(t)$:

$$\hat{U}_C = \frac{1}{\omega \cdot C} \cdot \hat{I} = \frac{T}{2\pi \cdot C} \cdot \hat{I}$$

Abb. 4 entnimmt man wieder I = 0,6 A und T = 0,0036 s. Mit $C = 6 \cdot 10^{-6}$ F (siehe Abb. 3) ergibt sich für die gesuchte **Spannungsamplitude**:

$$\hat{U}_C = \frac{0{,}0036\text{ s}}{2\pi \cdot 6 \cdot 10^{-6}\text{ F}} \cdot 0{,}6\text{ A} = \underline{\underline{57\text{ V}}}$$

Die Werte von $\hat{U}_C$ und $\hat{U}_L$ unterscheiden sich geringfügig, weil in die Berechnung von $\hat{U}_L$ der gerundete Wert für L eingeht.

c) Die beiden Spannungsamplituden $\hat{U}_L$ und $\hat{U}_C$ sind deutlich größer als die Amplitude der Gesamtspannung (der Erregerspannung), die gemäß Messdiagramm (Abb. 4) lediglich ca. 3,5 V beträgt. Weil in einem geschlossenen Stromkreis die Summe der Einzelspannungen gleich der an der Quelle anliegenden Gesamtspannung ist, ist dies zunächst verwunderlich. Allerdings erreichen die einzelnen Spannungen $U_L(t)$ und $U_C(t)$ ihre Amplituden zu unterschiedlichen Zeiten:

Die beiden Funktionsterme

$$U_L(t) = \omega \cdot L \cdot \hat{I} \cdot \cos(\omega \cdot t) \sim +\cos(\omega \cdot t)$$

und

$$U_C(t) = -\frac{1}{\omega \cdot C} \cdot \hat{I} \cdot \cos(\omega \cdot t) \sim -\cos(\omega \cdot t)$$

zeigen, dass $U_L(t)$ und $U_C(t)$ genau **um 180° bzw. $\frac{T}{2}$ phasenverschoben** sind. Damit ist die Summe aus $U_L(t)$ und $U_C(t)$ zu jedem Zeitpunkt gleich null (die Amplituden sind ja gleich groß).

Dieses im Resonanzfall auftretende Phänomen wird auch als Resonanzüberhöhung bezeichnet.

1.6 Der zweite Schwingkreis (Empfängerkreis) wird zu erzwungenen Schwingungen angeregt. Dies geschieht, weil das zeitlich veränderliche Magnetfeld der Spule des ersten Kreises (Senderkreis) in die Spule des zweiten Kreises eindringt und wegen seiner zeitlichen Änderung in dieser zweiten Spule eine periodisch sich ändernde Induktionsspannung erzeugt. Damit kommt es nach einer kurzen Einschwingphase im zweiten Schwingkreis (Empfängerkreis) zu einer erzwungenen Schwingung, die die gleiche Frequenz wie die Schwingung im Senderkreis hat.

Mittlere Spule kurzgeschlossen

Wird eine dritte Spule zwischen die beiden Schwingkreis-Spulen gestellt, so wird auch in dieser eine (Induktions-)Spannung induziert. Diese Induktionsspannung ist nach der Lenz'schen Regel so gepolt, dass bei Kurzschluss der Spule der entsprechende Strom seiner Ursache entgegen wirkt. Das heißt, dass das in der mittleren kurzgeschlossenen Spule entstehende Magnetfeld immer so gerichtet ist, dass die Feldstärkenänderung (der ersten Spule) behindert wird. Da sich die Felder der ersten und der mittleren Spule überlagern, fällt die Änderung des Magnetfeldes, welches die zweite Spule (Empfängerkreis) durchsetzt, auch kleiner aus und die in der zweiten Spule induzierte Spannung wird kleiner sein. Dies hat zur Folge, dass dann auch die Amplitude der Stromstärke im zweiten Kreis kleiner sein wird.

Mittlere Spule nicht kurzgeschlossen

Ist die mittlere Spule nicht kurz geschlossen, hat die in ihr induzierte Spannung keinen Stromfluss und somit kein Magnetfeld in ihr selber zur Folge; das ursprüngliche Feld der ersten Spule kann die zweite Spule also ungehindert durchsetzen.

Punkte

Mikrowellen werden mithilfe eines Michelson-Interferometers untersucht. Das Michelson-Interferometer besteht aus dem Mikrowellensender und dem Mikrowellenempfänger sowie aus zwei Metallplatten und einer Glasplatte (siehe Abbildung 1).
Beim Verschieben der Metallplatte B und gleichzeitigem Festhalten der Metallplatte A treten Maxima und Minima der Empfängerspannung auf.

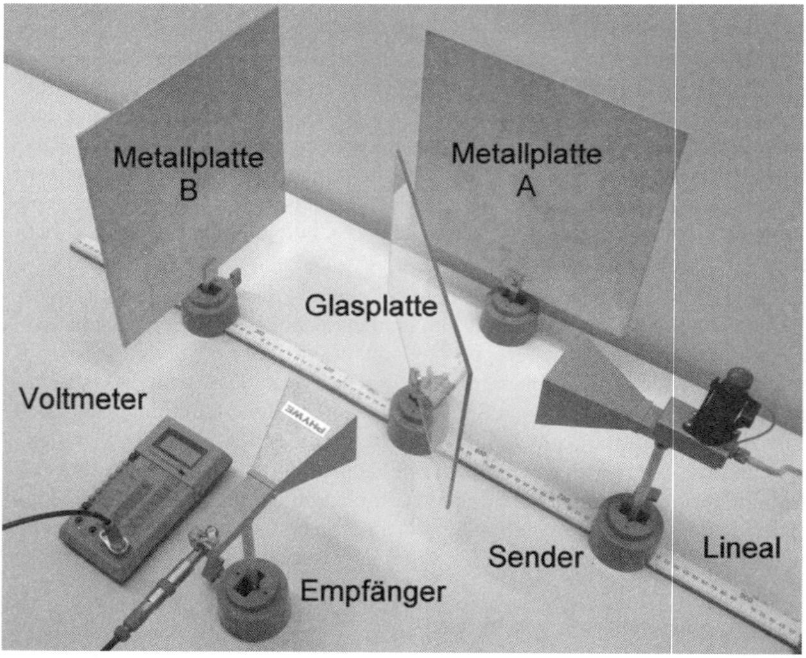

Abb. 1: Das Michelson-Interferometer mit Mikrowellen

2.1 a) Beschreiben Sie unter Anfertigung einer Skizze in Draufsicht die Funktionsweise des Michelson-Interferometers in Abbildung 1.

b) Erläutern Sie das periodische Auftreten von Maxima und Minima der Empfängerspannung.

c) Begründen Sie, warum (ausgehend von einem Maximum als Startpunkt) eine Verschiebung der Metallplatte B um

$$\Delta\ell = \frac{\lambda}{4}$$

ein Minimum der Empfängerspannung zur Folge hat und warum die Verschiebung um

$$\Delta\ell = \frac{\lambda}{2}$$

zu einem neuen Maximum der Empfängerspannung führt. 16

2.2 Im Diagramm in Abbildung 2 sind die Werte für die Strecke $\Delta\ell$ (um die die Metallplatte B nach außen, also von der Glasplatte weg, verschoben wurde) und die jeweilige Empfängerspannung U dargestellt.

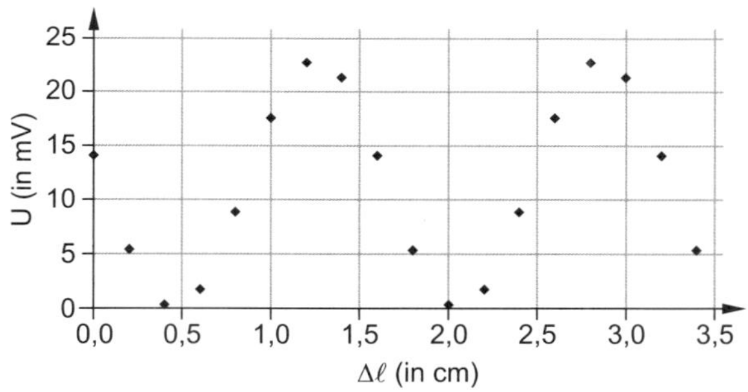

Abb. 2

a) Bestimmen Sie anhand des Diagramms die Wellenlänge λ und die Frequenz f der Mikrowellen.

b) Das Interferometer liefert, unabhängig von den Eigenschaften der Glasplatte hinsichtlich der Reflexion und Transmission von Mikrowellen, Maxima und Minima, wobei die Minima die Intensität null besitzen.
Begründen Sie unter Berücksichtigung der Laufwege der Mikrowellen, warum es bei dem Experiment nicht von Bedeutung ist, welcher Anteil der auf die Glasplatte treffenden Strahlung reflektiert bzw. durchgelassen wird. 9

Im folgenden Gedankenexperiment wird das Verhalten von Mikrowellen in einer zusätzlich in den Strahlengang des Interferometers gebrachten Platte betrachtet (siehe Abbildung 3). Dabei ist davon auszugehen, dass die Platte die Mikrowellen weder reflektiert noch absorbiert, sodass die Mikrowellen vollständig durchgelassen werden. Die Wellenlänge habe den Wert $\lambda = 3{,}2$ cm.

Zunächst wird das Interferometer, wie in Abbildung 1 dargestellt, ohne die Platte auf ein Maximum der Empfängerspannung eingestellt. Anschließend wird die Platte in den Strahlengang gebracht.
Man beobachtet, dass das Voltmeter jetzt einen kleineren Wert anzeigt. Für eine erneute Abstimmung auf das ursprüngliche Maximum der Empfängerspannung wird die Metallplatte B verschoben.

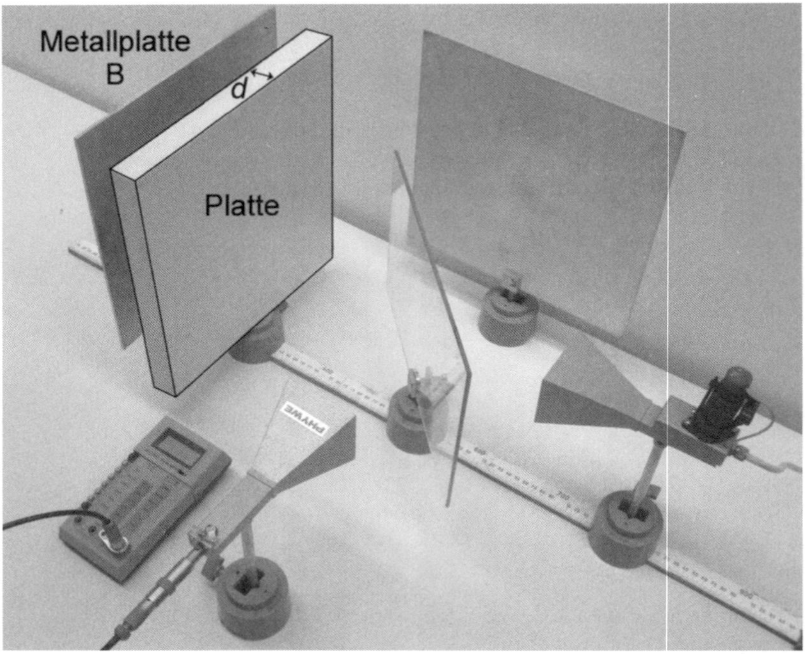

Abb. 3: Das Michelson-Interferometer aus Abbildung 1, zusätzlich mit der Platte der Dicke d

2.3 Die Brechzahl $n > 1$ liefert den Zusammenhang zwischen der Ausbreitungsgeschwindigkeit c im Vakuum bzw. in guter Näherung auch in Luft und der im Vergleich dazu kleineren Ausbreitungsgeschwindigkeit

$$c' = \frac{c}{n}$$

in der Platte.

a) Erklären Sie, warum es zu einer Verschiebung des Maximums der Empfängerspannung durch das Einbringen der Platte kommt.

b) Begründen Sie, dass sich die Wellenlänge in der Platte auf

$$\lambda' = \frac{\lambda}{n}$$

verkleinert.

c) Erläutern Sie durch eine Betrachtung der benötigten Zeit, warum die Empfängerspannung den gleichen Wert annehmen würde, wenn die Mikrowellen statt der Platte der Dicke d einen Weg der Länge $n \cdot d$ in Luft durchlaufen würden.

d) Die Metallplatte B muss um die Strecke $\Delta\ell = d \cdot (n-1)$ in Richtung der Glasplatte verschoben werden, um die Empfängerspannung erneut auf das ursprüngliche Maximum abzustimmen.
Leiten Sie diesen Zusammenhang her.

e) Es werde eine Platte der Dicke $d = 2$ cm verwendet. Die Strecke, um die die Metallplatte B zur Abstimmung auf das ursprüngliche Maximum verschoben werden muss, habe den Wert $\Delta\ell = 0{,}9$ cm.
Bestimmen Sie die Ausbreitungsgeschwindigkeit c' der Mikrowellen in der Platte.
[Zwischenergebnis: $n = 1{,}45$]

f) Statt der Platte der Dicke $d = 2$ cm werde eine Platte der Dicke $d = 5$ cm aus demselben Material verwendet.
Bestimmen Sie die Strecke $\Delta\ell$, um die die Metallplatte B zur Abstimmung auf das **nächste** Maximum in Richtung der Glasplatte verschoben werden muss. 22

Im Jahre 1887 wurde von Albert A. Michelson und Edward W. Morley in Cleveland das später nach ihnen benannte Experiment mit einem Michelson-Interferometer und Licht durchgeführt. Der Versuchsaufbau ist in Abbildung 4 schematisch dargestellt. In (a) ist die Verbindungslinie zwischen der Lichtquelle und dem Spiegel Sp_2 parallel zur Bewegung der Erde um die Sonne ausgerichtet und die Verbindungslinie zwischen dem Detektor und dem Spiegel Sp_1 senkrecht dazu. In (b) ist die gesamte Apparatur um 90° gedreht.

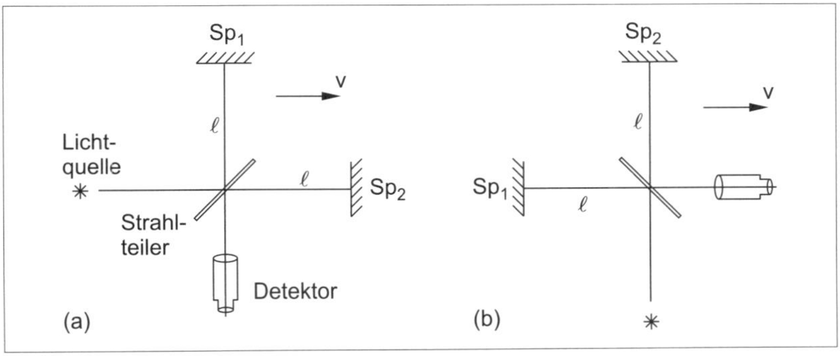

Abb. 4: Schematische Darstellung des Versuchsaufbaus von Michelson und Morley: Der Pfeil für die Geschwindigkeit v gibt jeweils die Bewegungsrichtung der Erde **in Bezug zur Sonne** an. (verändert nach: Ansgar Hellwig, lizenziert unter cc-by-sa-3.0 unported)

2.4 Michelson und Morley gingen ursprünglich von der Existenz eines Trägers der Lichtwellen aus, dem sog. Äther. Dieser Äther sei ihrer Vorstellung nach fest mit einem absoluten Raum verbunden. Die Erde würde sich relativ zum Äther mit einer Geschwindigkeit $v \approx 30\,\frac{km}{s}$ um die Sonne bewegen. Als Konsequenz daraus sollten die Geschwindigkeiten des Lichts **relativ zur Erde** bei der Ausbreitung in unterschiedliche Richtungen nicht gleich sein (siehe Abbildung 5).

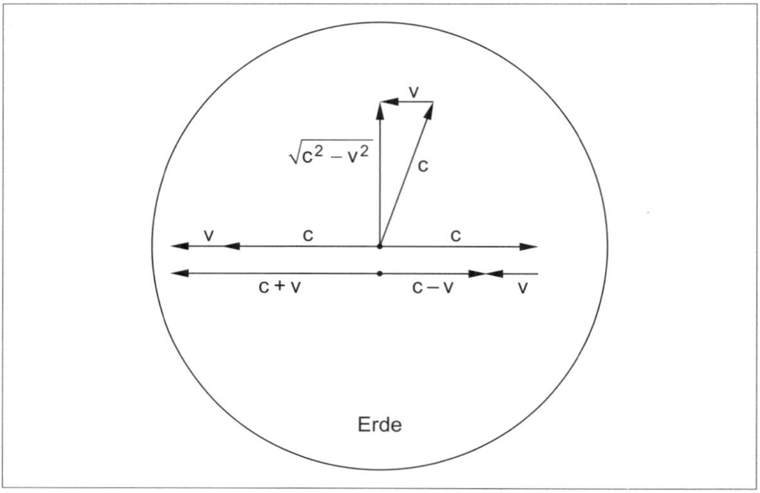

Abb. 5: Geschwindigkeiten des Lichts relativ zur Erde nach der Vorstellung von Michelson und Morley: Die Pfeile für die Geschwindigkeit c geben unterschiedliche Ausbreitungsrichtungen des Lichts **in Bezug zum Äther** an, die Pfeile für die Geschwindigkeit v die Bewegungsrichtung des Äthers **in Bezug zur Erde.** (Mit c und v sind die Geschwindigkeitsbeträge bezeichnet, die Darstellung der Pfeillängen ist nicht maßstäblich.)

a) Erläutern Sie anhand von Abbildung 5 die Geschwindigkeiten $c + v$, $c - v$ und $\sqrt{c^2 - v^2}$ relativ zur Erde.

b) Ermitteln Sie mithilfe der Geschwindigkeiten in a, welche Ergebnisse für Michelson und Morley bzgl. der Lichtlaufzeiten in den beiden Detektorarmen in Abbildung 4 (a) bei einer Armlänge von $\ell = 0{,}5$ m theoretisch zu erwarten gewesen wären.

Hinweis: Die Ergebnisse sind jeweils in ns (Nanosekunden) auf acht Nachkommastellen gerundet anzugeben.

c) Erläutern Sie das erwartete und das tatsächliche Ergebnis sowie die Konsequenz aus dem tatsächlichen Ergebnis, wenn man die Apparatur, wie in Abbildung 4 (b) dargestellt, um 90° dreht. 18

Tipps und Hinweise zur Lösung von Aufgabe 2

Vorbemerkung: Die Interferenz von Wellen ist einer der zentralen Inhalte der Oberstufenphysik und ist fast jedes Jahr Gegenstand einer Aufgabe im Zentralabitur. In den Vorgaben für das Zentralabitur wird neben der Behandlung von mechanischen Wellen (Wasserwellen) und Licht auch explizit die Behandlung von Mikrowellen empfohlen. Das hier behandelte Experiment mit Mikrowellen stellt in seiner analogen Version mit Licht das grundlegende Experiment der Relativitätstheorie dar (Konstanz der Lichtgeschwindigkeit im Vakuum) und ist dort darum von zentraler Bedeutung. Anders als bei der Beugung von Licht bzw. Wasserwellen an Spalten und Gittern entsteht das hier beobachtete Interferenzphänomen nicht durch die Überlagerung mehrerer Elementarwellen, die ihren Ausgangspunkt in Spalten o. Ä. haben, sondern durch Aufspaltung eines Wellenbündels an einer Glasplatte mit späterer Überlagerung der Teilbündel. Die grundlegenden Beziehungen, die für die Interferenz von Wellen bei Spalten und Gittern erarbeitet wurden, sind hier in völlig entsprechender Weise anzuwenden.

Teilaufgabe 2.1 a

- Lesen Sie zunächst alle Aufgabenteile, damit Sie Ihre Lösungen ausreichend eingrenzen und Doppelungen vermeiden.
- Lesen Sie genau, was in der Aufgabenstellung gefordert wird, und beachten Sie die Operatoren. Sie sollen eine Skizze anfertigen und die Funktionsweise beschreiben.
- Der Aufbau ist prinzipiell identisch mit dem Michelson-Interferometer mit Licht. Überlegen Sie, was Sie aus der Abbildung 4 weiter hinten übernehmen können.
- Achten Sie auf eine ausreichende Beschriftung Ihrer Skizze. Übernehmen Sie die Bezeichnungen aus Abbildung 1.
- Das Verhalten von Mikrowellen an einer Glasscheibe wird in Teilaufgabe 2.1 b beschrieben.

Teilaufgabe 2.1 b

- Erinnern Sie sich an die Bedingungen für konstruktive bzw. destruktive Interferenz.
- Überlegen Sie, welche Auswirkungen das Verschieben der Metallplatte für die Mikrowellen hat.

Teilaufgabe 2.1 c

- Beachten Sie, dass die Mikrowellen an der Metallplatte reflektiert werden.
- Fertigen Sie eine Skizze an, in der Sie die Mikrowellen einmal für die Ausgangsposition und einmal für die verschobene Platte einzeichnen.
- Überlegen Sie, welchen Einfluss eine Verschiebung um $\Delta\ell$ auf den Gangunterschied hat.

Teilaufgabe 2.2 a

- Beachten Sie die in Teilaufgabe 2.1 c gemachten Aussagen über den Zusammenhang zwischen der Wellenlänge λ und der Verschiebung $\Delta\ell$.
- Beachten Sie, dass für $\Delta\ell = 0$ kein Maximum bzw. Minimum vorliegt.

- In Ihrer Formelsammlung finden Sie einen Zusammenhang zwischen der Wellenlänge λ und der Frequenz f.
- Beachten Sie, dass es sich bei Mikrowellen um elektromagnetische Wellen handelt. Deren Ausbreitungsgeschwindigkeit ist bekannt.

Teilaufgabe 2.2 b

- Beachten Sie, dass Sie nicht nur begründen müssen, warum Maxima und Minima entstehen, sondern auch, warum die Minima die Intensität null haben.
- Nehmen Sie einen fiktiven Wert für den Anteil der Mikrowellen an, die an der Glasplatte reflektiert werden. Berechnen Sie dann konkret, welcher Anteil bei beiden Wegen zum Empfänger gelangt.

Teilaufgabe 2.3 a

- Lesen Sie die folgenden Aufgabenteile genau. Dort finden Sie zahlreiche Hinweise auf die Lösung.
- Beachten Sie, dass sich die Frequenz der Mikrowellen in der Platte nicht verändert.
- Fertigen Sie eine Skizze an, in der Sie den Verlauf der Mikrowellen einmal in Luft und einmal in der Platte sowie ein Stück davor und danach darstellen.

Teilaufgabe 2.3 b

- Überlegen Sie, über welche Veränderung in der Aufgabenstellung eine Aussage gemacht wurde. Welche Auswirkung auf die Wellenlänge hat diese Veränderung?
- Verwenden Sie den Zusammenhang zwischen Ausbreitungsgeschwindigkeit und Wellenlänge.
- Beachten Sie, dass sich die Frequenz der Mikrowellen in der Platte nicht verändert.

Teilaufgabe 2.3 c

- Beachten Sie, dass die Wellen nach Durchlaufen der Strecken die gleiche Phase haben müssten.
- Fertigen Sie eine Skizze an, in der Sie die gleiche Anzahl an Wellenzügen in Luft und in der Platte darstellen.
- Beachten Sie die in Teilaufgabe 2.3 b gegebene Gleichung, d. h., dass die Wellenlänge λ in Luft n-mal so groß ist wie die Wellenlänge λ' in der Platte.

Teilaufgabe 2.3 d

- Multiplizieren Sie den rechten Teil der Gleichung aus und versuchen Sie, die beiden entstehenden Teile des Terms zu interpretieren.
- Fertigen Sie eine Skizze an, in der Sie die gleiche Anzahl an Wellenzügen in Luft und in der Platte darstellen, und überlegen Sie, wo Sie jeweils die Metallplatte positionieren müssten, um die gleiche Situation zu erzeugen.

Teilaufgabe 2.3 e

- Beachten Sie das angegebene Zwischenergebnis. Es gibt einen Hinweis, welchen Wert Sie zunächst berechnen müssen.
- Beachten Sie, dass in dieser Aufgabe mit der Variablen n die Brechzahl beschrieben wird und nicht die Ordnung des Maximums.

Teilaufgabe 2.3 f

- Beachten Sie die vorher gegebene Gleichung für $\Delta\ell$.
- Überlegen Sie, was mit dem „nächsten“ Maximum gemeint ist.
- Beachten Sie die Ergebnisse aus Teilaufgabe 2.1 und 2.2, insbesondere, was Sie Abbildung 2 über den Zusammenhang von $\Delta\ell$ und Maxima entnehmen können.

Teilaufgabe 2.4 a

- Beachten Sie, dass die Erdbewegung und die Ätherbewegung nicht identisch sind.
- Beachten Sie, dass in Abbildung 4 mit v die Geschwindigkeit der Erde dargestellt ist, in Abbildung 5 hingegen die Ätherbewegung.

Teilaufgabe 2.4 b

- In Abbildung 4 ist genau dargestellt, welche Strecken (Detektorarme) Sie untersuchen sollen.
- Beachten Sie, dass die Detektorarme zweimal durchlaufen werden (Hin- und Rückweg).

Teilaufgabe 2.4 c

- Beachten Sie, dass drei Sachen erläutert werden sollen, nämlich das erwartete Ergebnis, das tatsächliche Ergebnis und die Konsequenz aus diesem.
- Beachten Sie, dass Sie die realen Beobachtungen beschreiben und sich nicht nur auf die berechneten Werte aus Teilaufgabe 2.4 b beziehen.

Lösungen zu Aufgabe 2

2.1 a)

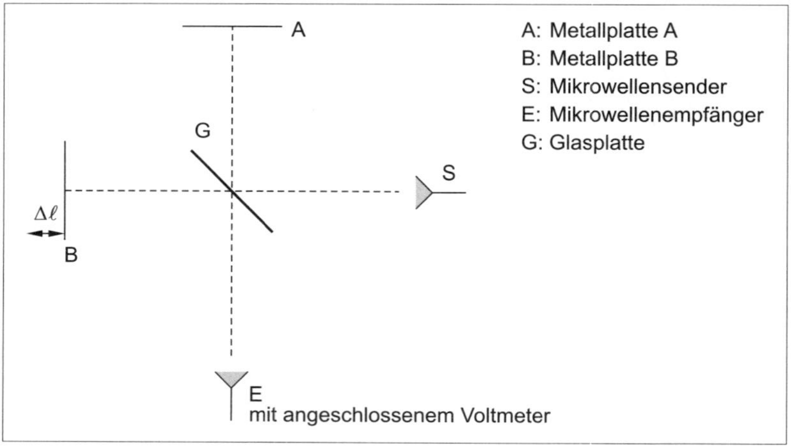

Abb. 6

Die vom Sender S ausgesendeten Mikrowellen treffen auf die Glasplatte. Ein Teil der Mikrowellen durchdringt die Platte, sodass die Mikrowellen senkrecht auf die Metallplatte B auftreffen, ein anderer Teil der Mikrowellen wird an der Glasplatte reflektiert, sodass die Mikrowellen senkrecht auf die Metallplatte A auftreffen. Da die Mikrowellen senkrecht auf die beiden Metallplatten treffen, werden sie in die ursprünglichen Richtungen zur Glasplatte zurückreflektiert.
Ein Teil derjenigen Mikrowellen, die von der Metallplatte A kommen, durchdringt die Glasplatte und gelangt zum Empfänger. Ein Teil derjenigen Mikrowellen, die von der Metallplatte B kommen, wird an der Glasplatte reflektiert und gelangt ebenfalls zum Empfänger E. Die von Metallplatte A und von Metallplatte B kommenden Wellen interferieren am Empfänger.
Da sich die Wege von der Glasplatte zur Metallplatte A und von der Glasplatte zur Metallplatte B unterscheiden können, entsteht ein Gangunterschied Δs. Dieser kann durch Verschieben der Metallplatte B variiert werden. Abhängig von der Größe des Gangunterschieds Δs entsteht am Empfänger **konstruktive Interferenz** für

$$\Delta s = n \cdot \lambda, \quad n = 0, 1, 2, \ldots$$

oder **destruktive Interferenz** für

$$\Delta s = \left(n + \frac{1}{2}\right) \cdot \lambda, \quad n = 0, 1, 2, \ldots$$

b) Wie bei Teilaufgabe 2.1 a beschrieben, tritt abhängig vom Gangunterschied Δs konstruktive Interferenz (Interferenzmaximum) bzw. destruktive Interferenz (Interferenzminimum) auf. Durch Verschieben der Metallplatte B um eine

Strecke $\Delta\ell$ wird der Gangunterschied der am Empfänger eintreffenden Wellen verändert. Wird die Metallplatte B weiter von der Glasplatte entfernt, so verändert sich der Gangunterschied. Geht man davon aus, dass die beiden Metallplatten zunächst exakt gleich weit von der Metallplatte entfernt sind, wächst der Gangunterschied beim Verschieben der Metallplatte B zunächst auf $0{,}5 \cdot \lambda$, sodass ein Interferenzminimum entsteht. Beim weiteren Verschieben wächst der Gangunterschied weiter bis $1 \cdot \lambda$, sodass ein Maximum entsteht. Dieser Prozess setzt sich beim weiteren Verschieben fort, sodass periodisch Interferenzminima und -maxima und entsprechend **Minima und Maxima der Empfängerspannung** entstehen.

c) Die Mikrowellen durchlaufen die Strecke $\Delta\ell$ einmal auf dem Weg zur Metallplatte B und nach der Reflexion an der Metallplatte ein zweites Mal. Der Gangunterschied Δs wächst folglich um $2 \cdot \Delta\ell$, wenn die Platte um $\Delta\ell$ verschoben wird.
Laut Aufgabenstellung ist das Michelson-Interferometer so eingestellt, dass zum Startpunkt ein Maximum der Empfängerspannung gemessen wird, d. h., die Bedingung für konstruktive Interferenz ist erfüllt: $\Delta s = n \cdot \lambda$.
- Wird die Metallplatte dann um $\Delta\ell = \frac{\lambda}{4}$ verschoben, ändert sich der Gangunterschied Δs um $\frac{\lambda}{2}$, sodass der Gangunterschied nun $\Delta s = \left(n + \frac{1}{2}\right) \cdot \lambda$ beträgt, also ein **Interferenzminimum** vorliegt.
- Wird die Metallplatte um $\Delta\ell = \frac{\lambda}{2}$ verschoben, ändert sich der Gangunterschied Δs um λ, sodass der Gangunterschied nun $\Delta s = (n+1) \cdot \lambda$ beträgt. Die Bedingung für konstruktive Interferenz ist also erneut erfüllt, sodass wieder ein **Interferenzmaximum** vorliegt.

2.2 a) In Teilaufgabe 2.1 c wird vorgegeben, dass die Maxima der Empfängerspannung auftreten, wenn die Metallplatte B (ausgehend von einem Maximum als Startpunkt) um die Strecke $\Delta\ell = \frac{\lambda}{2}$ verschoben wird. Analog gilt dieser Sachverhalt natürlich auch für die Minima der Empfängerspannung.

Aus dem Diagramm kann man ablesen, dass
- zwei Maxima im Abstand von $\Delta\ell = 2{,}8\ \text{cm} - 1{,}2\ \text{cm} = 1{,}6\ \text{cm}$ bzw.
- zwei Minima im Abstand von $\Delta\ell = 2{,}0\ \text{cm} - 0{,}4\text{cm} = 1{,}6\ \text{cm}$

auftreten. Somit beträgt die **Wellenlänge**

$$\lambda = 2 \cdot \Delta\ell = 2 \cdot 1{,}6\ \text{cm} = \underline{\underline{3{,}2\ \text{cm}}}.$$

Die **Frequenz f** ergibt sich aus der Beziehung $c = \lambda \cdot f$. Durch Einsetzen der Ausbreitungsgeschwindigkeit für elektromagnetische Wellen $c = 3{,}0 \cdot 10^8\ \frac{\text{m}}{\text{s}}$ erhält man:

$$f = \frac{c}{\lambda} = \frac{3{,}0 \cdot 10^8\ \frac{\text{m}}{\text{s}}}{3{,}2 \cdot 10^{-2}\ \text{m}} = \underline{\underline{9{,}4 \cdot 10^9\ \text{Hz} = 9{,}4\ \text{GHz}}}$$

b) Beide Wellen, die entweder den Weg GAGE oder GBGE zurücklegen (siehe Abb. 6), gehen je einmal durch die Glasplatte hindurch und werden je einmal an der Glasplatte reflektiert. Werden z. B. 60 % durchgelassen und 40 % reflektiert, kommen auf beiden Wegen jeweils insgesamt 60 % · 40 % = 24 % (bzw. 40 % · 60 % = 24 %) der Strahlung am Empfänger an. Die Amplituden der beiden ankommenden Wellen sind bei guter Justierung praktisch gleich, das Interferometer liefert scharfe Minima von (fast) völliger Auslöschung.

2.3 a) Die Empfängerspannung ist abhängig von der Phasendifferenz der beiden Wellen, die im Empfänger interferieren. So treffen im Fall des Maximums der Empfängerspannung jeweils die Wellenberge bzw. Wellentäler gleichzeitig am Empfänger ein. Nach dem Einbringen der Platte in den Strahlengang braucht die eine Welle für die zweimal zu durchlaufende Plattendicke aufgrund der kleineren Ausbreitungsgeschwindigkeit c' eine längere Zeit, als wenn sich dort – ohne die Platte – nur Luft befindet. Dadurch treffen die Wellenberge bzw. Wellentäler jeweils nicht mehr gleichzeitig am Empfänger ein, sodass die Empfängerspannung kein Maximum mehr anzeigt.

b) Beim Übergang in die Platte ändert sich die Frequenz f der Mikrowellen nicht. Aus der Konstanz der Frequenz folgt:

$$f = \frac{c}{\lambda} = \frac{c'}{\lambda'} \quad \Rightarrow \quad \lambda' = \frac{c'}{c} \cdot \lambda = \underline{\underline{\frac{\lambda}{n}}}$$

c) Für den Durchlauf der Platte benötigt die Welle die Zeit $\Delta t = \frac{d}{c'}$. Mit $c' = \frac{c}{n}$ ergibt sich

$$\Delta t = \frac{d}{c'} = \frac{n \cdot d}{c}.$$

Also würde die Welle in Luft in der Zeit Δt mit der Geschwindigkeit c die Strecke $n \cdot d$ zurücklegen. Aufgrund der gleichen Frequenz in Luft und in der Platte besitzt die Welle nach der Zeit Δt unabhängig davon, in welchem Medium sie sich fortbewegt, die gleiche Phase. Dies führt in beiden Fällen bei der Überlagerung im Empfänger zur gleichen Empfängerspannung.

d) Der Durchlauf der Strecke d in der Platte ist nach Teilaufgabe 2.3 c äquivalent zum Durchlauf einer Strecke $n \cdot d$ in Luft. Wie die Skizze in Abb. 7 verdeutlicht, ist das Einbringen der Platte vergleichbar mit einer Vergrößerung des Abstands zwischen der Metallplatte B und der Glasplatte (ohne die Platte dazwischen) um die Differenz

$$\Delta\ell = n \cdot d - d = \underline{\underline{d \cdot (n-1)}}.$$

Das ursprüngliche Maximum der Empfängerspannung ist somit durch Verschiebung der Metallplatte B um die Strecke $\Delta\ell = d \cdot (n-1)$ in Richtung der Glasplatte zu finden.

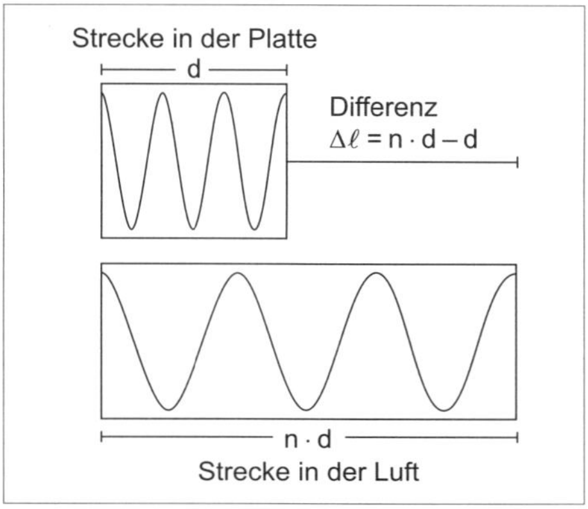

Abb. 7

e) In Teilaufgabe 2.3 d wurde die Gleichung $\Delta\ell = d \cdot (n-1)$ hergeleitet bzw. in der Aufgabenstellung gegeben. Umformen dieser Gleichung und Einsetzen von $d = 2$ cm und $\Delta\ell = 0{,}9$ cm ergibt:

$$\Delta\ell = d \cdot (n-1) \quad \Leftrightarrow \quad n-1 = \frac{\Delta\ell}{d} \quad \Leftrightarrow \quad n = \frac{\Delta\ell}{d} + 1 = \frac{0{,}9\text{ cm}}{2\text{ cm}} + 1 = 1{,}45$$

Einsetzen in $c' = \frac{c}{n}$ ergibt die **Ausbreitungsgeschwindigkeit in der Platte**:

$$\underline{\underline{c' = 2{,}1 \cdot 10^8\,\frac{\text{m}}{\text{s}}}}$$

f) Mithilfe der Gleichung $\Delta\ell = d \cdot (n-1)$ und den angegebenen Werten $d = 5$ cm und $n = 1{,}45$ erhält man $\Delta\ell = 2{,}25$ cm. Das bedeutet, dass bei einer Verschiebung um 2,25 cm in Richtung der Glasplatte ein Maximum am Empfänger registriert werden würde. Wie in den Teilaufgaben 2.1 und 2.2 begründet, beträgt der Abstand von zwei Maxima in Luft 1,6 cm. Daher muss innerhalb der Strecke $\Delta\ell = 2{,}25$ cm ein weiteres Maximum liegen; das Maximum bei Verschiebung um 2,25 cm ist bereits das übernächste Maximum. Das gesuchte **nächste** Maximum findet man bei einer Verschiebung um

$$\Delta\ell = 2{,}25\text{ cm} - 1{,}6\text{ cm} = \underline{\underline{0{,}65\text{ cm}}}.$$

2.4 a) **Geschwindigkeiten c + v bzw. c – v:**
Nach Abb. 5 ist die Geschwindigkeit des Lichts relativ zum Äther vom Betrage her immer gleich c. Licht, das sich **in** Richtung der Ätherbewegung (entgegen der Erdbewegung, also in die andere Richtung wie die Bewegung des Beobachters auf der Erde) ausbreitet, hätte relativ zur Erde die Geschwindigkeit $c + v$ und wäre somit schneller. Licht **entgegen** der Richtung der Ätherbewegung hätte die Geschwindigkeit $c - v$ bezogen auf die Erde und wäre somit langsamer.

Geschwindigkeit $\sqrt{c^2 - v^2}$:
Licht, das sich senkrecht zur Ätherbewegung ausbreitet, hätte nach dem Satz des Pythagoras die Geschwindigkeit $\sqrt{c^2 - v^2}$ in Bezug zur Erde und wäre ebenfalls langsamer. Die Ausbreitungsrichtungen bzgl. Erde und Äther würden in diesem Fall zudem voneinander abweichen.

b) Michelson und Morley gingen von der Überlegung aus, dass sich Laufzeitunterschiede für die Lichtwellen in den beiden Armen des Interferometers ergeben müssten.

Senkrecht zur Erdbewegung: Strahlteiler – Spiegel 1 (Sp1) und zurück
Das Licht würde zweimal mit der Geschwindigkeit $\sqrt{c^2 - v^2}$ die Länge $\ell = 0{,}5$ m durchlaufen. Dafür benötigte es mit $c = 2{,}99792458 \cdot 10^8 \,\frac{m}{s}$ die Zeit:

$$t_s = \frac{2\ell}{\sqrt{c^2 - v^2}} = \frac{2 \cdot 0{,}5\text{ m}}{\sqrt{\left(2{,}99792458 \cdot 10^8 \,\frac{m}{s}\right)^2 - \left(30 \cdot 10^3 \,\frac{m}{s}\right)^2}} = 3{,}33564097\text{ ns}$$

Parallel zur Erdbewegung: Strahlteiler – Spiegel 2 (Sp2) und zurück
Die erste Hälfte der Strecke würde das Licht mit der Geschwindigkeit $c - v$ zurücklegen, den Rückweg mit der Geschwindigkeit $c + v$. Hieraus ergibt sich für die benötigte Zeit:

$$t_p = \frac{1}{c - v} + \frac{1}{c + v} = 1{,}66798739\text{ ns} + 1{,}667653595\text{ ns} = 3{,}33564099\text{ ns}$$

Die Laufzeit t_s müsste also minimal kleiner sein als die Laufzeit t_p.

Die Angabe $\ell = 0{,}5$ m ist nicht als gerundeter Messwert gedacht; denn im Rahmen dieser sehr eingeschränkten Genauigkeit wäre eine Angabe der Laufzeit in ns mit acht Nachkommastellen unsinnig. Die Angabe $\ell = 0{,}5$ m ist daher als ein fiktiver, exakter Wert anzusehen.

c) **Erwartetes Ergebnis**
Der Detektor gemäß Abb. 4 (a) registriert aufgrund der beiden interferierenden Wellen zunächst eine bestimmte Lichtintensität. Bei der Drehung des Interferometers um 90° gemäß Abb. 4 (b) sollten sich die Lichtlaufzeiten in den beiden Armen ändern: Im Arm mit dem Spiegel Sp_1 sollte sich die Laufzeit von t_s auf t_p erhöhen, im anderen Arm umgekehrt von t_p auf t_s erniedrigen. Hierdurch würde sich der Phasenunterschied der beiden Wellen während der Drehung kontinuierlich ändern. Der Detektor würde eine sich ändernde Intensität registrieren.

Tatsächliches Ergebnis
Tatsächlich ist eine Veränderung der gemessenen Intensität nicht beobachtbar.

Konsequenz aus dem Ergebnis
Das Experiment widerlegt die Äthervorstellung und ist ein Beleg für die Konstanz der Lichtgeschwindigkeit **unabhängig** vom Bewegungszustand der Lichtquelle.

Abiturprüfung Physik 2012 (Nordrhein-Westfalen) – Leistungskurs
Aufgabe 3: Helmholtzspule, Erdmagnetfeld, Wirkung auf geladene Teilchen

Punkte

Ein in einem größeren Raumbereich homogenes Magnetfeld kann mithilfe einer Helmholtzspule erzeugt werden. Es handelt sich hierbei um eine Anordnung zweier identischer Spulen (Windungszahl n_{Hh} und Radius R), die parallel auf einer gemeinsamen Achse angeordnet sind. Beide Spulen sind in Reihe geschaltet und befinden sich im Abstand a = R voneinander.
Bei einer solchen Spulenanordnung besteht im Raumbereich zwischen den beiden Spulen ein weitgehend homogenes achsenparalleles Magnetfeld.

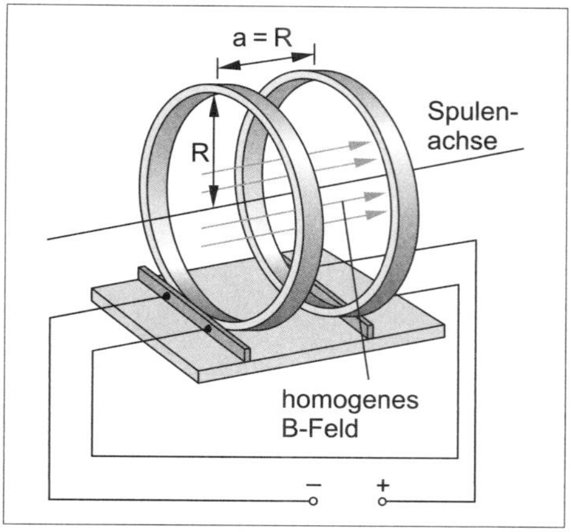

Abb. 1: Aufbau einer Helmholtzspule (verändert nach: Ansgar Hellwig, lizenziert unter cc-by-sa-3.0 unported)

Es zeigt sich, dass die magnetische Feldstärke in der Helmholtzspule proportional zum Produkt aus Windungszahl n_{Hh} und Stromstärke I_{Hh} sowie antiproportional zum Spulenradius R ist.

$$B_{Hh} \sim \frac{n_{Hh} \cdot I_{Hh}}{R}$$

3.1 Bestimmen Sie aus diesem Zusammenhang anhand einer Einheitenbetrachtung die Maßeinheit des noch fehlenden Proportionalitätsfaktors μ_{Hh} in Grundeinheiten. 5

3.2 Mit folgendem Aufbau soll der Proportionalitätsfaktor μ_{Hh} experimentell bestimmt werden (vgl. Abbildung 2). Entlang der Achse eines Helmholtzspulenpaares befindet sich in einer langen Spule mindestens eine Kompassnadel. Die Stromrichtungen in der langen Spule sowie in der Helmholtzspule sind so ausgerichtet, dass die von ihnen erzeugten Magnetfelder einander entgegen gerichtet sind.
Neben der Helmholtzspule ist ein nicht zu starker Permanentmagnet angebracht, der im stromlosen Zustand der Spulen die Kompassnadel senkrecht zur Spulenachse ausrichtet.

Zunächst wird die Stromstärke in der Helmholtzspule auf $I_{Hh} = 200$ mA eingestellt. Die Kompassnadel ist dabei praktisch entlang der Spulenachse ausgerichtet. Die Stromstärke in der langen Spule wird daraufhin langsam von 0 mA ausgehend gesteigert, bis bei $I_{LS} = 830$ mA die Kompassnadel gerade wieder in Richtung des Permanentmagneten ausgerichtet ist. Die Messgenauigkeit der Stromstärken beträgt $\Delta I = \pm 10$ mA.

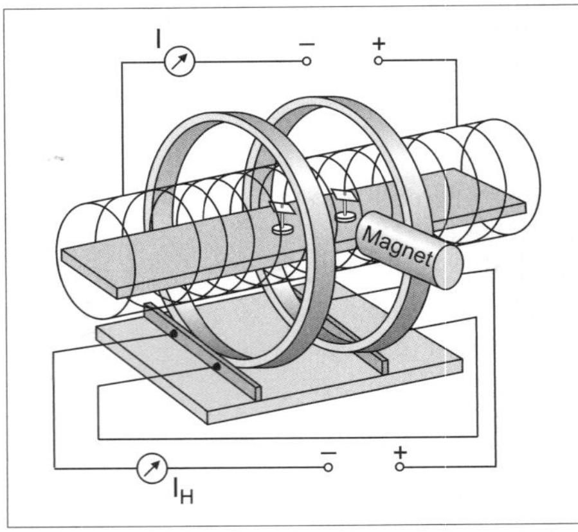

Abb. 2: Aufbau zur Messung des Proportionalitätsfaktors (Martin-Luther-Universität Halle-Wittenberg, URL: http://www.physik.uni-halle.de/praktika/gp/versuche/)

a) Erläutern Sie die zugrunde liegende Idee bei diesem Messexperiment und leiten Sie den folgenden Zusammenhang für den gesuchten Proportionalitätsfaktor μ_{Hh} her:

$$\mu_{Hh} = \frac{n_{LS} \cdot I_{LS} \cdot R}{n_{Hh} \cdot I_{Hh} \cdot \ell} \cdot \mu_0$$

Begründen Sie dabei insbesondere den Ansatz Ihrer Herleitung.

b) Bei dem Messexperiment wurden eine Helmholtzspule mit 154 Windungen und 40 cm Durchmesser sowie eine 38 cm lange innere Spule mit 50 Windungen eingesetzt.
Bestimmen Sie aus dem Experiment einen Wert für μ_{Hh}.

c) Der „theoretische" Wert für den Proportionalitätsfaktor der Helmholtzspule beträgt $\mu_{Hh} = 0{,}716 \cdot \mu_0$.
Bewerten Sie das Ergebnis der Messung hinsichtlich seiner Genauigkeit und begründen Sie Ihre Einschätzung mit Blick auf die Messgenauigkeit. 15

3.3 Unter Verwendung der obigen Helmholtzspule ist es nun möglich, die Horizontalkomponente des Erdmagnetfeldes zu bestimmen. Dazu wird ein empfindlicher Kompass in die Helmholtzspule gebracht und die Achse der Helmholtzspule genau senkrecht zur magnetischen Nordrichtung ausgerichtet (siehe Abbildung 3).
Der Strom durch die Helmholtzspule kann stufenlos variiert und am Amperemeter abgelesen werden. Der Kompass besitzt eine Winkelskala.

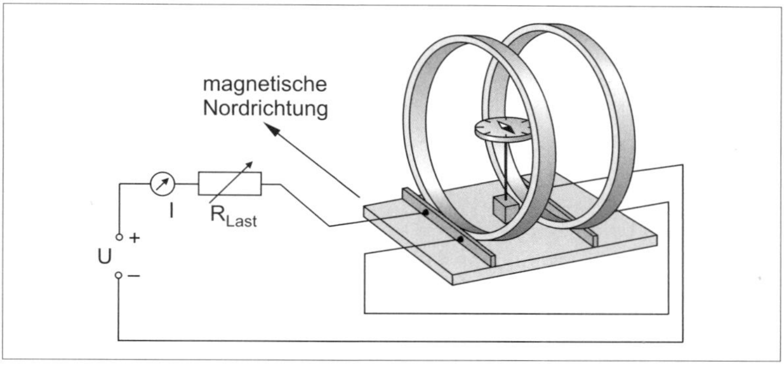

Abb. 3: Messung der Horizontalkomponente des Erdmagnetfeldes (verändert nach: Martin-Luther-Universität Halle-Wittenberg, URL: http://www.physik.uni-halle.de/praktika/gp/versuche/)

a) Beschreiben Sie eine Möglichkeit, wie man mit diesem Aufbau (ohne weitere Geräte) die Horizontalkomponente des Erdmagnetfeldes messen kann.

b) Ein typischer Wert für die Horizontalkomponente des Erdmagnetfeldes in unseren Breiten ist $B_{horizontal} = 0{,}018$ mT.
Geben Sie einen sinnvollen Bereich der zu erwartenden Stromstärken bei der Messung an.

c) Das Erdmagnetfeld verläuft in unseren Breiten nicht komplett in horizontaler Richtung, sondern tritt unter einem Winkel von $\alpha \approx 63°$ gegen die Horizontale in die Erdoberfläche ein.
Bestimmen Sie aus dem Eintrittswinkel α und der in b angegebenen Horizontalkomponente die Gesamtfeldstärke B_{gesamt} des Erdmagnetfeldes. 11

3.4 Das Erdmagnetfeld stellt einen effektiven Schutzschirm gegen den Strom geladener Teilchen von der Sonne (den sogenannten „Sonnenwind“) dar. Der Sonnenwind besteht aus einem kontinuierlichen Plasmastrom von Elektronen und Protonen aus Richtung Sonne.
Durch die Wechselwirkung mit den äußeren Bereichen des Erdmagnetfeldes wird der allergrößte Anteil des Sonnenwinds großräumig um die Erde herumgeführt. Lediglich über den magnetischen Polen kann ein kleiner Anteil der geladenen Teilchen sich der Erde nähern und durch weitere Wechselwirkung mit der Atmosphäre in einem begrenzten Bereich – dem Strahlungsgürtel (siehe Abbildung 5) – eingeschlossen werden. Die Bewegung dieser Teilchen soll im Weiteren genauer untersucht werden.

a) Im Strahlungsgürtel über dem Äquator kann das Erdmagnetfeld lokal praktisch als homogen angesehen werden. Dort bewegt sich ein Elektron mit der Energie von 2,0 keV unter einem Winkel γ zu den Feldlinien des Erdmagnetfeldes (vgl. Abbildung 4). Bestimmen Sie die Geschwindigkeit des 2,0-keV-Elektrons nichtrelativistisch.
[Kontrollergebnis: $v = 2{,}7 \cdot 10^7\ \frac{m}{s}$]

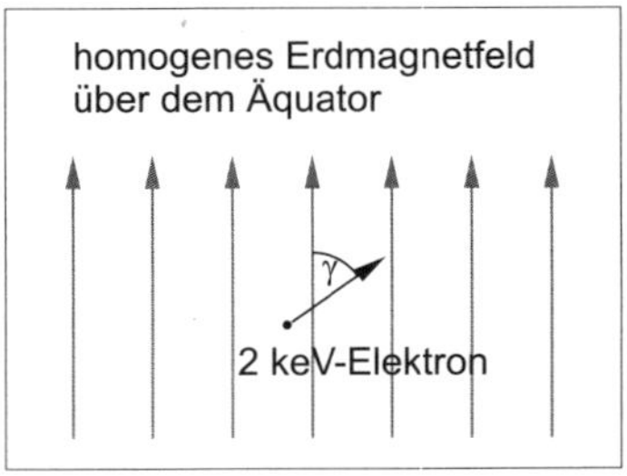

Abb. 4: Bewegung eines Elektrons im Strahlungsgürtel über dem Äquator (Es handelt sich hier um eine zweidimensionale Darstellung.)

b) Die geladenen Teilchen im Strahlungsgürtel werden durch das Erdmagnetfeld auf eine Schraubenbahn entlang der Feldlinien abgelenkt (vgl. Abbildung 5).
Erklären Sie qualitativ das Zustandekommen dieser Teilchenbahn durch die Wirkung der Lorentzkraft anhand einer entsprechend skizzierten Komponentenzerlegung der Geschwindigkeit.

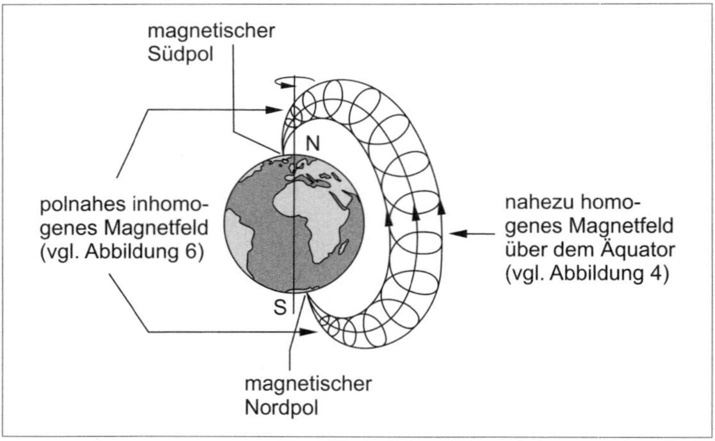

Abb. 5: Bahn eines Elektrons im Erdmagnetfeld des Strahlungsgürtels (Die Darstellung der Größenverhältnisse ist nicht maßstabsgerecht.)

c) Zeigen Sie allgemein, dass die Umlaufzeit eines Elektrons auf seiner Schraubenbahn gegeben ist durch den Zusammenhang

$$T = \frac{2\pi \cdot m_e}{e \cdot B},$$

also unabhängig von der Geschwindigkeit des Teilchens ist.

d) Berechnen Sie den Radius sowie den Abstand zweier benachbarter Windungen der Schraubenbahn (die sogenannte Ganghöhe) des 2,0-keV-Elektrons für den Winkel $\gamma = 25°$ und die typische Magnetfeldstärke im Äquatorbereich des Strahlungsgürtels von $B = 1{,}5 \cdot 10^{-5}\,\text{T}$. 25

3.5 Die Elektronen im Strahlungsgürtel der Erde bewegen sich auf ihren Schraubenbahnen entlang der magnetischen Feldlinien in Richtung eines magnetischen Pols (vgl. Abbildung 5). Bei Annäherung an den magnetischen Pol erhöht sich die magnetische Feldstärke und das Magnetfeld wird zunehmend inhomogen (vgl. Abbildung 6). Die Geschwindigkeitskomponente des Elektrons in Richtung des magnetischen Pols (also entlang der Feldlinie) wird zunächst reduziert und schließlich umgekehrt. Die Abbildung 7 zeigt diesen Effekt im polnahen inhomogenen Erdmagnetfeld.

a) Trotz der komplizierten Bewegung des Elektrons im inhomogenen Magnetfeld ändert sich seine kinetische Energie durch die Wechselwirkung mit dem Magnetfeld nicht (abgesehen von sehr geringen Strahlungsverlusten).
Geben Sie hierfür eine allgemeine Begründung an.

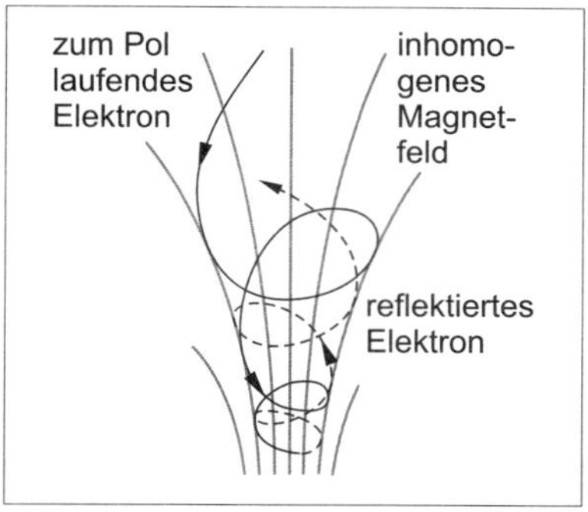

Abb. 6: Bahn eines Elektrons im polnahen inhomogenen Erdmagnetfeld (Die Darstellung der Größenverhältnisse ist nicht maßstabsgerecht.)

b) Erklären Sie anhand von Abbildung 7 qualitativ die Abbremsung und schließlich die Umkehr der Geschwindigkeitskomponente des Elektrons in Polrichtung durch die Wirkung der Lorentzkraft im inhomogenen Magnetfeld. 9

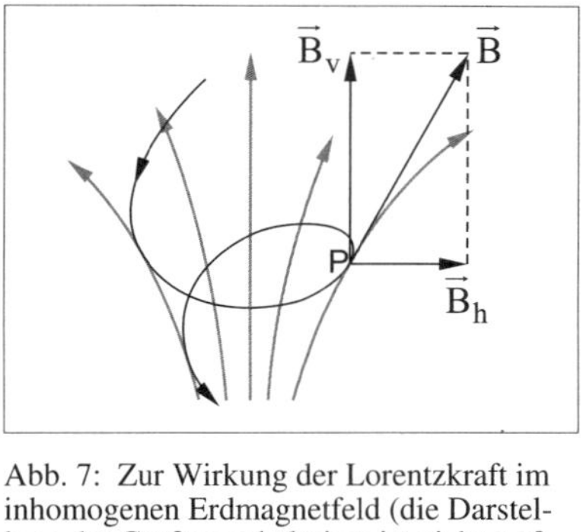

Abb. 7: Zur Wirkung der Lorentzkraft im inhomogenen Erdmagnetfeld (die Darstellung der Größenverhältnisse ist nicht maßstabsgerecht)

Tipps und Hinweise zur Lösung von Aufgabe 3

Vorbemerkung: In dieser Aufgabe geht es um die Bewegung von elektrisch geladenen Teilchen in magnetischen Feldern. Sie müssen also vor allem gut vertraut sein mit der Lorentzkraft, mit der sich das Verhalten solcher Teilchen maßgeblich beschreiben lässt. Dazu gehört, dass Sie neben dem Betrag der Lorentzkraft auch deren Richtung kennen, ihren nicht vorhandenen Einfluss auf die Energie der Teilchen (da sie immer senkrecht zur Bewegungsrichtung steht) und dass Sie, wenn Geschwindigkeit und Magnetfeld nicht senkrecht zueinander stehen, die Geschwindigkeit der Teilchen in zwei relevante Komponenten zerlegen können, von denen die eine parallel und die andere senkrecht zum Magnetfeld steht.
Es ist sehr empfehlenswert, zur Übung die sicherlich in Ihrem Unterricht durchgeführten Überlegungen bzw. Rechnungen zum Fadenstrahlrohr, das sich im homogenen Magnetfeld eines Helmholtzspulenpaares befindet (nicht nur senkrecht, sondern auch ein wenig schräg zum Magnetfeld gestellt) und zum Zyklotron zu wiederholen. Sie werden die dort im Unterricht angesprochenen Aspekte fast alle in dieser Aufgabe – eingebettet in den Kontext „Magnetfeld der Erde" – wiederfinden.

Teilaufgabe 3.1

- Fügen Sie zunächst den Proportionalitätsfaktor ein und stellen Sie anschließend die gegebene Gleichung nach diesem um.
- Die Einheit des Proportionalitätsfaktors ergibt sich, indem Sie alle Einheiten der vorkommenden Größen einsetzen.
- Beachten Sie, dass Sie am Ende nur noch Grundeinheiten stehen haben, also die Einheiten von Länge, Zeit, Masse und Stromstärke.

Teilaufgabe 3.2

- Vorüberlegung 1: Machen Sie sich zunächst unbedingt den Aufbau des Experiments klar: Warum befinden sich zwei Spulen ineinander? Welche Funktion hat der kleine Permanentmagnet an der Seite? Wann reagiert die Kompassnadel in welcher Form?
- Vorüberlegung 2: Wenn die beiden Spulen stromlos sind, soll der kleine Permanentmagnet den Kompass genau seitlich auslenken – das geht nur, wenn dieser Magnet entweder gegenüber dem Erdmagnetfeld sehr stark oder aber genau parallel zum Erdmagnetfeld ausgerichtet ist.

Teilaufgabe 3.2 a

- Überlegen Sie, was Sie über die Beträge der beiden entgegengesetzten Spulenmagnetfelder aussagen können, wenn die ursprüngliche Richtung (seitliche Auslenkung) wieder erreicht ist.
- Verwenden Sie u. a. die im Unterricht behandelte Formel für das Magnetfeld einer langen Spule. (Schlagen Sie diese ggf. in der Formelsammlung nach.)

Teilaufgabe 3.2 b

- Der Begriff „Helmholtzspule“ wird manchmal nicht ganz einheitlich verwendet: Im Vortext zur Aufgabe 3 wird zur Sicherheit daher eindeutig davon gesprochen, dass es sich bei der Helmholtzspule „um eine Anordnung zweier identischer Spulen (Windungszahl n_{Hh} und Radius R) handelt, die … angeordnet sind“. Die Angabe in dieser Teilaufgabe „eine Helmholtzspule mit 154 Windungen“ besagt damit, dass $n_{Hh} = 154$ ist.
- Setzen Sie alle bekannten Werte ein und führen Sie die Rechnung aus. Mit Blick auf Teilaufgabe 3.2 c ist es sinnvoll, das Ergebnis in Einheiten von μ_0 auszudrücken.

Teilaufgabe 3.2 c

- Berechnen Sie die prozentuale Abweichung des von Ihnen errechneten Werts vom theoretischen Wert.
- Vergleichen Sie diese prozentuale Abweichung mit der relativen Messgenauigkeit der Stromstärken von ungefähr 5 %.
- Üben Sie ein wenig Prozentrechnung (Zusammenhang zwischen Grundwert, Prozentwert und Prozentsatz)!

Teilaufgabe 3.3

- Vorüberlegung 1: Machen Sie sich klar, dass das Erdmagnetfeld in unseren Breiten nicht parallel zur Erdoberfläche verläuft, sondern unter einem Winkel (von etwa 63°) in den Erdboden eintritt: Man kann den Magnetfeldvektor also zerlegen in eine horizontale und eine vertikale Komponente. Hier geht es um die horizontale Komponente.
- Vorüberlegung 2: Überlegen Sie, warum die Achse der Helmholtzspule genau senkrecht zur magnetischen Nordrichtung ausgerichtet wird.

Teilaufgabe 3.3 a

- Es gibt mehrere Lösungswege, sie sind aber unterschiedlich komplex.
- Wenn zwei gleich große Kräfte an einem Körper rechtwinklig zueinander angreifen, sollte sofort klar sein, in welche Richtung der Körper gezogen wird – nutzen Sie diese Idee.
- Ein 45°-Winkel ist sehr geeignet!

Teilaufgabe 3.3 b

- Beachten Sie, dass die Formel für das Magnetfeld der Helmholtzspule in den vorangegangenen Teilaufgaben angegeben wurde.
- Beachten Sie, dass in Teilaufgabe 3.2 b die konkreten Daten der Helmholtzspule angegeben sind.
- Aus der Gleichheit von Erdmagnetfeldkomponente und Magnetfeld der Helmholtzspule (bei 45°) kann die zu erwartende Stromstärke abgeschätzt werden.

Teilaufgabe 3.3 c

- Setzen Sie aus den beiden Komponenten in der Horizontalen und der Vertikalen die Gesamtfeldstärke des Erdmagnetfeldes zusammen.
- In einem rechtwinkligen Dreieck kann man trigonometrische Funktionen anwenden.

Teilaufgabe 3.4

- Vorüberlegung: Denken Sie an das Fadenstrahlrohr, das im homogenen Magnetfeld einer Helmholtzspule leicht schräg gestellt wurde. Während sich beim Fadenstrahlrohr bei exakt rechtem Winkel zwischen Elektronengeschwindigkeit und Magnetfeld Kreisbahnen ergeben, erhält man bei leichter Schrägstellung des Fadenstrahlrohrs Schraubenlinienbahnen (nicht: Spiralbahnen!).

Teilaufgabe 3.4 a

- Beachten Sie, dass die kinetische Energie der Elektronen in der Einheit eV angegeben ist.
- Die Masse der Elektronen können Sie der Formelsammlung entnehmen.
- Die kinetische Energie ist gegeben. Mit der Formel für die kinetische Energie kann man die Geschwindigkeit der Elektronen berechnen.

Teilaufgabe 3.4 b

- Hier ist eine Zerlegung der Geschwindigkeit der Elektronen in eine Komponente parallel und eine Komponente senkrecht zu den Magnetfeldlinien (des homogenen Magnetfelds) hilfreich.
- Beachten Sie, welche der beiden Komponenten für die Lorentzkraft relevant ist.
- Beschreiben Sie die allein durch diese Komponente hervorgerufene Bewegung.
- Treffen Sie eine Aussage über die Art der Bewegung der Elektronen parallel zum Magnetfeld.
- Eine Schraubenlinienbahn ergibt sich durch Überlagerung einer Kreisbahn mit einer geradlinig gleichförmigen Bewegung.

Teilaufgabe 3.4 c

- Vielleicht haben Sie im Unterricht die Zyklotronfrequenz kennengelernt.
- Die beiden in Teilaufgabe 3.4 b beschriebenen Teilbewegungen sind unabhängig voneinander. Die Umlaufdauer auf der Schraubenlinienbahn ist gleich der Umlaufdauer auf der Kreisbahn.
- Bei einer Kreisbahn realisiert die Lorentzkraft die Zentralkraft.
- Es gibt einen einfachen Zusammenhang zwischen Bahngeschwindigkeit auf einer Kreisbahn und der Umlaufdauer.

Teilaufgabe 3.4 d

- Gesucht sind Radius und Ganghöhe der Schraubenlinienbahn. Gegeben ist u. a. die Geschwindigkeit der Elektronen (siehe Teilaufgabe 3.4 a).
- Berechnen Sie mithilfe trigonometrischer Beziehungen die Geschwindigkeitskomponenten für den angegeben Winkel.
- Der gesuchte Radius lässt sich anhand der Kreisbahn bestimmen.
- Die gesuchte Ganghöhe kann anhand der Bewegung in Magnetfeldrichtung bestimmt werden, wobei die Ganghöhe gerade dann erreicht wird, wenn das Elektron einen vollständigen Kreis beschrieben hat.

Teilaufgabe 3.5 a

- Der Winkel zwischen Lorentzkraft und Geschwindigkeit ist Ihnen sicher bekannt.
- Die Lorentzkraft steht immer senkrecht auf der von Magnetfeldrichtung und Geschwindigkeitsrichtung aufgespannten Ebene.
- Wenn eine Kraft senkrecht zur Bewegungsrichtung angreift, kann diese Kraft nicht den Betrag der Geschwindigkeit verändern.
- Die Geschwindigkeit hat zu tun mit der (kinetischen) Energie.

Teilaufgabe 3.5 b

- Begründen Sie anhand der Abbildung 7 zunächst, warum im inhomogen werdenden Magnetfeld mit zunehmender Magnetfeldstärke eine Magnetfeldkomponente in radialer Richtung der Kreisbahn auftritt.
- Bestimmen Sie die Richtung der durch diesen Anteil des Magnetfeldes hervorgerufenen Lorentzkraft auf das Elektron.
- Warum wird das Elektron hierdurch gebremst?
- Warum bleibt dadurch das Elektron in Oben-Unten-Richtung in Abbildung 7 stehen und was bewirkt diese Magnetfeldkomponente anschließend?

Lösungen zu Aufgabe 3

3.1 Aus dem gegebenen Zusammenhang

$$B_{Hh} \sim \frac{n_{Hh} \cdot I_{Hh}}{R}$$

ergibt sich für den **Proportionalitätsfaktor**:

$$B_{Hh} = \mu_{Hh} \cdot \frac{n_{Hh} \cdot I_{Hh}}{R} \quad \Leftrightarrow \quad \mu_{Hh} = \frac{B_{Hh} \cdot R}{n_{Hh} \cdot I_{Hh}}$$

Mit $[B_{Hh}] = 1\,T = 1\,\frac{kg}{As^2}$ und $\left[\frac{R}{n_{Hh} \cdot I_{Hh}}\right] = 1\,\frac{m}{A}$ erhält man daraus dessen **Maßeinheit**

$$[\mu_{Hh}] = 1\,\frac{kg \cdot m}{A^2 \cdot s^2}.$$

3.2 a) Die Idee dieses Experiments ist die Bestimmung des unbekannten Magnetfeldes der Helmholtzspule durch den Vergleich mit dem bekannten Feld einer langen Spule. Die Kompassnadel zeigt vor dem Einschalten des Stroms in die definierte Richtung des äußeren Permanentmagneten. Das Magnetfeld der Helmholtzspule lenkt die Nadel zunächst aus, wird aber dann vom Magnetfeld der langen Spule wieder kompensiert. In diesem Fall sind die beiden Magnetfelder genau entgegengesetzt und die Beträge sind gleich groß. Der **Ansatz** lautet daher:

$$|\vec{B}_{Hh}| = |\vec{B}_{LS}|$$

$$\mu_{Hh} \cdot \frac{n_{Hh} \cdot I_{Hh}}{R} = \mu_0 \cdot \frac{n_{LS} \cdot I_{LS}}{\ell}$$

Daraus ergibt sich der gesuchte **Zusammenhang für μ_{Hh}**:

$$\mu_{Hh} = \mu_0 \cdot \frac{n_{LS} \cdot I_{LS} \cdot R}{n_{Hh} \cdot I_{Hh} \cdot \ell} \qquad (*)$$

b) Gegeben sind die Größen:

$I_{LS} = 0{,}83$ A, $I_{Hh} = 0{,}20$ A, $n_{Hh} = 154$, $n_{LS} = 50$, $R = 0{,}20$ m, $\ell = 0{,}38$ m

Durch Einsetzen in (∗) ergibt sich für den **experimentellen Wert von μ_{Hh}**:

$$\mu_{Hh} = \frac{50 \cdot 0{,}83\,A \cdot 0{,}20\,m}{154 \cdot 0{,}20\,A \cdot 0{,}38\,m} \cdot \mu_0 = 0{,}71 \cdot \mu_0$$

c) Da (für den ungünstigeren der beiden Fälle) eine Abweichung von 10 mA bei einer Stromstärke von 200 mA angegeben ist, beträgt die Messgenauigkeit der Stromstärken $\frac{\Delta I}{I} \approx \pm 5\,\%$. Die Abweichung des experimentellen Wertes $\mu_{Hh} = 0{,}71 \cdot \mu_0$ vom theoretischen Wert $\mu_{Hh} = 0{,}716 \cdot \mu_0$ beträgt ca. 1 %. Bei der vorliegenden Messgenauigkeit **stimmen** die Werte daher **gut überein**.

3.3 a) Die **Messung der Horizontalkomponente des Erdmagnetfeldes** kann durch die Auslenkung der Kompassnadel mittels des bekannten Magnetfeldes der Helmholtzspule erfolgen. Da die Spulenachse exakt senkrecht zur magnetischen Nordrichtung ausgerichtet ist, ist das eingestellte Magnetfeld betragsmäßig gleich der Horizontalkomponente des Erdmagnetfeldes, wenn die Kompassnadel um 45° ausgelenkt wird. Aus den Daten der Helmholtzspule und dem gemessenen Strom lässt sich dann die Magnetfeldstärke ermitteln.

Man kann auch jeden anderen Winkel zur Berechnung heranziehen, wobei dann die gesuchte Magnetfeldstärke mittels trigonometrischer Beziehungen zu berechnen ist.

b) Aus den gegebenen Größen $B_{horizontal} \approx 0{,}018$ mT, $n_{Hh} = 154$ und $R = 0{,}2$ m folgt für die Stärke des Stroms durch die Helmholtzspulen:

$$B_{horizontal} = 0{,}716 \cdot \mu_0 \cdot \frac{n_{Hh} \cdot I_{Hh}}{R}$$

$$\Rightarrow \quad I_{Hh} = \frac{B_{horizontal} \cdot R}{0{,}716 \cdot \mu_0 \cdot n_{Hh}} \approx \frac{1{,}8 \cdot 10^{-5}\,\text{T} \cdot 0{,}20\,\text{m}}{0{,}716 \cdot 1{,}256 \cdot 10^{-6}\,\frac{\text{Vs}}{\text{Am}} \cdot 154} = \underline{\underline{0{,}026\,\text{A}}}$$

Es ist also mit einer **Stromstärke in der Größenordnung einiger 10 mA** zu rechnen.

c) Gegeben sind: Eintrittswinkel $\alpha \approx 63°$; $B_{horizontal} \approx 0{,}018$ mT

Die **Gesamtfeldstärke des Erdmagnetfeldes** ergibt sich aus dem Eintrittswinkel und dem Betrag seiner Horizontalkomponente. Es gilt:

$$B_{ges} = \frac{B_{horizontal}}{\cos 63°} \approx \frac{1{,}8 \cdot 10^{-5}\,\text{T}}{\cos 63°} = \underline{\underline{4{,}0 \cdot 10^{-5}\,\text{T} = 0{,}040\,\text{mT}}}$$

3.4 a) Die kinetische Energie des Elektrons beträgt $E_{kin} = 2{,}0\,\text{keV} = 3{,}2 \cdot 10^{-16}$ J. Daraus erhält man für seine **Geschwindigkeit**:

$$E_{kin} = \frac{1}{2} m \cdot v^2 \quad \Rightarrow \quad v = \sqrt{\frac{2E_{kin}}{m_e}} = \sqrt{\frac{2 \cdot 3{,}2 \cdot 10^{-16}\,\text{J}}{9{,}1 \cdot 10^{-31}\,\text{kg}}} = \underline{\underline{2{,}7 \cdot 10^7\,\frac{\text{m}}{\text{s}}}}$$

b) Die auf das Elektron wirkende Lorentzkraft ergibt sich aus der Komponentenzerlegung seiner Geschwindigkeit in einen Anteil $\vec{v}_{\parallel}$ parallel zum Magnetfeld sowie einen dazu orthogonalen Anteil $\vec{v}_{\perp}$ (Abb. 8). Die Lorentzkraft wirkt nur auf die zum Magnetfeld senkrechte Komponente $\vec{v}_{\perp}$.

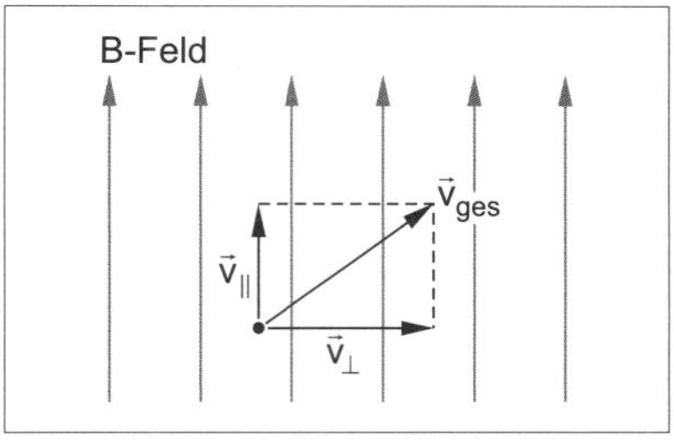

Abb. 8

Hieraus resultiert eine gleichförmige Kreisbewegung in einer Ebene senkrecht zum Magnetfeld. Dieser Kreisbewegung überlagert ist die Bewegung des Mittelpunkts der Kreisbahn parallel zu Magnetfeldrichtung mit der Geschwindigkeit $\vec{v}_{||}$. Insgesamt ergibt sich so die **Schraubenbahn** der Elektronen.

c) Die auf das Elektron wirkende Lorentzkraft wirkt als Zentripetalkraft, die das Teilchen auf die Kreisbahn zwingt. Das Gleichsetzen der Terme ergibt:

$$F_L = F_Z$$

$$\Rightarrow \quad e \cdot B \cdot v_\perp = \frac{m_e \cdot v_\perp^2}{r}$$

$$e \cdot B = \frac{m_e}{r} \cdot v_\perp \qquad (**)$$

Zudem ist $v_\perp = \frac{2\pi \cdot r}{T}$. Setzt man dies in die Gleichung (**) ein, erhält man nach Umstellen für die **Umlaufzeit**:

$$e \cdot B = \frac{m_e}{r} \cdot \frac{2\pi \cdot r}{T} \quad \Rightarrow \quad T = \underline{\underline{\frac{2\pi \cdot m_e}{e \cdot B}}}$$

d) Gegeben: Winkel $\gamma = 25°$ zwischen Geschwindigkeit $\vec{v}$ und Magnetfeld $\vec{B}$ der Stärke $B = 1{,}5 \cdot 10^{-5}\,\text{T}$ sowie $v_{ges.} = 2{,}7 \cdot 10^7\,\frac{\text{m}}{\text{s}}$ (siehe Teilaufgabe 3.4 a).

Gesucht: Radius r und Ganghöhe h der Schraubenbahn

Mit den Beziehungen $v_{||} = v_{ges} \cdot \cos\gamma$ und $v_\perp = v_{ges} \cdot \sin\gamma$ sowie

$$v_\perp = \frac{e \cdot B \cdot r}{m_e}$$

gemäß Gleichung (**) ergibt sich für den **Radius** der Bahn:

$$r = \frac{m_e \cdot v_\perp}{e \cdot B} = \frac{m_e \cdot v_{ges} \cdot \sin\gamma}{e \cdot B}$$

$$= \frac{9{,}1 \cdot 10^{-31}\,\text{kg} \cdot 2{,}7 \cdot 10^7\,\frac{\text{m}}{\text{s}} \cdot \sin 25°}{1{,}6 \cdot 10^{-19}\,\text{As} \cdot 1{,}5 \cdot 10^{-5}\,\text{T}} = \underline{\underline{4{,}3\,\text{m}}}$$

Für die **Ganghöhe** erhält man aus $h = v_{||} \cdot T$ den Term

$$h = v_{ges} \cdot \cos\gamma \cdot \frac{2\pi \cdot m_e}{e \cdot B}$$

und nach Einsetzen der Zahlenwerte den Wert:

$$h = 2{,}7 \cdot 10^7\,\frac{\text{m}}{\text{s}} \cdot \cos 25° \cdot \frac{2\pi \cdot 9{,}1 \cdot 10^{-31}\,\text{kg}}{1{,}6 \cdot 10^{-19}\,\text{As} \cdot 1{,}5 \cdot 10^{-5}\,\text{T}} = \underline{\underline{58\,\text{m}}}$$

3.5 a) Die Lorentzkraft wirkt **stets senkrecht** zur Momentangeschwindigkeit des Elektrons und ändert damit nicht den Betrag seiner Geschwindigkeit und somit auch nicht seine kinetische Energie.

b) Im inhomogen werdenden Magnetfeld tritt eine Magnetfeldkomponente in radialer Richtung der Kreisbahn auf ($\vec{B}_h$ in Abb. 7). Die durch diesen Anteil des Magnetfeldes hervorgerufene Lorentzkraft auf das Elektron wirkt der Geschwindigkeitskomponente $v_{\parallel}$ parallel zur Schraubenachse entgegen und reduziert diese; die Ganghöhe wird kleiner, die Schraubenlinie verläuft flacher (Abb. 6).
Konkret für den Punkt P in Abb. 7 gilt: Die zu berücksichtigende Bewegungskomponente des Elektrons ist in die Blattebene hinein gerichtet, das B-Feld ist nach rechts gerichtet, sodass sich daraus gemäß der Drei-Finger-Regel der linken Hand eine **nach oben gerichtete Kraft** ergibt, welche das **Elektron abbremst**.
Bei $v_{\parallel} = 0$ ist die Gesamtgeschwindigkeit des Elektrons gleich der Bahngeschwindigkeit der Kreisbewegung. Die weiterhin bestehende Wechselwirkung mit der radialen Magnetfeldkomponente führt zu einem Anwachsen von $v_{\parallel}$ in die entgegengesetzte Richtung, das **Elektron kehrt um**.

Abiturprüfung Physik 2012 (Nordrhein-Westfalen) – Leistungskurs
Aufgabe 4: Farbstoffmoleküle

Punkte

In der Spektroskopie unterscheidet man zwei grundsätzliche Typen von Spektren:

- Emissionsspektren, wie sie z. B. bei leuchtenden Gasen auftreten, vgl. Abbildung 1. Hier führt das Vorliegen diskreter Energiezustände im Atom zur Emission von Spektrallinien.
- Absorptionsspektren, wie sie z. B. beim Durchleuchten von Farbstofflösungen mit weißem Licht auftreten, vgl. Abbildung 2. In den Farbstoffmolekülen sind die Energieniveaus durch das Auftreten von zahlreichen Molekülschwingungen verbreitert, sodass im Spektrum statt der üblichen Linien breite Absorptionslücken entstehen.

Die Analyse derartiger Spektren kann entweder durch direkte Beobachtung (Spektroskop mit Wellenlängenskala), vgl. Abbildungen 1/2 (untere Bilder), oder durch fotometrische Messung der Emissions- bzw. Absorptionsrate erfolgen, vgl. Abbildungen 1/2 (obere Bilder; die Wellenlänge λ ist in nm angegeben, die Intensität bzw. die Absorptionsrate in relativen Einheiten).

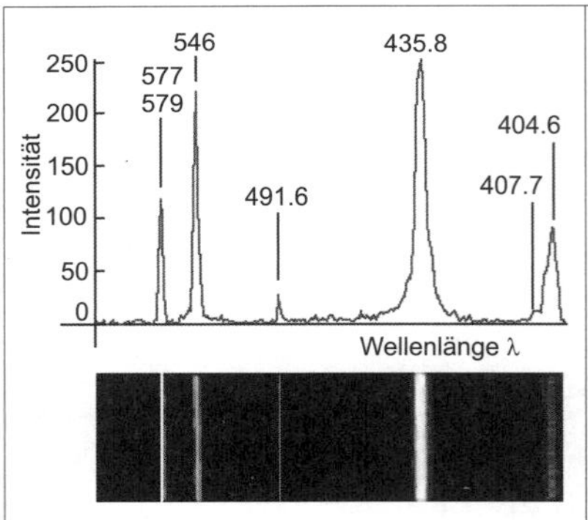

Abb. 1: Quecksilberdampf
(Quelle: Herbert Weidner)

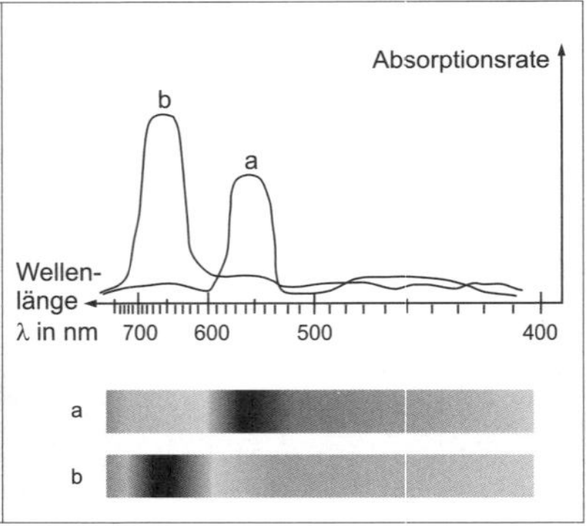

Abb. 2 a/b: Farbstofflösungen
(schematische Darstellung)

4.1 Zur Erzeugung der Spektren werden sehr häufig Beugungsgitter mit hoher Strichzahl und entsprechend kleiner Gitterkonstante g verwendet, siehe dazu Abbildung 3.

a) Erläutern Sie anhand von Abbildung 3 die Entstehung eines Beugungsmaximums mithilfe des Huygens'schen Prinzips.

b) Begründen Sie, warum weißes Licht durch ein Gitter in ein Farbspektrum aufgespalten wird. (Üblicherweise wird hier ein Wellenlängenbereich von ca. 400–750 nm betrachtet.)

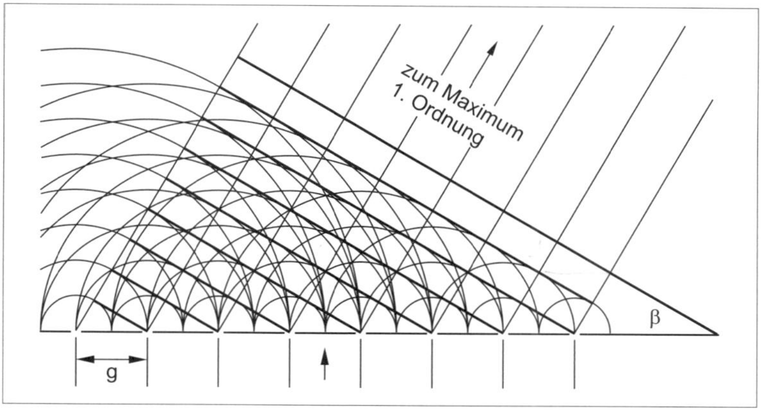

Abb. 3: Prinzip der Beugung am Gitter (verändert nach: Cenco Physics Blog, URL: http://blog.cencophysics.com/2009/07/diffraction-grating/)

c) Begründen Sie, wo sich das Maximum 0. Ordnung bei dem in Abbildung 1 dargestellten Spektrum befinden würde. 14

4.2 Bei der Verwendung von Beugungsgittern ist zu beachten, dass ab der 2. Beugungsordnung eine Überlappung der abgebildeten Spektren auftritt, vgl. Abbildung 4.

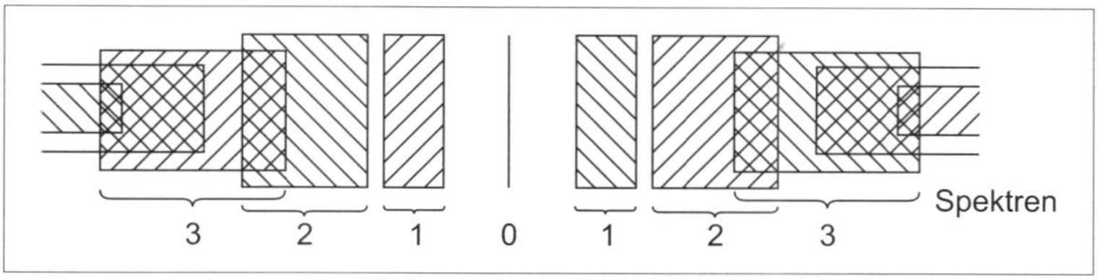

Abb. 4: Überlappung von Spektren beim Gitter (verändert nach: Lautenschlager, Horst: Abitur-Training Physik 1. Elektromagnetisches Feld und Relativitätstheorie. Hallbergmoos, STARK Verlagsgesellschaft)

a) Erläutern Sie allgemein, unter welchen Bedingungen es zu einer derartigen Überlappung kommen kann.

b) Begründen Sie, warum dieses Problem zwischen der 1. und 2. Ordnung bei weißem Licht (d. h. 400–750 nm) nicht auftreten kann. 7

4.3 Bei den meisten Farbstoffen erfolgt die Energieabgabe der angeregten Moleküle über Molekülschwingungen als Wärmeenergie. Bei bestimmten Farbstoffen, zu denen auch das Fluorescein gehört, wird jedoch nur ein Teil der aufgenommenen Energie auf diese Weise abgegeben. Anschließend erfolgt die Rückkehr in den Grundzustand durch Emission von Fluoreszenzlicht.

Mit geeigneten Spektrometern kann man sowohl das absorbierte Licht wie auch das emittierte Fluoreszenzlicht untersuchen. Entsprechende Messergebnisse sind in den Abbildungen 5 a/b dargestellt.

Hinweis: In Abbildung 5 a bezeichnet die Intensität das Absorptionsvermögen des Farbstoffs für bestimmte Wellenlängen des eingestrahlten Lichtes, in Abbildung 5 b ist sie ein Maß für die Helligkeit des emittierten Fluoreszenzlichtes.

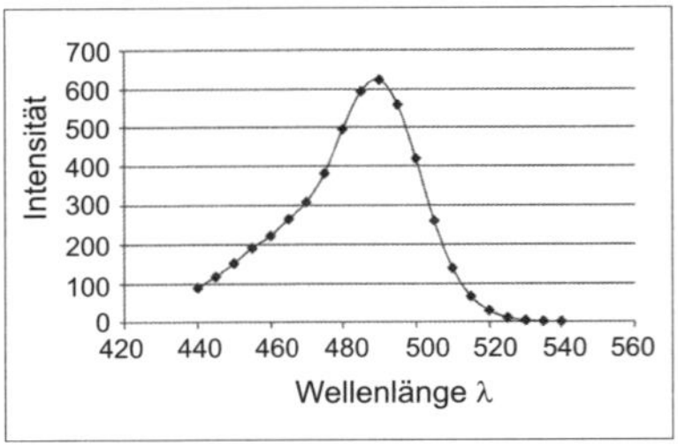

Abb. 5 a: Absorptionsspektrum

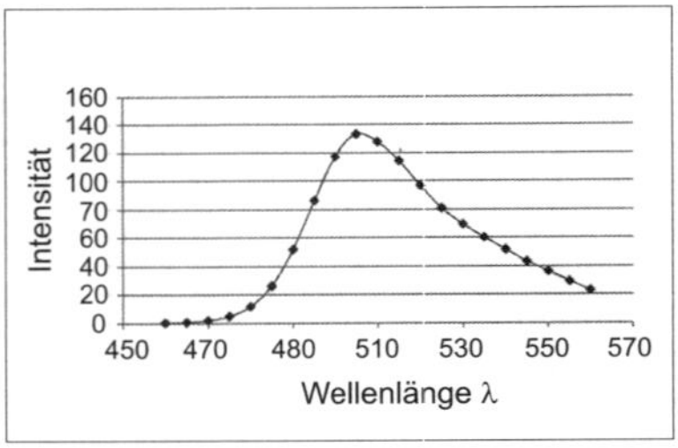

Abb. 5 b: Emissionsspektrum

Die Wellenlänge λ ist in nm angegeben, die Intensität in relativen Einheiten.

(Quelle: Terhorst, Christian: Spektrofluorimetrische Untersuchung der maximalen Anregung und Fluoreszenz Emission ausgewählter Verbindungen. Ermittlung des Linearbereiches der Fluoreszenzintensität in Abhängigkeit der Konzentration. URL: http://www.qslnet.de/member/dk2yct/Bericht_Fluoreszenz.pdf)

a) Bestimmen Sie die Lage der Maxima im Kurvenverlauf und berechnen Sie die zugehörigen Quantenenergien.

b) Stellen Sie die energetischen Prozesse im Fluoresceinmolekül in einem entsprechend beschrifteten Energiestufendiagramm schematisch dar. (Die oben erwähnte Verbreiterung der Energieniveaus durch Schwingungszustände brauchen Sie nicht zu berücksichtigen.) 10

4.4 Im Schulexperiment kann man die Fluoreszenz mit dem in Abbildung 6 dargestellten Versuchsaufbau untersuchen. Die Küvette 2 enthält die zu untersuchende Fluorescein-Lösung, die Küvette 1 ist zum Vergleich nur mit Wasser gefüllt. Die Beobachtungen sind in Tabelle 1 wiedergegeben.

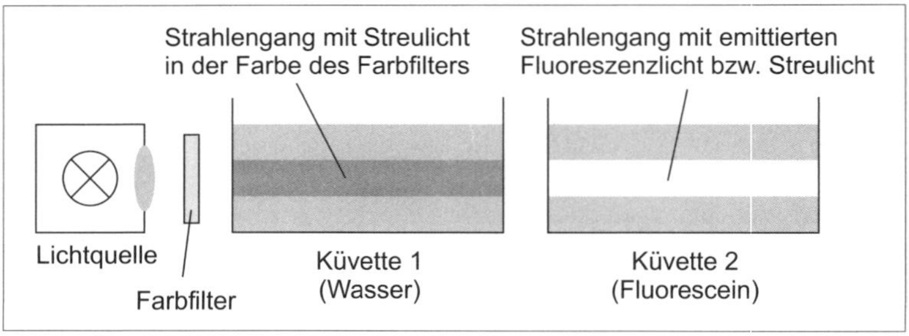

Abb. 6: Versuche mit Fluorescein-Lösung

Farbfilter (Wellenlänge λ)		Beobachtung Küvette 1	Beobachtung Küvette 2
ultraviolett	(370 nm)	Dunkelheit	grünes Fluoreszenzlicht
violett	(405 nm)	violettes Streulicht	grünes Fluoreszenzlicht
blaugrün	(492 nm)	blaugrünes Streulicht	grünes Fluoreszenzlicht
gelb	(578 nm)	gelbes Streulicht	gelbes Streulicht
rot	(650 nm)	rotes Streulicht	rotes Streulicht

Tab. 1

Erklären Sie die angegebenen Beobachtungen. 6

4.5 Nach de Broglie kann jedes Elektron auch als Materiewelle mit der Wellenlänge

$$\lambda = \frac{h}{m_e \cdot v}$$

betrachtet werden. In einfachen Farbstoffmolekülen können daher die Energiezustände der Elektronen näherungsweise durch stehende Wellen (dargestellt durch sin-Funktionen) in einem linearen Potenzialtopf der Länge L beschrieben werden.

a) Stellen Sie die Graphen der zu den untersten drei Energiezuständen E_{1-3} gehörenden Wellenfunktionen unter der Annahme stehender Wellen in einem Potenzialtopf dar.

b) Geben Sie an, welche Bedingung die Wellenlänge λ erfüllen muss, damit in einem Potenzialtopf der Länge L stehende Wellen entstehen.

c) Leiten Sie die Beziehung

$$E_n = \frac{h^2}{8m_e \cdot L^2} \cdot n^2$$

für die Elektronen im Topf her. 11

4.6 Es soll überprüft werden, ob dieses Modell für den mit dem Fluorescein verwandten Farbstoff Benzaurin verwendet werden kann. Die Länge L des Potenzialtopfes wird durch 9 Kohlenstoffatome sowie zwei Sauerstoffatome bestimmt.
Der Beitrag jedes C-Atoms zur Potenzialkastenlänge beträgt $a_C = 0{,}123$ nm, derjenige eines O-Atoms jeweils $a_O = 0{,}185$ nm. Der Potenzialtopf enthält $z = 12$ Elektronen, von denen nach dem Pauli-Prinzip jeweils 2 Elektronen denselben Energiezustand besetzen können.

a) Ermitteln Sie die Länge L des Potenzialtopfes. Geben Sie die Hauptquantenzahlen n des höchsten besetzten und des niedrigsten unbesetzten Energiezustands (E_n und E_{n+1}) an.
[Kontrolle: $L = 1{,}477$ nm]

b) Zeigen Sie, dass sich die Energiedifferenz zwischen diesen beiden in 4.6 a ermittelten Zuständen durch die Beziehung

$$\Delta E = \frac{h^2}{8m_e \cdot L^2} \cdot (z+1)$$

berechnen lässt.

c) Überprüfen Sie, ob das Potenzialtopfmodell auf Benzaurin, dessen Absorptionsspektrum demjenigen von Abbildung 2a ähnelt, anwendbar ist. 17

Tipps und Hinweise zur Lösung von Aufgabe 4

Vorbemerkung: Diese Aufgabe verbindet drei wichtige Gebiete der Oberstufenphysik: die Interferenz von Wellen, die Atomphysik sowie die Quantenphysik. Die Farbstoffmoleküle sind ein häufig genanntes Anwendungsbeispiel für den linearen Potenzialtopf. Das Potenzialtopfmodell ist in der Schule neben dem Bohr'schen Atommodell das einzige Atommodell, das die diskreten Energieniveaus bei Atomen beschreiben kann und dadurch zur Erklärung für die diskreten Linienspektren angewendet werden kann. Aus diesem Grund findet man in Abituraufgaben auch sehr häufig Aufgaben, die die Gebiete Interferenz von Licht und Atommodelle umfassen.

Teilaufgabe 4.1 a

- Lesen Sie zunächst alle Aufgabenteile, damit Sie Ihre Lösungen ausreichend eingrenzen und Doppelungen vermeiden.
- Beachten Sie den explizit geforderten Bezug zum Huygens'schen Prinzip.

Teilaufgabe 4.1 b

- Beachten Sie den Hinweis in der Klammer: Hier steht eine entscheidende Information über weißes Licht.
- In der Formelsammlung finden Sie bestimmt einen Zusammenhang über den Beugungswinkel und die Wellenlänge.

Teilaufgabe 4.1 c

- Beachten Sie, dass hier die Lage des Maximums 0. Ordnung in Abbildung 1 gesucht ist und nicht in Abbildung 3, die bei dieser Teilaufgabe zu finden ist.
- Überlegen Sie, über welche Größe Sie quantitative(!) Informationen aus Abbildung 1 entnehmen können.
- Überlegen Sie, mit welcher Größe man die Rechtsachse in Abbildung 1 alternativ beschriften könnte, sodass sich qualitativ das gleiche Bild ergeben würde.

Teilaufgabe 4.2 a

- Schauen Sie sich Abbildung 4 genau an und überlegen Sie, welche Bereiche sich überlagern.

- Zeichnen Sie die Spektren in Abbildung 4 farbig an und erinnern Sie sich daran, welche physikalische Größe die Farben repräsentiert.
- Überlegen Sie, von welchen Größen der Beugungswinkel abhängt.

Teilaufgabe 4.2 b

- Beachten Sie, dass auch eine explizite Rechnung eine überzeugende Begründung darstellen kann.

Teilaufgabe 4.3 a

- Beachten Sie, dass sich die Abbildungsunterschriften bei den beiden Abbildungen unterscheiden und somit auf unterschiedliche Bedeutung der Hochachsen hinweisen.

Teilaufgabe 4.3 b

- Überlegen Sie, welche Prozesse insgesamt stattfinden. Hieraus ergibt sich die Anzahl der darzustellenden Energieniveaus.
- Beachten Sie, dass eine schematische Darstellung nicht maßstabsgerecht skaliert sein muss.
- Beachten Sie, dass die Abgabe von Wärmeenergie auch mit dem Übergang zwischen zwei Energieniveaus begründet werden kann.
- Berücksichtigen Sie die Reihenfolge, in der die Prozesse (Abgabe von Wärmeenergie und Fluoreszenzlicht) stattfinden, damit Sie die Energieniveaus richtig anordnen.

Teilaufgabe 4.4

- Beachten Sie, dass bei Streulicht keine Anregungen auf atomarer Ebene stattfinden.
- Beachten Sie, dass es auch eine wichtige Beobachtung ist, wenn man kein Fluoreszenzlicht beobachtet.

Teilaufgabe 4.5 a

- Erinnern Sie sich daran, was das Besondere an den Rändern einer stehenden Welle ist.
- Erinnern Sie sich an die Interpretation der Wellenfunktion Ψ bzw. von Ψ^2. Dies gibt Ihnen einen Hinweis darauf, wie die Enden der stehenden Welle aussehen müssen.

Teilaufgabe 4.5 b

- Betrachten Sie die in Teilaufgabe 4.5 a skizzierten Zustände.
- Geben Sie zu den drei in Teilaufgabe 4.5 a skizzierten Zuständen die Länge L des Potenzialtopfes in Abhängigkeit von der Wellenlänge λ an und verallgemeinern Sie diesen Zusammenhang.

Teilaufgabe 4.5 c

- Überlegen Sie, aus welchen Teilenergien sich die Gesamtenergie eines Objektes grundsätzlich zusammensetzt.
- Erinnern Sie sich an die vereinfachende Annahme, die für die potenzielle Energie innerhalb des Potenzialtopfes gemacht wird.
- Beachten Sie die angegebene de-Broglie-Beziehung.
- Berücksichtigen Sie die Bedingung für die stehenden Wellen, durch die die Quantelung der Energiezustände bedingt wird.

Teilaufgabe 4.6 a

- Lassen Sie sich nicht irritieren, falls Sie einige der angesprochenen Phänomene aus dem Unterricht nicht kennen. Sie finden alle notwendigen Informationen im Aufgabentext.
- Beachten Sie, dass hier von einem einfachen Atommodell ausgegangen wird, bei dem nur Hauptquantenzahlen berücksichtigt werden.

Teilaufgabe 4.6 b

- Erinnern Sie sich an die Bohr'schen Postulate, die Aussage zu den Energiedifferenzen gilt auch für das Potenzialtopfmodell.
- Beachten Sie, dass bei Teilaufgabe 4.5 eine Formel für die Energieniveaus angegeben ist.
- Beachten Sie, dass konkret nach den in Teilaufgabe 4.6 a ermittelten Energiezuständen gefragt ist. Sie brauchen also die Formel nicht allgemein herzuleiten.

Teilaufgabe 4.6 c

- Überlegen Sie, welchen Prozess man mithilfe des Potenzialtopfmodells beschreiben können muss, damit man sagen kann, dass das Modell anwendbar ist.
- Überlegen Sie, welcher Zusammenhang zwischen den in Abbildung 2 angegebenen Größe und den Größen, die durch das Potenzialtopfmodell beschrieben werden, besteht.
- Verwenden Sie das Ergebnis aus Teilaufgabe 4.6 b.

Lösungen zu Aufgabe 4

4.1 a) Das Licht wird am Gitter gebeugt. Die Gitteröffnungen können als Ausgangspunkte phasengleicher Elementarwellen (Huygens'sches Prinzip) aufgefasst werden. In einem Raumpunkt P kommt es zur Überlagerung und Interferenz von den Elementarwellen. Ein **Beugungsmaximum** entsteht, wenn die Elementarwellen in P phasengleich schwingen. Dies ist der Fall, wenn der Gangunterschied Δs zwischen benachbarten Wellenstrahlen $n \cdot \lambda$ ($n = 0, 1, 2, \dots$) beträgt. Beim eingezeichneten Maximum 1. Ordnung beträgt der Gangunterschied benachbarter Elementarwellen gerade $1 \cdot \lambda$.

b) Weißes Licht ist ein Gemisch unterschiedlicher Wellenlängen. Wie bei Teilaufgabe 4.1 a erläutert, hängt die Bedingung $\Delta s = n \cdot \lambda$ für konstruktive Interferenz von der Wellenlänge des Lichts ab. Unter der gegebenen Bedingung (kleine Gitterkonstante g) gilt für Interferenzmaxima:

$$\sin\beta = \frac{n \cdot \lambda}{g} \qquad (*)$$

Daraus folgt, dass die aus den zugehörigen Elementarwellen gebildeten neuen Wellenfronten 1. Ordnung unter **unterschiedlichen Beugungswinkeln β** verlaufen: je größer die Wellenlänge, desto größer wird auch der Winkel β. Entsprechend liegen die Maxima für unterschiedliche Farben an unterschiedlichen Stellen.

c) Das Maximum 0. Ordnung liegt genau in der ursprünglichen Ausbreitungsrichtung des Lichts, d. h., der Beugungswinkel beträgt $\beta = 0°$. Wie in Teilaufgabe 4.1 b erklärt, wird der Beugungswinkel für das Maximum 1. Ordnung mit zunehmender Wellenlänge größer. Da in Abbildung 1 die den Peaks zugeordneten Wellenlängen von links nach rechts abnehmen, nimmt auch der entsprechende Beugungswinkel von links nach rechts ab. Entsprechend muss das Maximum 0. Ordnung **rechts von den Peaks** liegen.

4.2. a) Eine derartige Überlappung tritt gemäß des Zusammenhangs (*) auf, wenn der Beugungswinkel einer (großen) Wellenlänge λ_n aus der n-ten Ordnung größer ist als der Beugungswinkel einer (kleinen) Wellenlänge λ'_{n+1} aus der nächsthöheren Ordnung $n + 1$.

b) Es muss geprüft werden, ob der Beugungswinkel β des Maximums 1. Ordnung des roten Lichts ($\lambda_{rot} = 750$ nm) größer ist, als der Beugungswinkel β' des Maximums 2. Ordnung des blauen Lichts ($\lambda_{blau} = 400$ nm).

Beugungswinkel des

- roten Lichts: $\sin\beta = \frac{1 \cdot 750\ \text{nm}}{g}$
- blauen Lichts: $\sin\beta' = \frac{2 \cdot 400\ \text{nm}}{g} = \frac{800\ \text{nm}}{g}$

Wegen $\sin\beta' > \sin\beta$ ist auch $\beta' > \beta$. Also ist der Beugungswinkel des blauen Lichts größer als der des roten Lichts und die **Spektren überlappen nicht**.

Bei Maxima der nächsthöheren Ordnung tritt diese Überlappung aber bereits auf:

$$\sin\beta = \frac{2\cdot 750\text{ nm}}{g} = \frac{1500\text{ nm}}{g} > \frac{1200\text{ nm}}{g} = \frac{3\cdot 400\text{ nm}}{g} = \sin\beta'$$

4.3 a) **Lage der Maxima**

Wie den Abbildungen zu entnehmen ist, liegt das Maximum des

- Absorptionsspektrums bei $\lambda_{Abs} = \underline{\underline{490\text{ nm}}}$,
- Emissionsspektrums bei $\lambda_{Em} = \underline{\underline{505\text{ nm}}}$.

Quantenenergien

Die Quantenenergien der absorbierten bzw. emittierten Photonen berechnet man über $E_{Ph} = h\cdot f$. Mit $c = \lambda\cdot f \Leftrightarrow f = \frac{c}{\lambda}$ ergibt sich:

$$E = \frac{h\cdot c}{\lambda}$$

Durch Einsetzen der abgelesenen Wellenlängen erhält man:

$$E_{Abs} = \frac{h\cdot c}{\lambda_{Abs}} = \frac{6{,}626\cdot 10^{-34}\text{ Js}\cdot 2{,}998\cdot 10^{8}\,\frac{\text{m}}{\text{s}}}{490\cdot 10^{-9}\text{ m}} = 4{,}05\cdot 10^{-19}\text{ J} = \underline{\underline{2{,}53\text{ eV}}}$$

$$E_{Em} = \frac{h\cdot c}{\lambda_{Em}} = \frac{6{,}626\cdot 10^{-34}\text{ Js}\cdot 2{,}998\cdot 10^{8}\,\frac{\text{m}}{\text{s}}}{505\cdot 10^{-9}\text{ m}} = 3{,}93\cdot 10^{-19}\text{ J} = \underline{\underline{2{,}46\text{ eV}}}$$

b) **Energiestufendiagramm**

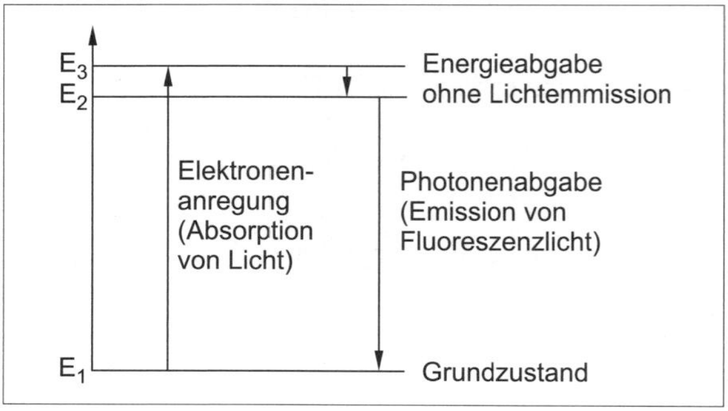

Abb. 7

Es gilt $E_3 - E_1 = 2{,}53$ eV (Absorptionsenergie) und $E_2 - E_1 = 2{,}46$ eV (Emissionsenergie). Eine skalierte Darstellung ist laut Aufgabenstellung aber nicht gefordert.

4.4 **Beobachtungen in Küvette 1**

Man kann beobachten, dass das Licht in Küvette 1 lediglich gestreut wird und man so die (originale) Farbe des einfallenden Lichts sehen kann. Bei ultraviolettem Licht ist nichts zu beobachten, da dieses (ultraviolette) Streulicht für das menschliche Auge nicht wahrnehmbar ist.

Beobachtungen in Küvette 2

Bei gelbem und rotem Licht beobachtet man genau wie beim Wasser nur entsprechendes Streulicht. Bei blaugrünem, violettem und ultraviolettem Licht ist grünes Fluoreszenzlicht zu beobachten.

Wie man dem Absorptionsspektrum bzw. dem Energiestufendiagramm aus Teilaufgabe 4.3 entnehmen kann, ist mindestens eine Energie von 2,53 eV notwendig, um die Fluoreszenzmoleküle anzuregen. Da die Photonenenergie und die Wellenlänge antiproportional zueinander sind (vgl. Teilaufgabe 4.3 a), können die Fluoreszenzmoleküle nur durch Licht mit einer maximalen Wellenlänge von ca. 490 nm (entspricht der Energie von 2,53 eV) angeregt werden. Entsprechend reicht die Energie vom gelben und roten Licht (578 nm bzw. 650 nm) nicht aus, um die Moleküle anzuregen. Die Photonen vom blaugrünen, violetten und ultravioletten Licht (492 nm, 405 nm und 370 nm) führen mit den Fluoreszenzmolekülen unelastische Stöße aus und regen diese an. Beim Übergang in den Grundzustand emittieren die Moleküle dann das Fluoreszenzlicht.

4.5 a) Die Aufenthaltswahrscheinlichkeit der Elektronen wird durch das Quadrat der Wellenfunktion Ψ^2 beschrieben. Diese ist am Potenzialtopfrand null, also ist auch dort der Wert der Wellenfunktion Ψ null. Somit sind die Wellenfunktionen zu den untersten drei Energiezuständen Sinusfunktionen mit 1, 2 bzw. 3 Halbwellen im Potenzialtopf und Knoten am Potenzialtopfrand (Abb. 8).

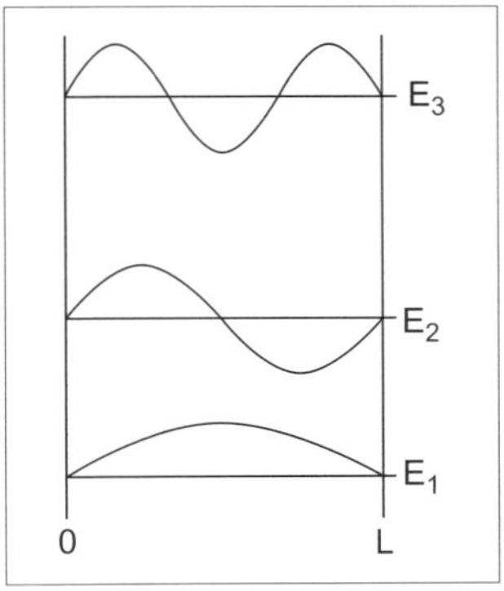

Abb. 8

b) Da sich im Potenzialtopf eine stehende Welle mit zwei Knoten an den Rändern bildet, muss die Topflänge L ein Vielfaches der halben Wellenlänge λ betragen. Damit folgt für die **Wellenlänge**:

$$L = n \cdot \frac{\lambda}{2} \quad \Rightarrow \quad \lambda = \underline{\underline{\frac{2L}{n}}} \qquad (n = 1, 2, 3, \ldots)$$

c) Die Gesamtenergie der Elektronen beträgt $E_n = E_{pot} + E_{kin}$. Da innerhalb des linearen Potenzialtopfs die potenzielle Energie auf null festgelegt ist, gilt:

$$E_n = E_{kin} = \frac{1}{2} m_e \cdot v^2 \quad (**)$$

Die in der Aufgabenstellung gegebene Gleichung für die de-Broglie-Wellenlänge des Elektrons ergibt umgeformt nach der Geschwindigkeit:

$$\lambda = \frac{h}{m_e \cdot v} \quad \Rightarrow \quad v = \frac{h}{m_e \cdot \lambda}$$

Eingesetzt in (∗∗) folgt:

$$E_n = \frac{1}{2} m_e \cdot \left(\frac{h}{m_e \cdot \lambda} \right)^2 = \frac{h^2}{2m_e \cdot \lambda^2}$$

Ersetzt man darin noch λ durch den in Teilaufgabe 4.5 b bestimmten Term, ergibt sich die gesuchte **Beziehung für den n-ten Energiezustand**:

$$E_n = \frac{h^2}{2m_e \cdot \left(\frac{2L}{n}\right)^2} = \underline{\underline{\frac{h^2}{8m_e \cdot L^2} \cdot n^2}} \qquad (n = 1, 2, 3, \ldots)$$

4.6 a) **Länge L des Potenzialtopfs:**

Der Potenzialtopf besteht aus 9 Kohlenstoffatomen und 2 Sauerstoffatomen. Also ergibt sich für die Länge L des Potenzialtopfes:

$$L = 9a_C + 2a_O = \underline{\underline{1{,}477\ \text{nm}}}$$

Hauptquantenzahlen

Da jeder Energiezustand mit 2 der insgesamt $z = 12$ relevanten Elektronen besetzt ist, ist der Zustand zur Hauptquantenzahl $n = 6$ der höchste besetzte (E_6) und der Zustand zur Hauptquantenzahl $n = 7$ der niedrigste unbesetzte Energiezustand (E_7).

b) Für die Energiedifferenz zwischen dem Energiezustand E_{n+1} und E_n gilt:

$$\Delta E = E_{n+1} - E_n$$

Damit erhält man für die in Teilaufgabe 4.6 a ermittelten Zustände:

$$\begin{aligned} \Delta E &= E_7 - E_6 \\ &= \frac{h^2}{8m_e \cdot L^2} \cdot \left(7^2 - 6^2\right) \\ &= \underline{\underline{\frac{13h^2}{8m_e \cdot L^2}}} \end{aligned}$$

Das stimmt mit dem Ergebnis überein, das man erhält, wenn man $z = 12$ in die angegebene Formel für ΔE einsetzt:

$$\Delta E = \frac{h^2}{8m_e \cdot L^2} \cdot (12 + 1) = \underline{\underline{\frac{13h^2}{8m_e \cdot L^2}}}$$

Alternativ können Sie die angegebene Formel für ΔE auch allgemein herleiten:

$$\begin{aligned}\Delta E &= E_{n+1} - E_n \\ &= \frac{h^2}{8m_e \cdot L^2} \cdot (n+1)^2 - \frac{h^2}{8m_e \cdot L^2} \cdot n^2 \\ &= \frac{h^2}{8m_e \cdot L^2} \cdot \left((n+1)^2 - n^2\right) \\ &= \frac{h^2}{8m_e \cdot L^2} \cdot \left(n^2 + 2n + 1 - n^2\right) \\ &= \frac{h^2}{8m_e \cdot L^2} \cdot (2n+1) \qquad (***)\end{aligned}$$

Da jedes Energieniveau laut Aufgabentext mit genau zwei Elektronen besetzt werden kann, ist bei z Elektronen die Hauptquantenzahl des höchsten besetzten Energieniveaus $n = \frac{z}{2}$. Eingesetzt in (***) folgt:

$$\underline{\underline{\Delta E = \frac{h^2}{8m_e \cdot L^2} \cdot (z+1)}}$$

c) Wenn das Potenzialtopfmodell auf Benzaurin anwendbar ist, muss die Energie der absorbierten Photonen annähernd genauso groß sein wie die Energiedifferenz zwischen den beiden Energieniveaus E_6 und E_7. Mithilfe des Ergebnisses aus Teilaufgabe 4.6 b erhält man hierfür:

$$\Delta E = \frac{13h^2}{8m_e \cdot L^2} = \frac{13 \cdot (6{,}626 \cdot 10^{-34}\ \text{Js})^2}{8 \cdot 9{,}11 \cdot 10^{-31}\ \text{kg} \cdot \left(1{,}477 \cdot 10^{-9}\ \text{m}\right)^2} = 3{,}59 \cdot 10^{-19}\ \text{J}$$

Der Absorptionsspektrum in Abb. 2 a ist zu entnehmen, dass die Atome Licht der Wellenlänge $\lambda = 550$ nm absorbieren, d. h., die absorbierten Photonen haben eine Energie von

$$E_{Ph} = h \cdot \frac{c}{\lambda} = 6{,}626 \cdot 10^{-34}\ \text{Js} \cdot \frac{2{,}998 \cdot 10^8\ \frac{\text{m}}{\text{s}}}{550 \cdot 10^{-9}\ \text{m}} = 3{,}6 \cdot 10^{-19}\ \text{J}.$$

Da beide Werte annähernd gleich sind, ist das **Potenzialtopfmodell auf Benzaurin anwendbar**.

Abiturprüfung Physik 2013 (Nordrhein-Westfalen) – Leistungskurs
Aufgabe 1: Aspekte zur experimentellen Überprüfung des Induktionsgesetzes

Punkte

In der folgenden Aufgabe soll eine Teilaussage des allgemeinen Induktionsgesetzes mithilfe des in der Abb. 1 dargestellten Versuchsaufbaus experimentell überprüft werden.

Zum Aufbau: Eine kleine Induktionsspule mit n = 10 Windungen ruht in einer langen Feldspule mit 240 Windungen. Die Spulenlängsachsen verlaufen parallel. Mithilfe einer steuerbaren Stromquelle kann man sich periodisch ändernde Ströme durch die Feldspule fließen lassen. Die Stärke B des in der Feldspule erzeugten magnetischen Feldes und die in der kleinen Induktionsspule induzierte Spannung U_{ind} werden in Abhängigkeit von der Zeit registriert.

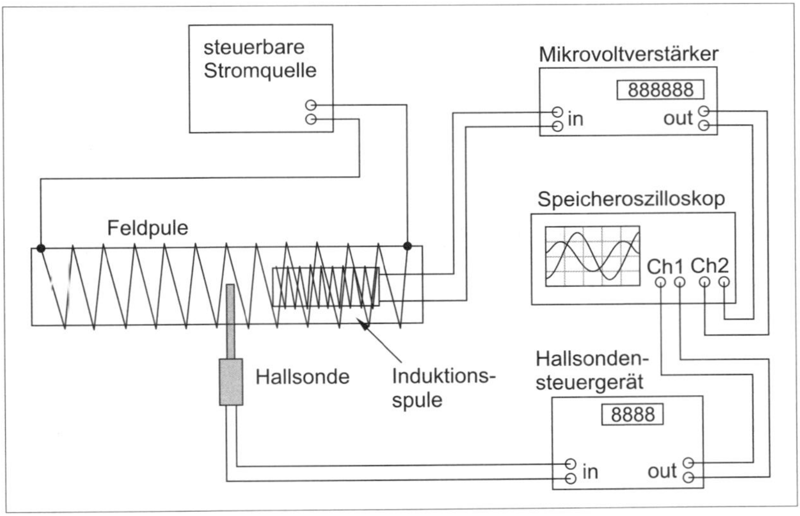

Abb. 1: Schematisch dargestellter Versuchsaufbau

1.1 a) Geben Sie eine mathematische Formulierung des Induktionsgesetzes (in allgemeiner Form) an und erläutern Sie die in der Formel vorkommenden physikalischen Größen.

b) Beschreiben Sie zwei (prinzipiell) unterschiedliche Prozesse, durch die Induktionsspannungen erzeugt werden können, und geben Sie dazu jeweils ein (einfaches) Beispiel an.

c) Erläutern und begründen Sie, welche Teilaussage des Induktionsgesetzes mit dem oben skizzierten und beschriebenen Versuch überprüft werden kann. 11

1.2 Das folgende Diagramm (Abb. 2) wurde mit der oben beschriebenen und skizzierten Versuchsanordnung aufgenommen. Es zeigt den zeitlichen Verlauf der Stärke B des Feldspulenfeldes („gestrichelte Linie“) sowie der induzierten Spannung U_{ind} („durchgezogene Linie“). Die Stärke B des Magnetfeldes wird in diesem Versuch mithilfe einer sogenannten Hallsonde gemessen. Diese Hallsonde ist so justiert und eingestellt, dass für den in Abb. 2 gezeigten Graphen von B(t) die neben dem Diagramm angegebene Skalierung gilt.

Versuch 1:

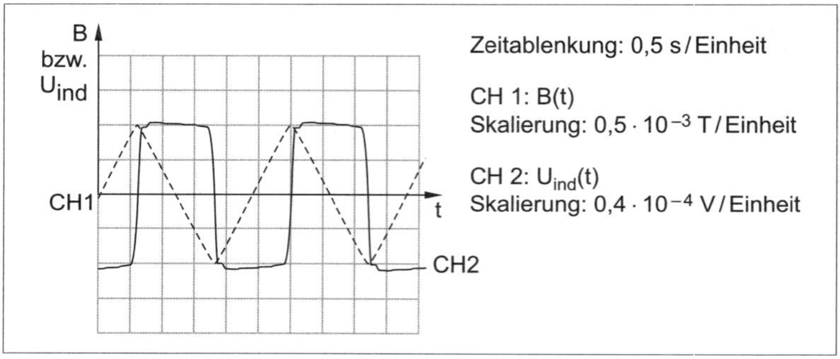

Abb. 2: Messdiagramm

a) Bestimmen Sie aus dem Diagramm in Abb. 2 die Periodendauer T sowie die Amplitude B_0 der zeitlich veränderlichen Stärke B(t) des magnetischen Feldes und ermitteln Sie daraus die zeitliche Änderung $\dot{B}(t)$.

Hinweis: Sie brauchen die Ermittlung von $\dot{B}$ nur für die (z. B.) „negative Flanke“ von B(t) durchzuführen.

[Ergebnis: $\dot{B}(t) \approx -0{,}0017\ \frac{T}{s}$ (für die negative Flanke)]

b) Berechnen Sie, ausgehend vom allgemeinen Induktionsgesetz und unter Verwendung des Ergebnisses von Teilaufgabe 1.2 a die in der kleinen Spule induzierte Spannung U_{ind}.

Hinweise:
- Sie brauchen hier nur einen einzelnen Wert für U_{ind} zu berechnen, z. B. für die „negative Flanke“.
- Die Induktionsspule hat $n = 10$ Windungen und eine Querschnittsfläche von $A_0 = 0{,}0050\ m^2$.

Geben Sie zu der Berechnung eine vollständige Umrechnung der Einheiten an.
Überprüfen Sie Ihr rechnerisches Ergebnis anhand des Messdiagramms in Abb. 2. 17

1.3 In einem 2. Versuch fließt ein Wechselstrom durch die Feldspule. Das Diagramm in Abb. 3 zeigt wieder die zeitlichen Verläufe der Stärke B(t) des Feldspulenfeldes sowie der induzierten Spannung $U_{ind}(t)$. Gehen Sie bei der Bearbeitung der folgenden Aufgabe davon aus, dass die Stärke des in der Feldspule fließenden Stromes einen sinusförmigen Verlauf hat.

Versuch 2:

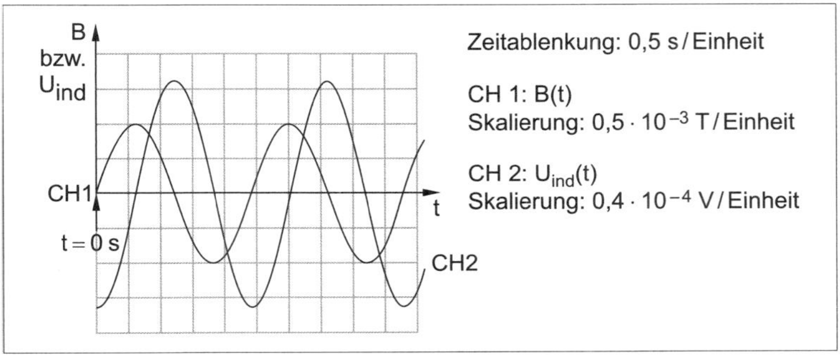

Abb. 3: Messdiagramm

a) Geben Sie für diesen 2. Versuch einen allgemeinen Funktionsterm für B(t) an und leiten Sie, ausgehend vom allgemeinen Induktionsgesetz, daraus den Term

$$U_{ind}(t) = -n \cdot A_0 \cdot B_0 \cdot \frac{2\pi}{T} \cdot \cos\left(\frac{2\pi}{T} \cdot t\right)$$

für die Zeit-Induktionsspannungs-Funktion her.

Hinweis: Der Nullpunkt der Zeitachse liegt (wie in Abb. 3 markiert) am linken Rand des Diagramms.

b) Berechnen Sie mithilfe der Beziehung aus Teilaufgabe 1.3 a für die Zeiten t = 0 s, 1 s und 2 s jeweils die Induktionsspannung $U_{ind}(t)$ und vergleichen Sie die berechneten Werte mit den entsprechenden Messwerten aus dem Oszillogramm in Abb. 3.

Hinweise:

- Die Periodendauer T sowie die Amplitude B_0 der Stärke des magnetischen Feldes wurden in beiden Versuchen gleich gewählt, die Werte für T und B_0 können daher aus Teilaufgabe 1.2 a übernommen werden.
- Falls Sie Teilaufgabe 1.2 a nicht gelöst haben, können Sie die Werte aus dem Diagramm in Abb. 3 ablesen.
- Taschenrechner auf das Bogenmaß einstellen! 13

1.4 In einem 3. Versuch sollte ein Strom durch die Feldspule geleitet werden, bei dem der zeitliche Verlauf der Stromstärke als „rechteckförmig“ bezeichnet werden kann. Ohne Berücksichtigung bestimmter weiterer physikalischer Prozesse wäre zu erwarten, dass der zeitliche Verlauf der Stärke B des Feldspulenfeldes dann ebenfalls „rechteckförmig“ ist. Ein entsprechender Graph von B(t) ist in der folgenden Abb. 4 skizziert.

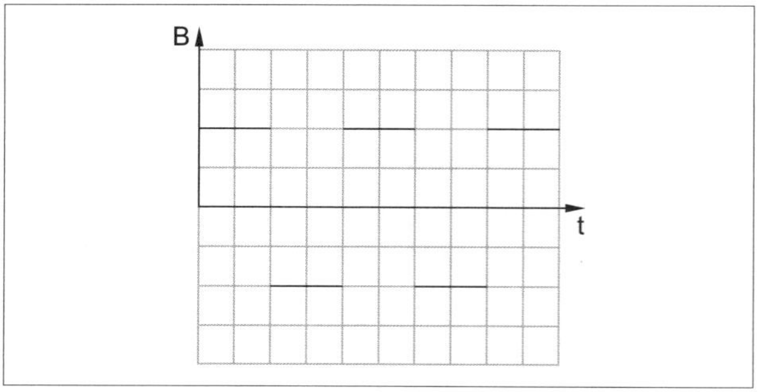

Abb. 4: Ohne Berücksichtigung bestimmter weiterer physikalischer Prozesse zu erwartender „rechteckförmiger Verlauf“ von B(t)

Der Versuch hat aber gezeigt, dass es nicht möglich war, einen „rechteckförmigen Verlauf“ von B(t) zu realisieren, obwohl die an der Feldspule anliegende Spannung einen nahezu ideal „rechteckförmigen“ Verlauf hatte. Die folgende Abb. 5 zeigt den im Versuch erzielten realen zeitlichen Verlauf von B(t) bei an der Feldspule anliegender nahezu idealer Rechteckspannung.

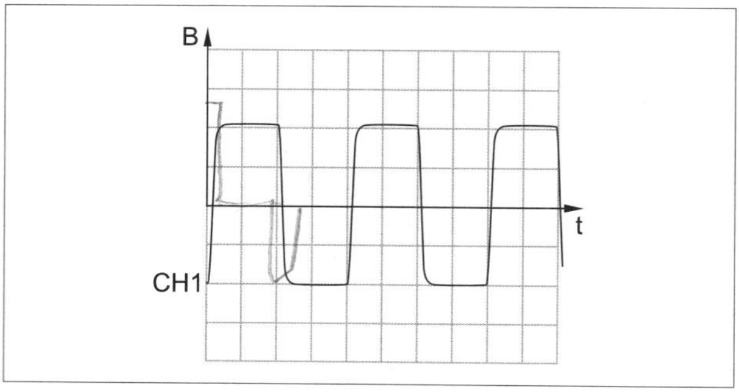

Abb. 5: Zeitlicher Verlauf von B(t) bei rechteckförmiger Spannung an der Feldspule

a) Begründen Sie qualitativ, warum es physikalisch nicht möglich ist, den in Abb. 4 skizzierten ursprünglich gewünschten Verlauf von B(t) zu realisieren, obwohl die steuerbare Stromquelle ein „rechteckförmiges“ Spannungssignal liefern kann.

b) Skizzieren Sie den zeitlichen Verlauf der Induktionsspannung qualitativ, berücksichtigen Sie dabei, dass der Graph von B(t) in den Intervallen, in denen er von einem positiven zu einem negativen Wert (bzw. umgekehrt) wechselt, sich dem folgenden konstanten Wert zunächst schnell, dann zunehmend langsamer nähert.

Hinweise: Es ist vorteilhaft, das in Abb. 5 gegebene Diagramm entsprechend dieser Teilaufgabe zu ergänzen. 12

1.5 In dieser Aufgabe soll untersucht werden, wie die in den Versuchen verwendete Hallsonde funktioniert und dass bzw. unter welchen Bedingungen die Hallspannung U_{Hall} proportional zur Stärke B des magnetischen Feldes der Feldspule ist.
Eine Hallsonde besteht im Wesentlichen aus einem kleinen und sehr dünnen, quaderförmigen Leiter- oder Halbleiterplättchen. Wie in Abb. 6a dargestellt, fließt in der Sonde ein konstanter (Elektronen-)Strom, der sogenannte Steuerstrom, von X nach Y durch das Plättchen.

Anmerkung: Bei Halbleitern gibt es zwar zusätzlich noch einen sogenannten „Löcherstrom", dieser wird im Folgenden aus Gründen der Vereinfachung aber nicht betrachtet, da er zu den prinzipiell gleichen Ergebnissen führt.

Befindet sich die Sonde, wie in Abb. 6b dargestellt, in einem homogenen Magnetfeld, kann zwischen den Punkten P und Q die sogenannte Hallspannung U_{Hall} gemessen werden.

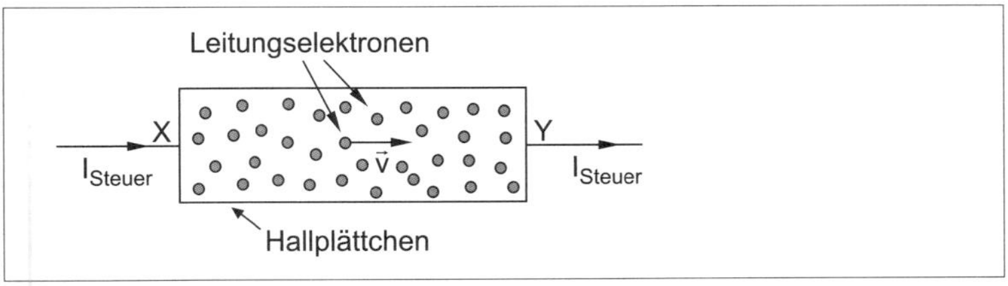

Abb. 6a: Schematische Darstellung einer Hallsonde (ohne $\vec{B}$-Feld)

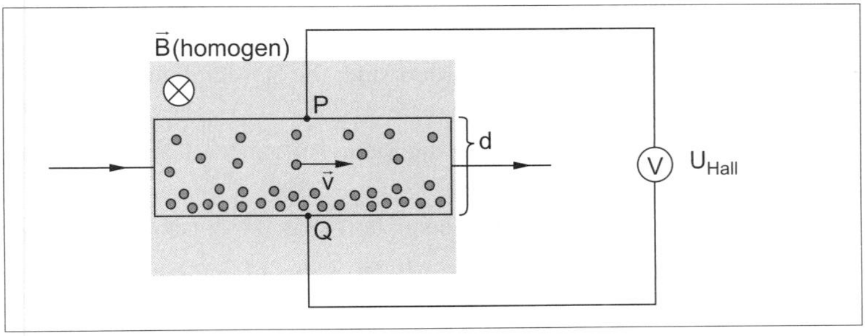

Abb. 6b: Schematische Darstellung einer betriebsbereiten Hallsonde im homogenen Magnetfeld der Stärke $\vec{B}$

Hinweise:

1. $\vec{v}$ stellt die mittlere Geschwindigkeit der Leitungselektronen dar.
2. Die Richtung von I_{Steuer} entspricht der physikalischen Stromrichtung.
3. Der grau markierte Bereich sei von einem homogenen Magnetfeld der Stärke $\vec{B}$ senkrecht durchsetzt.

a) Erläutern Sie, welche physikalischen Prozesse bei dieser Anordnung eine Spannung U_{Hall} zwischen der „oberen" und der „unteren" Seite des Hallplättchens erzeugen.

b) Leiten Sie die Beziehung $U_{Hall} = d \cdot v \cdot B$ her und begründen Sie Ihren (Kraft-)Ansatz.

Hinweis: Mit d wird die Höhe des Hallplättchens (siehe Abb. 6 b) bezeichnet, $\vec{v}$ ist die mittlere für alle Elektronen gleich große Driftgeschwindigkeit der Leitungselektronen im Plättchen. 12

Tipps und Hinweise zur Lösung von Aufgabe 1

Vorbemerkung: Das Thema Elektromagnetische Induktion stellt eines der zentralen Gebiete der Oberstufenphysik dar. Bei dieser Aufgabe liegt der Fokus auf der Entstehung einer Induktionsspannung durch die zeitliche Änderung der Stärke des magnetischen Feldes. Genauso wichtig und Bestandteil vieler Aufgaben im Zentralabitur ist die Entstehung einer Induktionsspannung durch eine zeitliche Flächenänderung. Neben den Grundphänomen der elektromagnetischen Induktion treten in diesen Aufgaben häufig Fragestellungen auf, bei denen die Lorentzkraft, das Phänomen der Selbstinduktion oder die Lenz'sche Regel eine wichtige Rolle spielen.

Teilaufgabe 1.1 a

- Schauen Sie in Ihre Formelsammlung.
- Dort finden Sie auch Hinweise zu den physikalischen Größen in der Formel.

Teilaufgabe 1.1 b

- Beachten Sie, dass jeweils zwei Teile gefordert sind: die Beschreibung des Prozesses und die Angabe eines Beispiels.
- Betrachten Sie die physikalischen Größen, die Sie in Aufgabenteil a erläutert haben.

Teilaufgabe 1.1 c

- Lesen Sie den einleitenden Aufgabentext genau, dort steht der entscheidende Hinweis.
- Beachten Sie, welche Größe verändert wird bzw. welche Größen konstant sind.

Teilaufgabe 1.2 a

- Die Zuordnung der Kurven können Sie der Schaltskizze, dem Aufgabentext und auch der Beschriftung des Messdiagramms entnehmen.

- Berücksichtigen Sie die angegebenen Skalierungen der x- und y-Achse.
- Beachten Sie, dass Sie die richtige Länge einer Periode berücksichtigen und nicht nur die „halbe Schwingung" (z. B. von einem Nullpunkt zum nächsten) untersuchen.
- Schauen Sie, welche Werte Sie relativ genau ablesen können, um ein möglichst exaktes Ergebnis zu erhalten.

Teilaufgabe 1.2 b

- Beachten Sie, dass die magnetischen Feldlinien senkrecht auf der Querschnittsfläche der Induktionsspule stehen.
- Führen Sie bei der Einheitenumformung zunächst alles auf SI-Einheiten zurück und zeigen Sie dann, dass der vereinfachte Bruch der gesuchten Einheit entspricht.
- Überlegen Sie, wie Sie die Induktionsspannung möglichst genau aus dem Diagramm entnehmen können.

Teilaufgabe 1.3 a

- Lassen Sie sich nicht durch den typischen sinusförmigen Verlauf der Induktionsspannung, den Sie vermutlich von einer rotierenden Leiterschleife kennen, irritieren. Die Spule bewegt sich nicht und es liegt weiterhin nur eine Änderung des B-Feldes vor.
- Beachten Sie den Hinweis in der Aufgabenstellung. Er ist zur exakten Bestimmung des Funktionstyps wichtig.

Teilaufgabe 1.3 b

- Beachten Sie den Tipp, sodass Ihr Taschenrechner korrekt eingestellt ist.
- Achten Sie darauf, dass Sie Ihre Berechnung nachvollziehbar darstellen, sodass Sie Teilpunkte erhalten, falls Sie sich vertippen sollten.

Teilaufgabe 1.4 a

- Überlegen Sie, was sich durch die Änderung der angelegten Spannung noch ändert.
- Im nächsten Aufgabenteil finden Sie einen Hinweis auf die Lösung.
- Schauen Sie sich noch einmal das Induktionsgesetz genau an.
- Durch welche Phänomene wird eine Induktionsspannung hervorgerufen?
- Erinnern Sie sich an die Lenz'sche Regel.

Teilaufgabe 1.4 b

- Lesen Sie genau: Im Aufgabentext finden Sie viele Hinweise zum Kurvenverlauf.
- Überlegen Sie, wovon der Betrag der Induktionsspannung abhängt.

Teilaufgabe 1.5 a

- Beachten Sie, dass sich die Elektronen in einem Magnetfeld bewegen.
- Überlegen Sie, wodurch eine Spannung entsteht.

Teilaufgabe 1.5 b

- Beachten Sie, dass schon im Aufgabentext ein deutlicher Hinweis zum Ansatz zu finden ist.
- Achten Sie auf eine ausreichende Begründung Ihres Ansatzes, die in der Aufgabenstellung gefordert wird.

Lösungen zu Aufgabe 1

1.1 a) Eine mögliche mathematische Darstellung ist:

$$\underline{\underline{U_{ind}(t) = -n \cdot \dot{\Phi}(t) \quad \text{mit } \Phi = \vec{B} \cdot \vec{A}}}$$

Erläuterung der physikalischen Größen:

- Das (Skalar-) Produkt aus $\vec{B}$ und $\vec{A}$ bezeichnet man als **magnetischen Fluss Φ.**
- $\vec{A}$ repräsentiert eine **Fläche**, die von einem **Magnetfeld der Stärke** $\vec{B}$ durchsetzt wird.
- Falls die Induktionsspannung in einer Spule erzeugt wird, gibt n die **Anzahl der Windungen** an.
- $\dot{\Phi}(t)$ bezeichnet die zeitliche Änderung des magnetischen Flusses $\Phi(t)$.

Wird beispielsweise eine Leiterschleife oder eine Spule mit n Windungen, deren Querschnittsfläche gerade durch $\vec{A}$ repräsentiert wird, vom $\vec{B}$-Feld durchsetzt, so tritt an den Enden dieser Leiterschleife die induzierte Spannung $U_{ind}(t)$ auf, sobald sich der magnetische Fluss zeitlich ändert.

b) Eine Induktionsspannung entsteht gemäß $U_{ind}(t) = -n \cdot \dot{\Phi}(t)$ immer dann, wenn eine zeitliche Änderung des magnetischen Flusses vorliegt. Dies wird mit $\Phi = \vec{B} \cdot \vec{A}$ bzw. $\Phi = |\vec{B}| \cdot |\vec{A}| \cdot \cos\alpha$ durch drei verschiedene **Prozesse** möglich:

1. Durch eine **zeitliche Änderung der Stärke $|\vec{B}(t)|$ des magnetischen Feldes**, welches eine (konstante) Fläche durchsetzt; dies ist z. B. beim Transformator der Fall.
2. Durch eine **zeitliche Änderung der Fläche $|\vec{A}(t)|$**, die von einem (konstanten) Magnetfeld durchsetzt wird; dies tritt z. B. auf, wenn eine Leiterschleife in ein Magnetfeld hinein oder aus dem Feld heraus bewegt wird.
3. Durch eine **zeitliche Änderung der Richtung $\alpha(t)$** zwischen $\vec{B}$ und $\vec{A}$; dies ist z. B. bei der Drehung einer Leiterschleife (mit konstanter Querschnittsfläche) in einem zeitlich konstanten Magnetfeld, also beim „klassischen“ Generator der Fall. Durch die Drehung ändert sich auch die vom Magnetfeld durchsetzte effektive Fläche.

c) Mit dem beschriebenen Versuch kann die Entstehung einer Induktionsspannung (zwischen den Enden der kleinen Induktionsspule) bei zeitlicher Veränderung der Stärke $\vec{B}$ eines magnetischen Feldes untersucht werden. Mithilfe der steuerbaren Stromquelle kann der Strom, der durch die Feldspule fließt, verändert werden, wodurch sich auch das von der Feldspule erzeugte magnetische Feld ändert. Die Querschnittsfläche der kleinen Induktionsspule wird während der Versuchsdurchführung nicht verändert, ebenso wird die Induktionsspule nicht gedreht oder bewegt. Somit liegt keine Änderung der vom Magnetfeld durchsetzten Fläche vor. Mit dem Versuch kann also der **Prozess 1** (Teilaufgabe 1.1 b) überprüft werden.

1.2 a) Wie der Schaltskizze oder der Beschriftung des Messdiagramms zu entnehmen ist, wurde der Verlauf der Stärke des magnetischen Feldes mit dem Kanal 1 (CH1) aufgezeichnet; er ist durch die gestrichelte Linie in Abb. 2 dargestellt.

Die beiden Maxima der dargestellten Kurve haben einen Abstand von 4,8 Einheiten, sodass sich mit der angegebenen Zeitablenkung von 0,5 s/Einheit eine **Periodendauer** von

$$T = 4{,}8 \text{ Einheiten} \cdot 0{,}5 \frac{\text{s}}{\text{Einheit}} = \underline{\underline{2{,}4\text{ s}}}$$

ergibt. Außerdem kann man dem Diagramm entnehmen, dass die maximale Auslenkung 2 Einheiten entspricht. Somit ergibt für die **Amplitude B_0** mit der angegebenen Skalierung der y-Achse von $0{,}5 \cdot 10^{-3}$ T/Einheit:

$$B_0 = 2{,}0 \text{ Einheiten} \cdot 0{,}5 \cdot 10^{-3} \frac{\text{T}}{\text{Einheit}} = \underline{\underline{0{,}001\text{ T}}}$$

Die gesuchte **zeitliche Änderung von B(t)** entspricht bei diesem 1. Versuch der „Geradensteigung der (z. B.) negativen Flanke". Mit den bereits ermittelten Werten ergibt sich (für die negative Flanke):

$$\dot{B}(t) = \frac{\Delta B}{\Delta t} = -\frac{2 \cdot B_0}{\frac{T}{2}} = -\frac{2 \cdot 0{,}001\text{ T}}{1{,}2\text{ s}} = -0{,}00167 \frac{\text{T}}{\text{s}} \approx \underline{\underline{-0{,}0017 \frac{\text{T}}{\text{s}}}} = \text{konst.}$$

b) **Berechnung der Induktionsspannung**

Da die durchsetzte Querschnittsfläche der Spule senkrecht zu den Feldlinien des magnetischen Feldes ausgerichtet ist, gilt für den magnetischen Fluss bei dem vorgeführten Experiment:

$$\Phi(t) = A_0 \cdot B(t)$$

Daraus ergibt sich für die zeitliche Änderung des magnetischen Flusses

$$\dot{\Phi}(t) = A_0 \cdot \dot{B}(t)$$

und für die Induktionsspannung:

$$U_{ind}(t) = \underbrace{-n \cdot A_0 \cdot \dot{B}(t)}_{(*)} = -10 \cdot 0{,}0050\text{ m}^2 \cdot \left(-0{,}0017 \frac{\text{T}}{\text{s}}\right) = \underline{\underline{8{,}5 \cdot 10^{-5}\text{ V}}}$$

Umrechnung der Einheiten (auf Grundlage der Beziehung (*))

$$[U_{ind}] = 1 \frac{\text{m}^2 \cdot \text{T}}{\text{s}} = 1 \frac{\text{m}^2 \cdot \text{N}}{\text{s} \cdot \text{m} \cdot \text{A}} = 1 \frac{\text{m}^2 \cdot \text{kg} \cdot \text{m}}{\text{s} \cdot \text{m} \cdot \text{A} \cdot \text{s}^2} = 1 \frac{\text{kg} \cdot \text{m}^2}{\text{A} \cdot \text{s}^3} = 1\text{ V}$$

oder: $$[U_{ind}] = 1 \frac{\text{m}^2 \cdot \text{T}}{\text{s}} = 1 \frac{\text{m}^2 \cdot \text{N}}{\text{s} \cdot \text{m} \cdot \text{A}} = 1 \frac{\text{N} \cdot \text{m}}{\text{s} \cdot \text{A}} = 1 \frac{\text{J}}{\text{C}} = 1\text{ V}$$

Überprüfung anhand des Messdiagramms

Wie der Schaltskizze oder der Beschriftung des Messdiagramms zu entnehmen ist, wurde die Induktionsspannung dem Kanal 2 (CH2) aufgezeichnet und somit durch die durchgezogene Linie (siehe Aufgabentext) dargestellt.

Der Abstand der positiven und negativen Messwerte beträgt ca. 4,2 Einheiten. Mithilfe der angegebenen Skalierung der y-Achse ($0{,}4 \cdot 10^{-4}$ V/Einheit) ergibt sich für die Induktionsspannung:

$$U_{\text{ind, gemessen}} = \frac{1}{2} \cdot 4{,}2 \text{ Einheiten} \cdot 0{,}4 \frac{\text{V}}{\text{Einheit}} \cdot \frac{1}{10^4} = \underline{\underline{8{,}4 \cdot 10^{-5}\ \text{V}}}$$

Die Ergebnisse stimmen im Rahmen der Messgenauigkeit überein, die Abweichung liegt unter 2 % und somit unter der Fehlertoleranz der Messgeräte.

1.3 a) **Funktionsterm für B(t)**

Der Schaltskizze und den Angaben zum Oszillogramm entnimmt man, dass B(t) mit dem Kanal 1 (CH 1) aufgezeichnet wurde.

Der Nullpunkt der Zeitachse wurde so gewählt, dass der Verlauf der Stärke des magnetischen Feldes B(t) durch eine einfache Sinusfunktion (ohne Phasenverschiebung) beschrieben wird:

$$\underline{\underline{B(t) = B_0 \cdot \sin\left(\frac{2\pi}{T} \cdot t\right)}}$$

Zeit-Induktionsspannungs-Funktion

Für den hier vorliegenden Fall reduziert sich das allgemeine Induktionsgesetz (wie bereits in Teilaufgabe 1.2 b gezeigt) zu $U_{ind}(t) = -n \cdot A_0 \cdot \dot{B}(t)$. Mit

$$\dot{B}(t) = B_0 \cdot \frac{2\pi}{T} \cdot \cos\left(\frac{2\pi}{T} \cdot t\right)$$

ergibt sich:

$$\underline{\underline{U_{ind}(t) = -n \cdot A_0 \cdot B_0 \cdot \frac{2\pi}{T} \cdot \cos\left(\frac{2\pi}{T} \cdot t\right)}}$$

b) Der Aufgabenstellung entnimmt man, dass $n = 10$ und $A_0 = 0{,}0050\ \text{m}^2$ beträgt. Mithilfe des Messdiagramms der Abb. 3 kann man die Periodendauer T und die Amplitude B_0 der Stärke des magnetischen Feldes bestimmen (oder gemäß dem Hinweis aus Teilaufgabe 1.2 a übernehmen):

$$T = 4{,}8 \text{ Einheiten} \cdot 0{,}5 \frac{\text{s}}{\text{Einheit}} = 2{,}4\ \text{s}$$

$$B_0 = 2{,}0 \text{ Einheiten} \cdot 0{,}5 \cdot 10^{-3} \frac{\text{T}}{\text{Einheiten}} = 0{,}001\ \text{T}$$

Mit den Werten erhält man den Funktionsterm

$$U_{ind}(t) = -10 \cdot 0{,}0050\ \text{m}^2 \cdot 0{,}001\ \text{T} \cdot \frac{2\pi}{2{,}4\ \text{s}} \cdot \cos\left(\frac{2\pi}{2{,}4\ \text{s}} \cdot t\right)$$

$$= -1{,}3 \cdot 10^{-4}\ \text{V} \cdot \cos\left(2{,}618\ \text{s}^{-1} \cdot t\right)$$

und für die gesuchten Zeitpunkte die **Induktionsspannungen**:

$\underline{\underline{U_{ind}(0\ \text{s}) = -0{,}13\ \text{mV}}}$; $\underline{\underline{U_{ind}(1\ \text{s}) = 0{,}11\ \text{mV}}}$; $\underline{\underline{U_{ind}(2\ \text{s}) = -0{,}065\ \text{mV}}}$

Dem **Messdiagramm** entnimmt man übereinstimmende Spannungswerte:

$U_{ind,\,mess}(0\,s) \approx -3{,}3$ Einheiten $\cdot\, 0{,}4 \cdot 10^{-4}$ V/Einheit $= -0{,}13$ mV

$U_{ind,\,mess}(1\,s) \approx 2{,}8$ Einheiten $\cdot\, 0{,}4 \cdot 10^{-4}$ V/Einheit $= 0{,}11$ mV

$U_{ind,\,mess}(2\,s) \approx -1{,}5$ Einheiten $\cdot\, 0{,}4 \cdot 10^{-4}$ V/Einheit $= -0{,}06$ mV

1.4 a) Die an der Spule anliegende Spannung ist gemäß Aufgabenstellung abschnittsweise konstant. Liegt eine konstante Spannung an, so stellt sich nach einer gewissen (hinreichend langen) Zeit ein nahezu konstanter Spulenstrom und somit ein konstantes B(t) ein. Bei einer konstanten Stärke des magnetischen Feldes liegt auch keine Änderung des magnetischen Flusses vor, somit beträgt die Induktionsspannung $U_{ind} = 0$ V.
Springt die Spannung dann zu einem bestimmten Zeitpunkt auf einen anderen Wert, so ändert sich der Strom in der Feldspule. Proportional zum Strom ändert sich dann auch die Stärke B des magnetischen Feldes der Spule. Somit ändert sich auch der magnetische Fluss, der diese felderzeugende Spule (selbst) durchsetzt. Die damit auftretende *Selbst*induktionsspannung ist nach der Lenz'schen Regel so gerichtet, dass sie ihrer Ursache, also der Änderung des Stromes, entgegen wirkt. Somit wird eine sprunghafte Veränderung des Stromes verhindert, wodurch auch **keine sprunghafte Änderung der Stärke des magnetischen Feldes** möglich ist.

b)

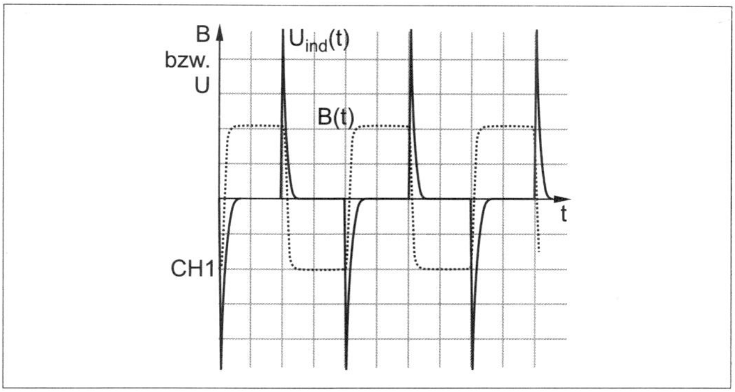

Abb. 7: Zur besseren Übersicht ist der B(t)-Graph hier gepunktet gezeichnet.

Hinweis zu Abb. 7: Weil durch Umpolen der an der Spule angelegten Spannung auch immer eine sehr starke Änderung der Stromstärke und damit auch der Stärke des Magnetfeldes hervorgerufen wird, entsteht zu diesen Zeitpunkten eine (betragsmäßig) sehr große Induktionsspannung, die der Änderung entgegenwirkt. Hierdurch wird die Änderung gebremst, wodurch wiederum die hervorgerufene Induktionsspannung nicht mehr so groß ist. Nachdem sich das Magnetfeld vollständig neu aufgebaut hat, liegt keine Änderung mehr vor, d. h., die Induktionsspannung geht auf null zurück. In der Skizze sollte darum deutlich erkennbar sein, dass die „Nadelimpulse" (dem Betrage nach) jeweils schnell ansteigen und dann zunächst wieder schnell, schließlich aber zunehmend langsamer (bis auf den Wert null) abfallen.

1.5 a) Fließt ein (Steuer-) Strom durch das Hallplättchen, bewegen sich die Leitungselektronen (gemäß der Abb. 6 b) mit der Geschwindigkeit $\vec{v}$ durch das (homogene) Magnetfeld der Stärke $\vec{B}$. Auf jedes bewegte Leitungselektron im Hallplättchen wirkt eine Lorentzkraft

$$\vec{F}_{Lorentz} = e \cdot \vec{v} \times \vec{B},$$

welche senkrecht zu $\vec{v}$ und zu $\vec{B}$ steht. Daher werden die Leitungselektronen abgelenkt (hier nach unten), es kommt also zu einem „Überschuss" von Elektronen an einer Seite des Hallplättchens. Insgesamt entsteht also eine Potenzialdifferenz und somit eine elektrische Spannung, die sogenannte **Hallspannung** U_{Hall}, zwischen der Ober- und der Unterseite des Hallplättchens.

b) **Begründung des Kraftansatzes**
Da zwischen den beiden Seiten P und Q eine Potenzialdifferenz und somit eine Spannung entsteht, erfahren die Leitungselektronen im Plättchen zusätzlich zur Lorentzkraft auch noch eine elektrische Kraft, die der Lorentzkraft genau entgegen gerichtet ist. Die in Teilaufgabe 1.5 a beschriebene Verschiebung der Leitungselektronen erfolgt so lange, bis die elektrische Kraft so groß ist, dass sie die Lorentzkraft gerade kompensiert. Es gilt dann (Abb. 8):

$$\vec{F}_{elektrisch} = -\vec{F}_{Lorentz} \quad \text{bzw.} \quad |\vec{F}_{elektr.}| = |-\vec{F}_{Lorentz}|$$

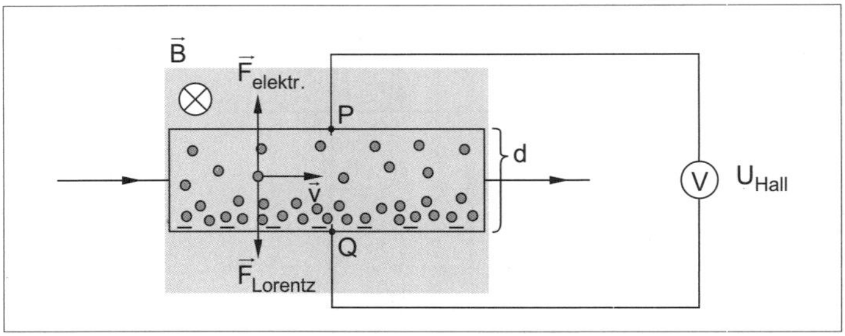

Abb. 8

Herleitung der gesuchten Beziehung

Aus $|\vec{F}_{elektr.}| = |-\vec{F}_{Lorentz}|$ folgt mit $|\vec{F}_{elektr.}| = e \cdot E$ und $|\vec{F}_{Lorentz}| = e \cdot v \cdot E$:

$$e \cdot E = e \cdot v \cdot B$$

Mit $E = \frac{U_{Hall}}{d}$ und nach Umformen folgt die gesuchte Beziehung:

$$e \cdot \frac{U_{Hall}}{d} = e \cdot v \cdot B \;\Rightarrow\; U_{Hall} = \underline{\underline{d \cdot v \cdot B}}$$

Punkte

2.1 **Subjektive Beobachtung des Wasserstoffspektrums**

Zur Untersuchung des Wasserstoffspektrums wird eine mit Wasserstoff gefüllte Spektralröhre direkt vor einem Maßstab positioniert und durch ein optisches Gitter beobachtet. Abb. 1 zeigt ein Foto dieses Versuchsaufbaus, Abb. 2 zeigt das Prinzip dieser so genannten subjektiven Beobachtungsmethode. Abb. 3 zeigt das durch das Gitter beobachtete Spektrum des atomaren Wasserstoffs.

Der Abstand zwischen Maßstab und optischem Gitter beträgt $d = 0{,}40$ m.

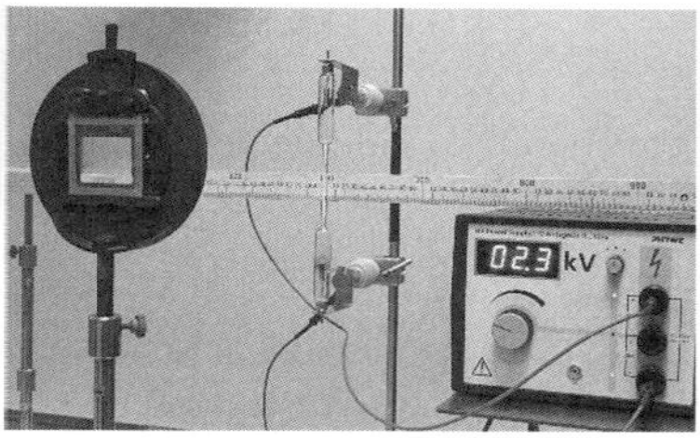

Abb. 1: Versuchsaufbau zur subjektiven Beobachtung des Wasserstoffspektrums

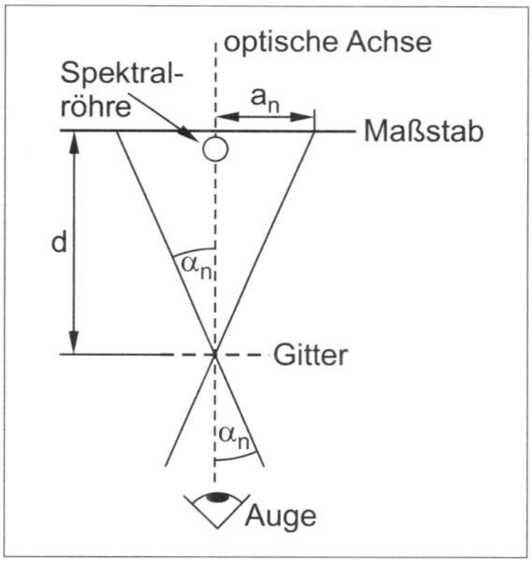

Abb. 2: Prinzip der subjektiven Beobachtungsmethode

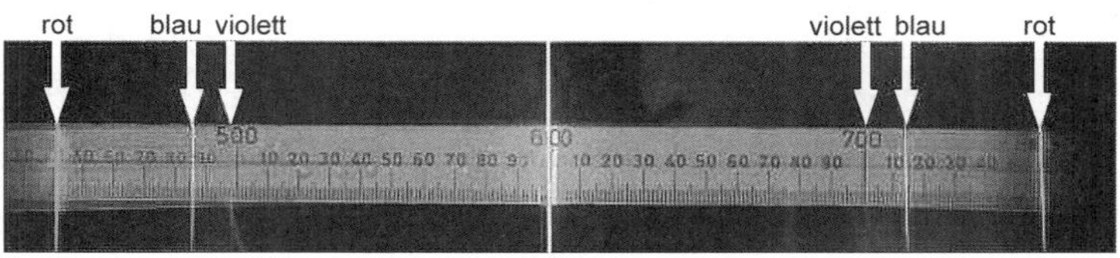

Abb. 3: Wasserstoffspektrum durch das Gitter beobachtet (Skala in mm)
(Quelle unbekannt, Farbfoto s. Datei „Zusatzblatt LK2013 A2.pdf" auf der CD-ROM)

a) Die Winkel α_n, unter denen die Gittermaxima der Ordnung n beobachtet werden, sind identisch mit den Winkeln, die sich ergeben würden, wenn die Maxima auf einem Schirm im Abstand d hinter dem Gitter abgebildet würden.

Leiten Sie für diese Anordnung (also für die Abbildung der Maxima auf einem Schirm hinter dem Gitter) unter Verwendung einer beschrifteten Skizze her, dass für die Wellenlänge λ, die Gitterkonstante g und den Abstand a_1 des Maximums erster Ordnung von der optischen Achse die folgende Beziehung gilt:

$$\lambda = g \cdot \frac{a_1}{\sqrt{d^2 + a_1^2}}$$

b) Die Gitterkonstante g des verwendeten Gitters beträgt $g = 1{,}75 \cdot 10^{-6}$ m. Tabelle 1 sind die Wellenlängen der blauen und der roten Spektrallinie zu entnehmen.

Tabelle 1:

Farbe	rot	blau	violett
λ in nm	656	486	

Bestimmen Sie die Wellenlänge der violetten Spektrallinie.
[Kontrollergebnis: $\lambda_{violett} = 432$ nm] 14

2.2 **Das Bohr'sche Modell des Wasserstoffatoms**

Das folgende Gedicht widmet sich auf eigenwillige Art dem Bohr'schen Atommodell, mit dessen Hilfe sich die Spektrallinien des Wasserstoffatoms erklären lassen.

Hubert Cremer: 2 Minuten Atomphysik

Auf KEPLERschen Ellipsen hetzen
gemäß den COULOMBschen Gesetzen
die Elektronen froh und gern
wohl um den positiven Kern.
Doch sind hierbei, wie überhaupt,
diskrete Bahnen nur erlaubt.
Beschränken wir uns klug und weise
zunächst einmal auf simple Kreise,
so sind nur solche Bahnen richtig
deren Impulsmoment (wie wichtig!)
gleich n mal h durch 2 mal π,
und deren Radien, wissen Sie,
verhalten sich dann allemal
wie das Quadrat der Quantenzahl.
(Das h ist hierbei, Gott sei dank,
das Wirkungsquantum des Herrn PLANCK;
in absoluten Maßen fand sich
rund 6 durch 10 hoch 27.*)
Schwingt's Elektron auf solchen Kreis,
es nimmermehr von Strahlung weiß.
Am liebsten weilt es nah am Kern,
und dünkt ihm mal ein Weg zu fern,
dann – schwuppdiwupp und mit Elan –
springt's rasch in eine tiefre Bahn.
Dabei wird Energie entbehrlich;
die setzt der Äther klug und ehrlich
gleich h mal f – welch stolzes Wort! –
und schickt sie dann als Strahlung fort.
Die zwei Minuten sind nun leider um:
Auf Wiederhören, liebes Publikum!

* In einem alten Maßeinheitensystem

Aus: Cremer, H., Carmina Mathematica, S. 42, 3. Auflage, Verlag Mayer Aachen 1965

a) Geben Sie exemplarisch Zeilennummern an, in denen die Bohr'schen Postulate innerhalb des Gedichtes benannt werden.
Geben Sie die Bohr'schen Postulate in einer fachwissenschaftlich üblichen Formulierung wieder.

b) Wird das Nullniveau für die Gesamtenergie des Elektrons im Wasserstoffatom ins Unendliche gelegt, so ergibt sich für seine Gesamtenergie auf der n-ten Bahn:

$$E_n = -13{,}6\,\text{eV} \cdot \frac{1}{n^2}$$

Für die ersten fünf Energiestufen E_n des Wasserstoffatoms ergeben sich folgende Werte:

Tabelle 2:

n	1	2	3	4	5
E_n in eV	–13,6	–3,40	–1,51	–0,85	–0,54

Berechnen Sie die Gesamtenergie E_n des Elektrons im Wasserstoffatom für $n \to \infty$ und interpretieren Sie Ihr Ergebnis.
Zeichnen Sie maßstäblich das Energieniveauschema des Wasserstoffatoms unter Angabe der Energien zu den jeweiligen Niveaus.

c) Bestimmen Sie diejenigen Übergänge im Wasserstoffatom, die zu den drei in Teilaufgabe 2.1 beobachteten Spektrallinien führen.

d) Ein Wasserstoffatom befinde sich im Grundzustand.
Begründen Sie, welche Übergänge angeregt werden können, wenn das Wasserstoffatom von einem **Elektron** mit der Energie von 12,5 eV getroffen wird.
Begründen Sie, welche Übergänge angeregt werden können, wenn das Wasserstoffatom von einem **Photon** mit der Energie von 12,5 eV getroffen wird. 34

2.3 **Spektren von Energiesparlampen**
Bei der Funktion moderner Energiesparlampen spielt die Emission von Licht durch die Anregung von Quecksilberatomen eine wichtige Rolle. In Teilaufgabe 2.2 wurde das Wasserstoffspektrum durch Elektronenübergänge zwischen verschiedenen Energieniveaus erklärt. Dies ist auch für das Quecksilberspektrum möglich. Abb. 4 zeigt das Quecksilberspektrum, das mit der aus Teilaufgabe 2.1 bekannte Beobachtungsmetode fotografiert wurde, wobei der Maßstab durch eine Nanometer-Skala ersetzt wurde.

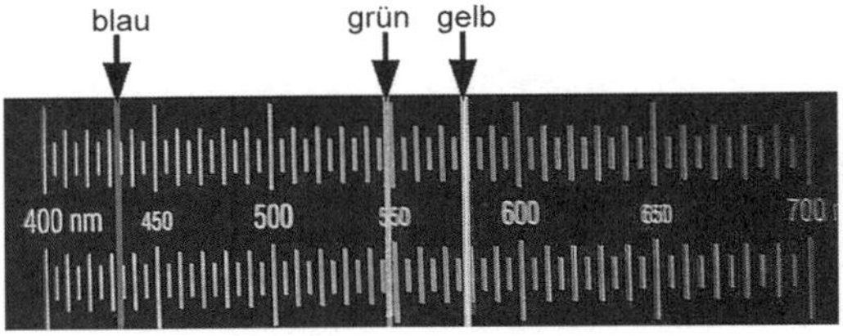

Abb. 4: Quecksilberspektrum
(Farbfoto siehe Datei „Zusatzblatt LK2013 A2.pdf" auf der CD-ROM)

a) Geben Sie aus Abb. 4 die Wellenlängen der drei sichtbaren Spektrallinien des Quecksilberspektrums an.

b) Die intensivste Spektrallinie des Quecksilberspektrums entspricht einem Übergang mit einer Energie von 4,9 eV.
Zeigen Sie, dass diese Spektrallinie im ultravioletten Bereich des Spektrums liegt.

In modernen Energiesparlampen wird Quecksilber zum Leuchten angeregt. Durch Leuchtstoffe auf der Innenseite des Glaskörpers kann das im Quecksilberspektrum enthaltene UV-Licht Licht in sichtbares Licht „umgewandelt" werden. In den Leuchtstoffen wird ein UV-Photon absorbiert und ein energieärmeres Photon im sichtbaren Bereich emittiert. Die verbleibende Energiedifferenz wird im Leuchtstoff in Wärmeenergie umgewandelt.

c) Ein Leuchtstoff wandelt in einer Energiesparlampe das UV-Licht mit der Energie von 4,9 eV in rotes Licht der Wellenlänge 610 nm um.
Bestimmen Sie den prozentualen Anteil der Energie des UV-Lichts, der in sichtbares Licht umgewandelt wird.

Energiesparlampen führen gegenüber herkömmlichen Glühlampen zu einer erheblichen Energieersparnis. Als Argument gegen Energiesparlampen wird jedoch häufig angeführt, sie würden gegenüber Glühlampen ein weniger angenehmes Licht erzeugen:

„Denn wenig ist wahr von dem, was die Sparlampe verspricht. Zuerst lügt gleich einmal ihr Licht. Da ihr Spektrum diskontinuierlich ist, […] verfälscht sie Farben grundsätzlich und gravierend."

Quelle: Werneburg, Brigitte: Der dunkle Wahnsinn. In: taz vom 1. 9. 2011

Für die so genannte „Farbwiedergabe" von Energiesparlampen und die damit verbundene Wirkung auf den Menschen ist es tatsächlich entscheidend, dass durch die Leuchtstoffe, die das UV-Licht in sichtbares Licht umwandeln, ein möglichst kontinuierliches Spektrum erzeugt wird.

Abb. 5 zeigt das fotografierte kontinuierliche Spektrum einer Glühlampe.

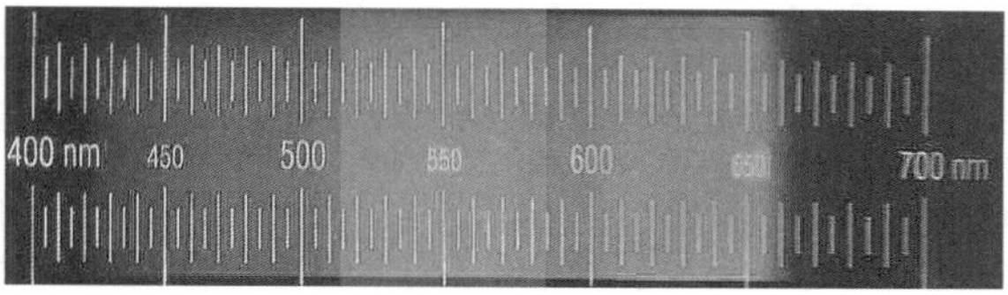

Abb. 5: Fotografiertes kontinuierliches Spektrum einer Glühlampe
(Farbfoto siehe Datei „Zusatzblatt LK2013 A2.pdf" auf der CD-ROM)

Die Abb. 6 und 7 zeigen zum Vergleich die Spektren zweier verschiedener Energiesparlampen.

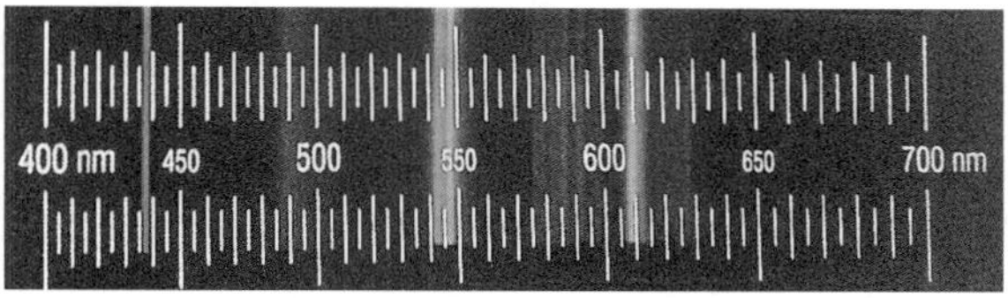

Abb. 6: Spektrum der Energiesparlampe Typ A
(Farbfoto siehe Datei „Zusatzblatt LK2013 A2.pdf" auf der CD-ROM)

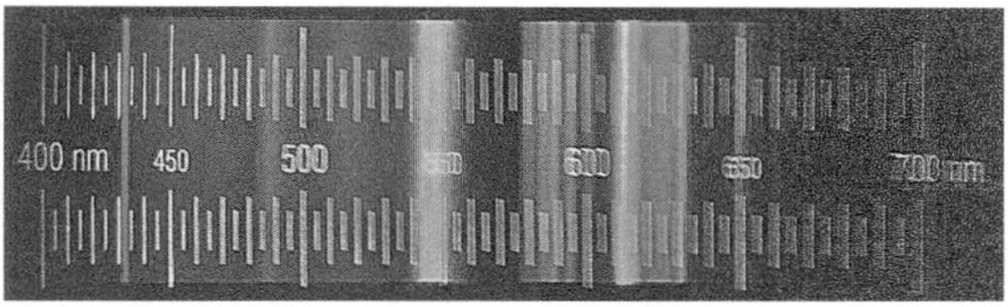

Abb. 7: Spektrum der Energiesparlampe Typ B
(Farbfoto siehe Datei „Zusatzblatt LK2013 A2.pdf" auf der CD-ROM)

d) Beschreiben Sie die Spektren der beiden Energiesparlampen jeweils im Vergleich zum Quecksilberspektrum.
Vergleichen Sie die Spektren der beiden Energiesparlampen miteinander im Hinblick auf die Farbwiedergabe. 17

Tipps und Hinweise zur Lösung von Aufgabe 2

Vorbemerkung: Diese Aufgabe stellt eine typische Verknüpfung von zwei Themen dar, die sehr häufig im Zentralabitur vorkommen: Elektromagnetische Wellen und Atomphysik. Einerseits geht es in dieser Aufgabe um Interferenzerscheinungen und die Beschreibung von Licht als elektromagnetische Welle. Andererseits gibt es um die Entstehung von Linienspektren und die Erklärung der Entstehung der diskreten Energieniveaus mithilfe eines hierfür geeigneten Atommodells.

Teilaufgabe 2.1 a

- Beachten Sie, dass Sie die Skizzen mit den in der Aufgabenstellung angegebenen Variablen beschriften.
- Zur Herleitung der Formel können zwei Skizzen hilfreich sein.
- Beachten Sie, dass die Gleichung für das Maximum erster Ordnung hergeleitet werden soll.
- Die Wurzel mit dem typischen Radikanden in der Gleichung ist ein deutlicher Hinweis darauf, dass der Satz des Pythagoras verwendet werden muss.

Teilaufgabe 2.1 b

- Beachten Sie die Angaben und die Formel, die in dem vorangegangenen Aufgabentext bereits genannt sind.
- Überlegen Sie, wie Sie eine möglichst hohe Genauigkeit für die zu ermittelnden Werte erhalten.

Teilaufgabe 2.2 a

- Mit „Impulsmoment“ (Zeile 10 des Gedichts) ist nach heutiger Sprechweise der „Drehimpuls“ gemeint.
- Die Zeilen 10 und 11 stellen eine veraltete Darstellung dar und beinhalten die Aussage $\lambda = \frac{2\pi \cdot r}{n}$.

Teilaufgabe 2.2 b

- Beachten Sie den Hinweis in der Aufgabenstellung, wie die Gesamtenergie zu berechnen ist.
- Beachten Sie, dass das Energieniveauschema maßstäblich gezeichnet werden soll.
- Beachten Sie die Vorzeichen der angegebenen Energien.

Teilaufgabe 2.2 c

- Erinnern Sie sich an das 2. Bohr'sche Postulat.
- Beachten Sie, dass Sie Licht sowohl im Wellenmodell als auch im Teilchenmodell beschreiben können.
- Erinnern Sie sich daran, wie die Energie von Photonen berechnet wird.
- Überlegen Sie, welcher Zusammenhang zwischen Wellenlänge und Frequenz besteht.

Teilaufgabe 2.2 d

- Überlegen Sie, wo der Unterschied zwischen einem Stoß mit einem Elektron und einen Photon liegt.
- Erinnern Sie sich an den Franck-Hertz Versuch, da haben Sie sich intensiv mit Stößen zwischen Elektronen und Atomen auseinander gesetzt.
- Erinnern Sie sich an einen Versuch zur sogenannten Resonanzabsorption.

Teilaufgabe 2.3 b

- Beachten Sie, dass im UV-Bereich die Wellenlängen kleiner sind als die von blauem Licht.
- Beachten Sie, dass Sie diese Linie natürlich im abgebildeten Spektrum nicht sehen können.
- Überlegen Sie, welcher Zusammenhang zwischen Wellenlänge und Frequenz besteht.

Teilaufgabe 2.3 c

- Hier müssen Sie die Rechnung von Teilaufgabe b nur umgekehrt ausführen.
- Achten Sie bei der Berechnung des prozentualen Anteils darauf, dass Sie den richtigen Wert als Grundwert nehmen.

Teilaufgabe 2.3 d

- Beachten Sie, dass Sie bei einem Vergleich sowohl Unterschiede als auch Gemeinsamkeiten benennen.
- Beachten Sie bei Ihrem Vergleich, dass das Ziel ist, ein Spektrum zu bekommen, das dem einer Glühlampe möglichst ähnlich ist.

Lösungen zu Aufgabe 2

2.1 a)

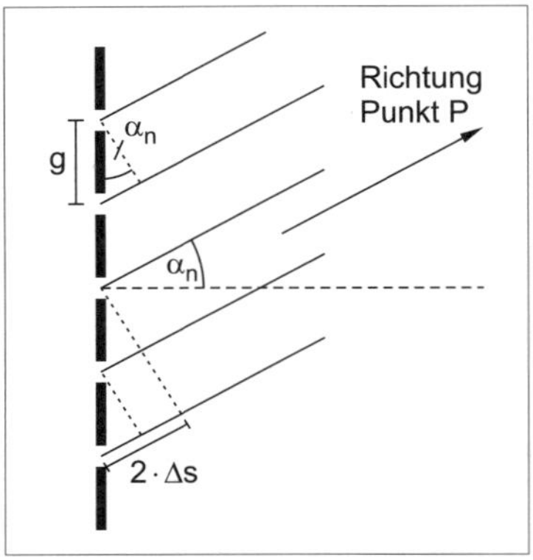

Abb. 8

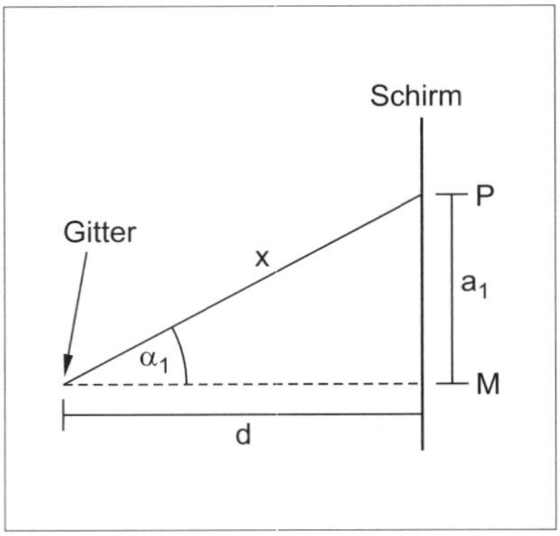

Abb. 9

Die Spalte eines Gitters bilden die Ausgangspunkte von Elementarwellen, die im Punktpunkt P interferieren. Beträgt der Gangunterschied Δs zwischen benachbarten Wellen $n \cdot \lambda$, so interferieren die Wellen konstruktiv und es entsteht ein Intensitätsmaximum. Die vom Gitter zum Interenzpunkt P verlaufenden Strahlen können als parallel angenommen werden, wenn P im Verhältnis zum Gitterabstand sehr weit entfernt ist.

Der Abb. 8 ist die Beziehung $\sin\alpha_n = \frac{\Delta s}{g}$ zu entnehmen. Hieraus folgt mit $\Delta s = n \cdot \lambda$ und $n = 1$ für das gesuchte Maximum 1. Ordnung:

$$\sin\alpha_1 = \frac{\lambda}{g} \qquad (1)$$

Nach Abb. 9 gilt $\sin\alpha_1 = \frac{a_1}{x}$. Nach dem Satz des Pythagoras ist $x = \sqrt{d^2 + a_1^2}$, eingesetzt folgt:

$$\sin\alpha_1 = \frac{a_1}{\sqrt{d^2 + a_1^2}} \qquad (2)$$

Gleichsetzen von (1) und (2) ergibt die gesuchte **Formel für λ**:

$$\frac{\lambda}{g} = \frac{a_1}{\sqrt{d^2 + a_1^2}} \quad \Rightarrow \quad \underline{\underline{\lambda = g \cdot \frac{a_1}{\sqrt{d^2 + a_1^2}}}}$$

b) Der Abb. 3 der Aufgabenstellung bzw. auf dem Zusatzblatt kann man entnehmen, dass die Maxima 1. Ordnung der violetten Spektrallinie an den Stellen $s_{1,\,rechts} = 0{,}701$ m und $s_{1,\,links} = 0{,}498$ m liegen. Somit ergibt sich für die violette Spektrallinie der Abstand zum Maximum 0. Ordnung zu

$$a_1 = \frac{0{,}701\text{ m} - 0{,}498\text{ m}}{2} = 0{,}102\text{ m}$$

und daraus für die **Wellenlänge der violetten Linie**:

$$\lambda_{violett} = 1{,}75 \cdot 10^{-6}\ \text{m} \cdot \frac{0{,}102\ \text{m}}{\sqrt{(0{,}40\ \text{m})^2 + (0{,}102\ \text{m})^2}} = \underline{\underline{432\ \text{nm}}}$$

2.2 a) **Zeilennummern innerhalb des Gedichtes**

Erstes Bohr'sches Postulat:

Zeilen 9 bis 11: „… so sind nur solche Bahnen richtig deren Impulsmoment (wie wichtig!) gleich n mal h durch 2 mal π,“

Zeilen 19 bis 20: „Schwingt's Elektron auf solchen Kreis, es nimmermehr von Strahlung weiß.“

Zweites Bohr'sches Postulat:

Zeilen 24 bis 28: „… springt's rasch in eine tiefre Bahn. Dabei wird Energie entbehrlich; die setzt der Äther klug und ehrlich gleich h mal f – welch stolzes Wort! – und schickt sie dann als Strahlung fort.“

Bohr'sche Postulate in einer fachwissenschaftlichen Formulierung:

Erstes Bohr'sches Postulat (Quantenbedingung)

Der Bahndrehimpuls $L = r \cdot m \cdot v$ nimmt nur Vielfache von $\frac{h}{2\pi}$ an:

$$L = n \cdot \frac{h}{2\pi},\quad n = 1, 2, \ldots$$

Auf jeder dieser Bahnen bewegt sich das Elektron strahlungsfrei. n ist die Quantenzahl, welche die Bahn bestimmt.

Zweites Bohr'sches Postulat (Frequenzbedingung)

Beim Übergang des Elektrons von einer Bahn mit hoher Energie E_m zu einer Bahn mit geringerer Energie E_n wird die Energiedifferenz mit einem Photon der Frequenz f abgegeben (Emission): $h \cdot f = E_m - E_n$.

Beim umgekehrten Vorgang wird eine Energie mit exakt dem Betrag $h \cdot f$ aufgenommen (Absorption).

b) Für die **Gesamtenergie im Wasserstoffatom für $n \to \infty$** ergibt sich gemäß Aufgabenstellung:

$$\lim_{n \to \infty} E_n = -13{,}6\ \text{eV} \cdot \frac{1}{n^2} = \underline{\underline{0\ \text{eV}}}$$

Ein Elektron mit der Gesamtenergie 0 eV ist ein **freies Elektron**.

Abb. 10 zeigt das zugehörige **Energieniveauschema**.

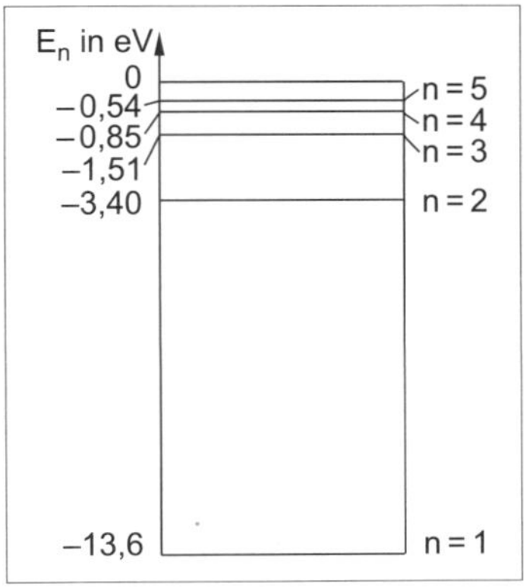

Abb. 10

c) Nach dem 2. Bohr'schen Postulat entspricht die Energie der emittierten Photonen $h \cdot f$ der Energiedifferenz der beiden Energieniveaus, zwischen denen der Übergang des Elektrons stattgefunden hat. Es muss daher jeweils die Energie der Photonen berechnet werden, die den Spektrallinien zugeordnet werden kann, und diese mit den Energiedifferenzen im Wasserstoffatom verglichen werden.

- Spektrallinien aus Teilaufgabe 2.1:

  $\lambda_{violett} = 434\ \text{nm},\ \lambda_{blau} = 486\ \text{nm},\ \lambda_{rot} = 656\ \text{nm}$

- Bestimmung der zugehörigen Photonen-Energien mit $E = h \cdot f = h \cdot \frac{c}{\lambda}$:

  $E_{violett} = 4{,}58 \cdot 10^{-19}\ \text{J} = 2{,}86\ \text{eV}$

  $E_{blau} = 4{,}09 \cdot 10^{-19}\ \text{J} = 2{,}55\ \text{eV}$

  $E_{rot} = 3{,}03 \cdot 10^{-19}\ \text{J} = 1{,}89\ \text{eV}$

- Vergleich mit den Energiedifferenzen im H-Atom:

  Der **Übergang von n = 5 nach n = 2** führt zur violetten Linie:

  $E_5 - E_2 = 2{,}86\ \text{eV} = E_{violett}$

  Der **Übergang von n = 4 nach n = 2** führt zur blauen Linie:

  $E_4 - E_2 = 2{,}55\ \text{eV} = E_{blau}$

  Der **Übergang von n = 3 nach n = 2** führt zur roten Linie:

  $E_3 - E_2 = 1{,}89\ \text{eV} = E_{rot}$

d) Dem Elektron des Wasserstoffatoms kann maximal die kinetische Energie des **freien Elektrons** zugeführt werden, d. h., das Wasserstoffelektron könnte maximal auf eine Energie von

$$E_1 + E_{Elektron} = -13{,}6\ \text{eV} + 12{,}5\ \text{eV} = -1{,}1\ \text{eV}$$

angeregt werden. Das reicht, um **Übergänge von n = 3 nach n = 2** anzuregen. Das Elektron gibt dabei jeweils nur exakt soviel Energie ab, wie zum Übergang auf das jeweilige Energieniveau notwendig ist (2. Bohr'sches Postulat). Die Restenergie verbleibt als kinetische Energie beim freien Elektron.

Da das **Photon** nur seine gesamte Energie abgeben kann, könnte es das Wasserstoffelektron nur auf ein Energieniveau von

$$E_1 + E_{Elektron} = -13{,}6\ \text{eV} + 12{,}5\ \text{eV} = -1{,}1\ \text{eV}$$

anregen. Da dieses Energieniveau beim Wasseratom nicht existiert, kann ein Photon mit der Energie 12,5 eV das Wasserstoffatom **nicht anregen**.

2.3 a) Der Abb. 4 der Aufgabenstellung bzw. im Zusatzblatt entnimmt man folgende **Wellenlängen**:

$$\underline{\underline{\lambda_{blau} = 433\ \text{nm}}},\ \underline{\underline{\lambda_{grün} = 548\ \text{nm}}},\ \underline{\underline{\lambda_{gelb} = 580\ \text{nm}}}$$

b) Die Energie des Photons beträgt $E = h \cdot f = 4{,}9\ \text{eV}$.
Mithilfe der Beziehung zwischen Frequenz f und Wellenlänge λ ergibt sich:

$$\lambda = \frac{c}{f} = \frac{h \cdot c}{E} = \frac{4{,}136 \cdot 10^{-15}\ \text{eVs} \cdot 3{,}00 \cdot 10^{8}\ \frac{\text{m}}{\text{s}}}{4{,}9\ \text{eV}} = \underline{\underline{253\ \text{nm}}} = \lambda_{UV}$$

Damit liegt die Spektrallinie im **UV-Bereich**.

c) Der **Anteil des in sichtbares Licht umgewandelten UV-Lichts** lässt sich am schnellsten aus dem Verhältnis der Wellenlängen ermitteln:

$$\frac{E_{rot}}{E_{UV}} = \frac{\frac{h \cdot c}{\lambda_{rot}}}{\frac{h \cdot c}{\lambda_{UV}}} = \frac{\lambda_{UV}}{\lambda_{rot}} = \frac{253\ \text{nm}}{610\ \text{nm}} = 0{,}41 = \underline{\underline{41\ \%}}$$

d) **Vergleich der Energiesparlampe A mit dem Quecksilberspektrum**
In dem Spektrum der Energiesparlampe A zeigen sich deutlich die blaue und die grüne Spektrallinie des Quecksilberspektrums. Zusätzlich erkennt man eine sehr schwache zweite blaue Linie (490 nm) und eine rote Linie (610 nm), die von einem sehr schwachen Spektrum umgeben ist. Die gelbe Spektrallinie des Quecksilberspektrums ist nicht als separate Linie zu erkennen.

Vergleich der Energiesparlampe B mit dem Quecksilberspektrum
Die Energiesparlampe B hat ein annähernd kontinuierliches Spektrum, bei dem einzelne Linien eine deutlich höhere Intensität als der Rest des Spektrums haben. Die grüne und blaue Linie des Quecksilberspektrums sind als Linien hoher Intensität zu erkennen, die gebe Linie ist auch hier nicht als separate Linie zu erkennen.

Vergleich der beiden Energiesparlampen miteinander
Die Energiesparlampe B hat ein annähernd kontinuierliches Spektrum, bei dem einzelne Linien eine deutlich höhere Intensität als der Rest des Spektrums haben. Das Spektrum der Energiesparlampe A ist dagegen deutlich diskontinuierlich, es enthält ebenfalls einen orange-roten Bereich, dieser ist jedoch deutlich weniger intensiv als bei der Energiesparlampe B. Im Spektrum der Energiesparlampe A fehlen große Teile des grünen und blauen Bereichs. Daher ist zu erwarten, dass die Energiesparlampe B zu einer deutlich besseren Farbwiedergabe führt.

Punkte

In dieser Aufgabe werden Atome betrachtet, bei denen sich das äußerste Elektron in einem außergewöhnlich hohen Energieniveau, also weit weg vom Atomkern und knapp unterhalb der Ionisationsenergie, befindet (siehe Abb. 1). Besonders interessant dabei ist, dass sich für diese hohen Energieniveaus in den Atomen (sogenannte „Rydberg-Atome") Aussagen mithilfe des Bohr'schen Atommodells gewinnen lassen. Deshalb können die von Bohr für das Wasserstoffatom hergeleiteten Gleichungen für die Energien und die Bahnradien (siehe (1) und (2)) auch für Rydberg-Atome eines beliebigen Elements benutzt werden (für hinreichend große n):

(1) $$E_n = -13{,}606\,\text{eV} \cdot \frac{1}{n^2}$$

(2) $$r_n = \frac{\varepsilon_0 \cdot h^2 \cdot n^2}{\pi \cdot e^2 \cdot m_e}$$

Für die Rechnungen in dieser Aufgabe sind folgende Größenwerte zu verwenden:

$$h = 6{,}6261 \cdot 10^{-34}\ \text{Js}$$

$$e = 1{,}6022 \cdot 10^{-19}\ \text{C}$$

$$m_e = 9{,}1094 \cdot 10^{-31}\ \text{kg}$$

$$\varepsilon_0 = 8{,}8542 \cdot 10^{-12}\ \frac{\text{C}}{\text{V} \cdot \text{m}}$$

$$c = 2{,}9979 \cdot 10^{8}\ \frac{\text{m}}{\text{s}}$$

3.1 a) Leiten Sie die oben angegebene Gleichung (2) für den Bahnradius r aus der Bohr'schen Bedingung

$$m_e \cdot v_n \cdot r_n = \frac{n \cdot h}{2\pi}$$

und einem geeigneten Kraftansatz für das Wasserstoffatom her. Begründen Sie die Wahl des Kraftansatzes.
Hierbei ist n die Hauptquantenzahl, h das Planck'sche Wirkungsquantum, e die Elementarladung, m die Masse des Elektrons, e die elektrische Feldkonstante und v die Geschwindigkeit des Elektrons auf der Bahn mit der Hauptquantenzahl n.

b) Berechnen Sie den Radius r_3 für das Wasserstoffatom. 10

3.2 a) Man kann sich ein Rydberg-Atom wie in Abb. 1 dargestellt vorstellen:

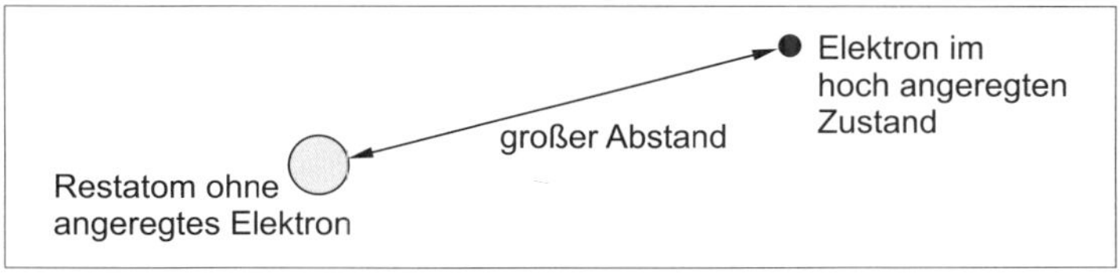

Abb. 1: Modellvorstellung eines Rydberg-Atoms

Begründen Sie, warum bei einem Rydberg-Atom eines **beliebigen** Elements die für das hoch angeregte Elektron relevante effektive Zentralladung des Restatoms $Q_{Restatom} = +1 \cdot e$ ist.

b) Berechnen Sie den Radius r_{29} eines Rydberg-Atoms.
Begründen Sie, warum das Verhältnis der beiden Radien r_{29} und r_3 des Wasserstoffatoms $\frac{29^2}{3^2}$ ist. 11

3.3 **Untersuchung von hoch angeregten Atomen**
Zum Nachweis von Rydberg-Atomen benutzt man den in der Abb. 2 skizzierten Versuchsaufbau. Es wird ein Strahl von Atomen im Grundzustand erzeugt. Durch zwei Laser wird dann den Atomen in zwei Stufen eine bestimmte Anregungsenergie zugeführt: Laser 1 regt die Atome mit einer festen Anregungsenergie auf einen Zwischenzustand an, Laser 2 ist in seiner Photonenenergie fein einstellbar und bringt die Atome auf hoch angeregte Endzustände. Danach gelangen die Atome in einen Ionisationskondensator. Ein messbarer Ionisationsstrom I_K ist ein Nachweis für das Vorhandensein hoch angeregter Elektronenzustände in den Atomen des Atomstrahls.

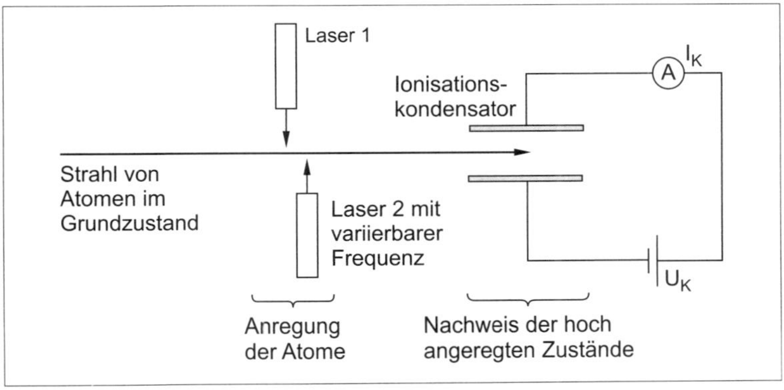

Abb. 2: Versuchsaufbau

Abb. 3 zeigt schematisch den Anregungsvorgang bei diesem Versuchsaufbau.

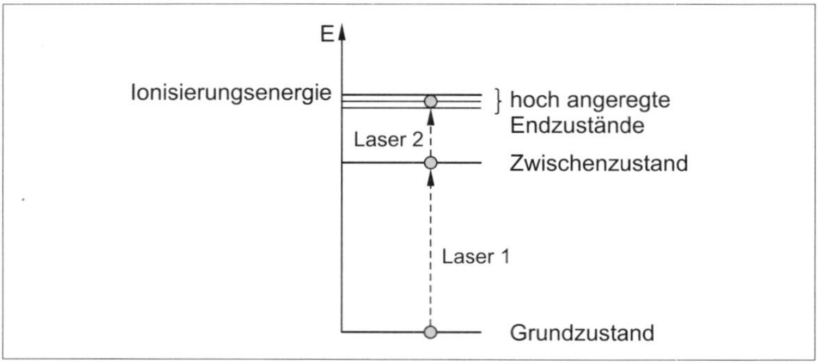

Abb. 3: Zweistufiger Anregungsvorgang für Rydberg-Atome

Im Ionisationskondensator kann eine Ionisation der Atome stattfinden, wenn sich das Elektron in einem hoch angeregten Zustand unmittelbar unter der Ionisationsgrenze befindet (z. B. bei n_{29}) und die Kondensatorfeldstärke gerade für diese Ionisation hinreicht (vgl. Abb. 4).

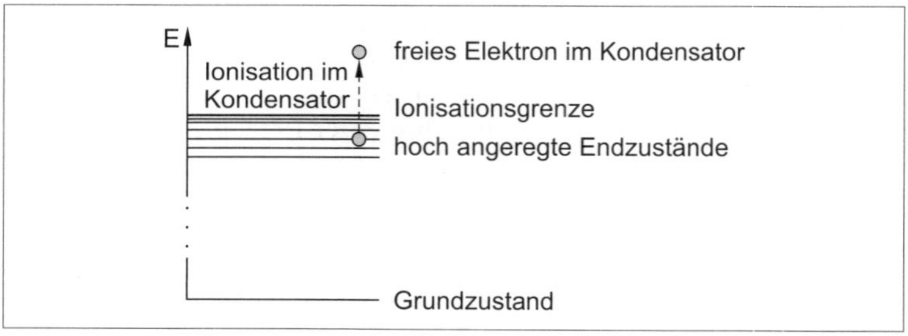

Abb. 4: Ionisation im Kondensator

Zunächst besteht der Atomstrahl bei diesem Experiment aus Wasserstoffatomen.

a) Beschreiben Sie im Rahmen des Bohr'schen Atommodells, wie es zu einer Anregung des Wasserstoffatoms durch Einstrahlung monochromatischen Lichts kommen kann.

b) Bestimmen Sie die notwendige Photonenenergie des Lasers 1 und die zugehörige Wellenlänge, um (im ersten Schritt) ein Wasserstoffatom vom Grundzustand auf das Niveau $n = 3$ anzuregen.
[Kontrollwert: Photonenenergie $E = 1{,}9377 \cdot 10^{-18}$ J]

c) Das Licht des Lasers 2 hat eine Wellenlänge von $\lambda = 826{,}56$ nm. Vergleichen Sie die Photonenenergie des Lasers 2 mit der des Lasers 1.
Bestimmen Sie das Anregungsniveau, auf das Laser 2 die Atome im zweiten Schritt (ausgehend von $n = 3$) bringt.

d) Begründen Sie qualitativ mithilfe eines geeigneten Kraftansatzes, warum dieses elektrische Feld im Kondensator ein Wasserstoffatom in einem hoch angeregten Zustand (z. B. n_{29}) ionisieren kann, in einem niedrig angeregten Zwischenzustand (z. B. bei n_3) jedoch nicht.
Hinweis: Sie können bei Ihrer Argumentation von den Bahnradien des klassischen Bohr'schen Atommodells ausgehen. 27

3.4 Im Versuchsaufbau aus Abb. 2 wird nun statt der Wasserstoffatome ein Strahl aus Lithiumatomen verwendet. Laser 1 regt das äußere Elektron eines Lithiumatoms aus seinem Grundzustand in ein bestimmtes Zwischenniveau an und Laser 2, dessen Frequenz variiert werden kann, bringt es anschließend auf einen hoch angeregten Endzustand. Abb. 5 zeigt den Ionisationsstrom I_K als Funktion der Frequenz von Laser 2.
Hinweis: Dabei wird die Kondensatorfeldstärke gerade so groß eingestellt, dass nur die Lithiumatome im hoch angeregten Endzustand ionisiert werden.

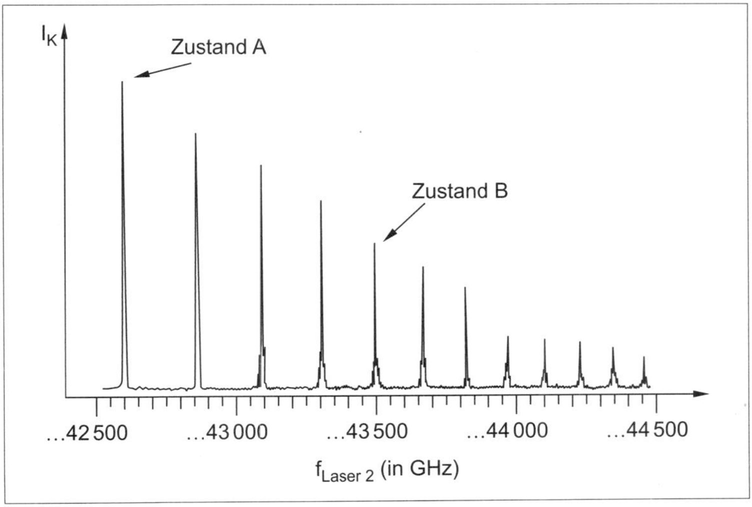

Abb. 5: Experimentelle Ergebnisse für Lithium
verändert nach: Daniel Kleppner/Michael G. Littman/Myron L. Zimmermann: Hochangeregte Atome – Riesen mit bizarren Eigenschaften. In: Spektrum der Wissenschaft, Heft 7, 1981

a) Erläutern Sie das Zustandekommen der scharfen Maxima.
Beschreiben Sie qualitativ, welche Rückschlüsse sich aus der relativen Lage der Maxima zueinander über die Abfolge der hoch angeregten Zustände des Lithiums nahe der Ionisationsgrenze ergeben.

b) Nach der Theorie der Rydberg-Atome führen die Energien des angeregten äußersten Elektrons nahe der Ionisationsgrenze unabhängig vom Element zu den Energiedifferenzen beim Wasserstoffatom gemäß dem Bohr'schen Atommodell. Dies soll an den Messergebnissen aus der Abb. 5 für Lithiumatome überprüft werden. Dazu kann vorausgesetzt werden, dass das Maximum zum Zustand A dem des Bohr'schen Atommodells zur Hauptquantenzahl $n = 29$ entspricht.
Überprüfen Sie diesen Sachverhalt für die Rydberg-Atome unter dieser Voraussetzung mithilfe der beiden Zustände A und B (aus Abb. 5). 17

Tipps und Hinweise zur Lösung von Aufgabe 3

Vorbemerkungen: Das Bohr'sche Atommodell (1913) mit seinen beiden Bohr'schen Postulaten gehört zum Standardstoff bei der Behandlung der Atommodelle, da es eine Mittlerstellung einnimmt zwischen den klassischen Atommodellen und dem quantenmechanischen Atommodell. Die Postulate beschreiben bereits die Quantisierung der Energiezustände, allerdings geschieht dies mit klassischen Vorstellungen und Begriffen, z. B. durch die Beschreibung mit festen Bahnen. Durch die Verwendung dieser klassischen Vorstellungen können die Berechnungen mit Gesetzen aus der klassischen Physik erfolgen.
Wiederholen Sie in der Vorbereitung zur Lösung dieser Aufgabe insbesondere die Bohr'schen Postulate.
Im Vortext der Aufgabe werden Ihnen mehrere physikalische Konstanten mit der einheitlichen Genauigkeit von 5 Ziffern angegeben. Daher wird an entsprechender Stelle auch die Berücksichtigung dieser Genauigkeit erwartet bzw. wichtig sein.

Teilaufgabe 3.1 a

- Zur Herleitung des Radius: Nach Bohr kreisen die Elektronen auf Bahnen. Für die Kreisbewegung ist eine Zentralkraft notwendig (Formel?), die durch die elektrische Coulombkraft (Formel?) realisiert wird.
- Einige der physikalischen Größen, die in der Ihnen angegebenen Bohr'schen Bedingungen auftreten, kommen auch im geforderten Kraftansatz vor, sodass Sie daraus den Bahnradius durch Umstellung bzw. Ausnutzen beiden Gleichungen berechnen können.
- Zur Begründung des Kraftansatzes: Es gibt eine allgemeine Formel für die Zentralkraft bei einer Kreisbewegung. Diese Zentralkraft muss irgendwie aufgebracht werden – ähnlich der Muskelkraft des Hammerwerfers oder der Gravitationskraft bei der Satellitenbewegung.

Teilaufgabe 3.1 b

- Hier müssen Sie die gegebenen Größenwerte in die angegebene Formel (2) für den Radius einsetzen, alle Einheiten berücksichtigen – und richtig rechnen.

Teilaufgabe 3.2 a

- Interpretieren Sie die Ihnen angegebene Skizze des Atoms.
- Das Atom besteht aus dem Kern mit den relativ nahen Elektronen sowie dem einen Elektron, das sehr weit vom Kern entfernt ist.
- Versetzen Sie sich in die Position des weit entfernten Elektrons und beschreiben Sie, was Sie von hier sehen würden. Wie viele Protonen und wie viele Elektronen würden Sie sehen? Welche Ladung des Restatoms würden Sie feststellen?

Teilaufgabe 3.2 b

- Hier müssen Sie zunächst wiederum die gegebenen Größenwerte in die angegebene Formel für den Radius einsetzen (jetzt mit $n = 29$), alle Einheiten berücksichtigen – und richtig rechnen.

- Die beiden Rechnungen zu 3.1 b und zu 3.2 b unterscheiden sich nur hinsichtlich n = 3 bzw. n = 29.
- Berechnen Sie einen geeigneten Quotienten mithilfe der gegebenen Formel (2), ohne dabei die Werte für die Naturkonstanten einzusetzen.

Teilaufgabe 3.3

- Beachten Sie bei Teilaufgabe 3.3 im Vergleich zu Teilaufgabe 3.4, dass es sich hier um Wasserstoffatome handelt, hingegen bei Teilaufgabe 3.4 um Lithiumatome.

Teilaufgabe 3.3 a

- Erinnern Sie sich an das 2. Bohr'sche Postulat.
- Erinnern Sie sich an die beiden wesentlichen Anregungsvorgänge: Anregung durch Elektronenstoß und Anregung durch Photonen (Licht).
- Beide Anregungsvorgänge unterscheiden sich insbesondere hinsichtlich der Energien, die das Elektron bzw. das Photon haben müssen, um ein Hüllelektron eines Wasserstoffatoms anregen zu können.

Teilaufgabe 3.3 b

- Nutzen Sie die Ihnen angegebene Gleichung (1).
- Die Energiedifferenz der beiden Zustände n = 1 bzw. n = 3 muss dem Hüllelektron zugeführt werden.
- Da die Anregung durch ein Photon geschieht, muss dieses Photon exakt diese Energiedifferenz zur Verfügung stellen.
- Beachten Sie bei der Berechnung der Energiedifferenz die Umrechnung von J in eV (und ggf. umgekehrt).
- Sie kennen die Formel für die Energie eines (beliebigen) Photons der Frequenz f bzw. der Wellenlänge λ sowie eine Gleichung, die den Zusammenhang von f und λ angibt.

Teilaufgabe 3.3 c

- Berechnen Sie zunächst die Energie des Lasers 2.
- Vergleichen Sie die Energie des Lasers 2 mit der des Lasers 1. Machen Sie sich bereits hier qualitativ klar, dass der Laser 2 dem auf der Bahn mit n = 3 befindlichen Elektron viel weniger Energie zuführt, es mit dieser geringen Energie aber auf ein hohes Energieniveau n bringen kann.
- Beachten Sie bei der Berechnung der neuen erreichten Hauptquantenzahl, dass Laser 2 eine Anregung von n = 3 aus vornimmt, und nutzen Sie die bereits in Teilaufgabe b verwendete Formel.
- Stellen Sie die Formel für die Energiedifferenz nach der gesuchten neuen Hauptquantenzahl um.
- Runden Sie am Schluss geeignet unter Beachtung der vorgegebenen Anzahl gültiger Stellen.

Teilaufgabe 3.3 d

- Bedenken Sie, dass das weit vom Kern entfernte Hüllelektron (Lösung aus c: n = 34) nur noch sehr schwach an seinen Kern gebunden ist im Vergleich zu n = 3.

Welchen Einfluss kann also die elektrische Feldkraft im Kondensator auf das Elektron in diesen beiden Zuständen ($n = 34$ bzw. $n = 3$) ausüben?

Teilaufgabe 3.4

Beachten Sie bei Teilaufgabe 3.4 im Vergleich zu Teilaufgabe 3.3, dass es sich jetzt um Lithiumatome handelt.

Beachten Sie für das Verständnis der Vorgänge, dass die Ionisation im Kondensator nur für die hoch angeregten Elektronen stattfindet bzw. stattfinden kann – beachten Sie also den Hinweis in der Aufgabenstellung genau!

Teilaufgabe 3.4 a

Die scharfen Maxima zeigen einen großen Ionisationsstrom.

Diese Maxima treten, deutlich erkennbar, in diskreten Frequenzabständen auf. Zwischen den Maxima fließt praktisch kein Ionisationsstrom. Folgerung?

In Abb. 5 ist auf der Rechtsachse die Frequenz des Lasers 2 aufgetragen. Beachten und interpretieren Sie, welche Aussage über die immer enger liegenden Maxima getroffen werden kann. Die Höhe der Maxima ist hier irrelevant.

Teilaufgabe 3.4 b

Zustand A gilt für $n = 29$ (im Aufgabentext angegeben). Bestimmen Sie zunächst die Hauptquantenzahl für den Zustand B.

Berechnen Sie die Differenzenergie zu beiden Zuständen einmal mit Formel (1), einmal anhand der im Diagramm erkennbaren Differenz der Frequenz des Lasers 2.

Beide Energieberechnungen sollten ungefähr denselben Wert ergeben.
Ziehen Sie daraus eine Schlussfolgerung.

Lösungen zu Aufgabe 3

3.1 a) **Begründung des Kraftansatzes**

Da sich nach Bohr das Elektron auf einer Kreisbahn bewegt und es auf dieser Kreisbahn durch die Coulombkraft gehalten wird, gilt für deren Beträge:

$$F_Z = F_{Coulomb}\,.$$

Herleitung der Gleichung (2)

Aus $F_Z = F_{Coulomb}$ ergibt sich durch Einsetzen der beiden Terme für diese Kräfte und Umformen eine erste Gleichung für r_n:

$$\frac{m_e \cdot v_n^2}{r_n} = \frac{e^2}{4\pi \cdot \varepsilon_0 \cdot r_n^2} \quad \Rightarrow \quad r_n = \frac{e^2}{4\pi \cdot \varepsilon_0 \cdot m_e \cdot v_n^2} \qquad (*)$$

Stellt man die gegebene Bohr'sche Bedingung $m_e \cdot v_n \cdot r_n = \frac{n \cdot h}{2\pi}$ nach v_n um,

$$v_n = \frac{n \cdot h}{2\pi \cdot m_e \cdot r_n},$$

setzt dieses Ergebnis für v_n in die Gleichung (*) ein und stellt diese anschließend erneut nach r_n um, ergibt sich die angegebene Gleichung (2):

$$r_n = \frac{e^2}{4\pi \cdot \varepsilon_0 \cdot m_e \cdot \left(\frac{n \cdot h}{2\pi \cdot m_e \cdot r_n}\right)^2} = \frac{e^2}{\varepsilon_0 \cdot \frac{n^2 \cdot h^2}{\pi \cdot m_e \cdot r_n^2}} = \frac{e^2 \cdot \pi \cdot m_e \cdot r_n^2}{\varepsilon_0 \cdot n^2 \cdot h^2}$$

$$\Rightarrow \quad r_n = \underline{\underline{\frac{\varepsilon_0 \cdot h^2 \cdot n^2}{\pi \cdot e^2 \cdot m_e}}}$$

Der rechnerische Ansatz von Bohr ist insofern als semiklassisch („halbklassisch“) zu bezeichnen, als er auf die Gesetze der klassischen Mechanik und Elektrik zurückgreift, andererseits aber das „kreisende“, also beschleunigte Elektron als strahlungsfrei postuliert.

b) Mit Gleichung (2) ergibt sich durch Einsetzen aller Konstanten für $n = 3$:

$$r_n = \frac{8{,}8542 \cdot 10^{-12} \frac{C}{V \cdot m} \cdot \left(6{,}6261 \cdot 10^{-34}\,Js\right)^2 \cdot 3^2}{\pi \cdot \left(1{,}6022 \cdot 10^{-19}\,C\right)^2 \cdot 9{,}1094 \cdot 10^{-31}\,kg} = \underline{\underline{4{,}7625 \cdot 10^{-10}\,m}}$$

Eine Einheitenumformung war bei dieser Berechnung nicht explizit gefordert. Sie sollten aber zur Übung die Einheitenumformung vornehmen, da sie viele wichtige Zusammenhänge wieder ins Gedächtnis ruft:

$$[r_n] = 1\,\frac{\frac{C}{V \cdot m} \cdot J^2 \cdot s^2}{C^2 \cdot kg} = 1\,\frac{J^2 \cdot s^2}{C \cdot V \cdot m \cdot kg} = 1\,\frac{V^2 \cdot C^2}{C \cdot V} \cdot \frac{s^2}{m \cdot kg} = 1\,V \cdot C \cdot \frac{1}{N}$$

$$= 1\,\frac{J}{N} = 1\,\frac{Nm}{N} = 1\,m$$

3.2 a) Bei Rydberg-Atomen hat das hoch angeregte Elektron nach Gleichung (2) einen sehr großen Abstand zum Restatom. Daher hat die räumliche Verteilung der inneren Elektronen des Atoms einen vernachlässigbaren Einfluss auf das angeregte Elektron: Das äußere Elektron „sieht“ lediglich einen weit entfernten Kern mit einer bestimmten Protonenzahl sowie sehr nah am Kern befindliche innere Elektronen, deren Anzahl um 1 kleiner ist als die Zahl der Protonen. Das Restatom kann daher als System betrachtet werden, bei dem $Z-1$ innere Elektronen die Z-fache Kernladung so abschirmen, dass das angeregte Elektron einen Atomrumpf der effektiven Kernladung $+1e$ „sieht“. Dies entspricht dem System des Wasserstoffatoms.

Vergegenwärtigen Sie sich, dass man erst dann mit den Bohr'schen Radien argumentieren kann, wenn sich das äußere Elektron bereits sehr weit vom Kern entfernt befindet. Erst dann hat man praktisch die Situation ähnlich einem Wasserstoffatom.

b) Da es sich bei einem Atom, wenn es erst einmal in einem Rydberg-Zustand befindet, um ein wasserstoffähnliches Atom handelt, darf Gleichung (2) angesetzt werden. Mit der analogen Rechnung wie in Teilaufgabe 3.1 b erhält man für den **Radius der Bahn n = 29**:

$$r_{29} = \underline{\underline{4{,}4503 \cdot 10^{-8}\ \text{m}}}$$

Das **Verhältnis der Radien** folgt ebenfalls aus Gleichung (2):

$$\frac{r_{29}}{r_3} = \frac{\dfrac{\varepsilon_0 \cdot h^2}{\pi \cdot e^2 \cdot m_e^2} \cdot 29^2}{\dfrac{\varepsilon_0 \cdot h^2}{\pi \cdot e^2 \cdot m_e^2} \cdot 3^2} = \underline{\underline{\frac{29^2}{3^2}}}$$

Achten Sie einmal genau auf die Formulierung in der Aufgabenstellung: Hier wird von r_{29} beim Rydberg-Atom, hingegen aber von r_3 beim Wasserstoffatom gesprochen – ein r_3 beim Rydberg-Atom wäre sinnlos.
Sie können übrigens die Verhältnisgleichung und den schon berechneten Radius r_3 nutzen, um rasch und unter Vermeidung von Tippfehlern $r_{29} = \frac{29^2}{3^2} \cdot r_3$ zu ermitteln (alternativ zur expliziten Berechnung mit (2)).

3.3 a) Im Rahmen des Bohr'schen Atommodells absorbiert das Elektron die Energie des eingestrahlten Lichts und wird dadurch auf eine Bahn mit größerer Hauptquantenzahl gebracht (2. Bohr'sches Postulat). Dies geschieht jedoch nur, wenn die Energie des Photons genau gleich der Differenz der Elektronenenergien auf den beiden Bahnen ist.

Im Unterschied hierzu müssen bei Einstrahlung der Energie mithilfe von Elektronen diese lediglich eine Mindestenergie haben, die der Anregungsenergie entspricht (vgl. Franck-Hertz-Versuch).

b) Gleichung (1) gibt die Energieniveaus des Elektrons im Wasserstoffatom an. Da die Laserenergie exakt der Differenz $E_{m,n} = E_m - E_n$ der Energien der Bahnen m = 3 und n = 1 sein muss, kann man die vom Laser 1 gelieferte Photonenenergie berechnen:

$$E_{\text{Photon}} = E_{m,n} = 13{,}606\ \text{eV} \cdot \left(\frac{1}{n^2} - \frac{1}{m^2}\right) \qquad (**)$$

Mit den Quantenzahlen m = 3 und n = 1 erhält man die **Photonenenergie**:

$$E_{3,1} = 13{,}606\ \text{eV} \cdot \left(1 - \frac{1}{9}\right) = 12{,}094\ \text{eV} = \underline{\underline{1{,}9377 \cdot 10^{-18}\ \text{J}}}$$

Für die **Wellenlänge** ergibt sich mit $E_{3,1} = h \cdot f_{3,1} = h \cdot \frac{c}{\lambda_{3,1}}$:

$$\lambda_{3,1} = \frac{h \cdot c}{E_{3,1}} = \frac{6{,}6261 \cdot 10^{-34}\ \text{Js} \cdot 2{,}9979 \cdot 10^8\ \frac{\text{m}}{\text{s}}}{1{,}9377 \cdot 10^{-18}\ \text{J}} = \underline{\underline{102{,}52\ \text{nm}}}$$

c) Zunächst wird die zur gegebenen Wellenlänge $\lambda_2 = 826{,}56$ nm gehörende Photonenenergie berechnet:

$$E_{Laser 2} = h \cdot \frac{c}{\lambda_2} = \frac{6{,}6261 \cdot 10^{-34}\,\text{Js} \cdot 2{,}9979 \cdot 10^8\,\frac{\text{m}}{\text{s}}}{826{,}56 \cdot 10^{-9}\,\text{m}} = \underline{\underline{2{,}4033 \cdot 10^{-19}\,\text{J}}}$$

Dies ist die vom Elektron im Zustand $n = 3$ durch Laser 2 zusätzlich aufgenommene Energie. Im Vergleich zur Photonenenergie des Lasers 1 erkennt man, dass die Photonenenergie des Lasers 2 rund um den Faktor 10, also **deutlich kleiner** ist.

Um die Hauptquantenzahl m der Bahn zu berechnen, auf die das Elektron durch diese Energie angehoben wird, setzt man $E_{Laser 2}$ in die Gleichung (**) für $E_{m,3}$ ein und löst nach m auf:

$$2{,}4033 \cdot 10^{-19}\,\text{J} = E_{m,3} = 13{,}606\,\text{eV} \cdot \left(\frac{1}{9} - \frac{1}{m^2}\right)$$

$$0{,}24033 \cdot 10^{-18}\,\text{J} = 2{,}1799 \cdot 10^{-18}\,\text{J} \cdot \left(\frac{1}{9} - \frac{1}{m^2}\right)$$

$$\frac{0{,}24033}{2{,}1799} = \frac{1}{9} - \frac{1}{m^2}$$

$$\frac{1}{m} = \sqrt{\frac{1}{9} - \frac{0{,}24033}{2{,}1799}} = 0{,}02936 \quad \Rightarrow \quad m = \underline{\underline{34}}$$

Während die fast zehnmal so große Energie $E_{Laser 1}$ das Wasserstoffelektron von $n = 1$ auf $n = 3$ anhebt, wird diese durch die kleinere Energie $E_{Laser 2}$ von $n = 3$ auf $n = 34$ angehoben.

d) Um das Wasserstoffatom zu ionisieren, also das Elektron vom Proton vollständig zu trennen, muss die elektrische Feldkraft im Kondensator größer werden als die Coulombkraft zwischen Elektron und Proton im Kern.
Für große Hauptquantenzahlen nahe der Ionisationsgrenze ist das Elektron weit vom Atomkern entfernt und somit die Coulombkraft gering. Bei kleineren Hauptquantenzahlen befindet sich das Elektron viel näher am Kern, die Coulombkraft ist entsprechend viel größer, sodass hier die elektrische Feldkraft nicht ausreicht, um das Elektron vom Atom zu entfernen.

Hier ist der unmittelbar an Abb. 3 folgende Text sehr wichtig: „Im Ionisationskondensator kann eine Ionisation der Atome stattfinden, wenn sich das Elektron in einem hoch angeregten Zustand unmittelbar unter der Ionisationsgrenze befindet und die Kondensatorfeldstärke gerade für diese Ionisation hinreicht.“ Hier wird nämlich vorausgesetzt, dass das elektrische Feld im Kondensator nicht ausreicht, ein Elektron in einem niedrigeren Energiezustand vom Proton zu entfernen.

3.4 a) Atome können nur durch solche Photonen angeregt werden, die exakt eine für das Atom spezifische Anregungsenergie besitzen. Es entstehen also nur dann Rydberg-Atome (und damit nur dann ein Ionisationsstrom), wenn die von Laser 2 **eingestrahlte Energie gleich der Energiedifferenz zwischen zwei Elektronenbahnen** ist (z. B. zwischen dem hoch angeregten Zustand n = 29 und dem niedrig angeregten Zustand n = 3). Zwischenenergiewerte können keine Anregungen erzeugen.
Es ist erkennbar, dass die **Maxima** bei größer werdenden Anregungsenergien des Lasers 2 **immer enger** zusammen liegen. Dies stimmt mit der Theorie Bohrs überein, nach der die Abstände der Energieniveaus mit steigenden Hauptquantenzahlen immer kleiner werden (siehe Gleichung (**) aus Teilaufgabe 3.3 b).

b) Gemäß Aufgabentext entspricht Zustand A der Hauptquantenzahl n = 29. Das Abzählen der Maxima bis zum Zustand B liefert für B den Zustand n = 33. Betrachtet man die zugehörige Energiedifferenz (**) gemäß der Bohr'schen Theorie für das Wasserstoffatom, so gilt:

$$E_{33,\,29} = 13{,}606\,\text{eV} \cdot \left(\frac{1}{29^2} - \frac{1}{33^2}\right) = 3{,}6843 \cdot 10^{-3}\,\text{eV} = \underline{\underline{5{,}9030 \cdot 10^{-22}\,\text{J}}}$$

Aus Abb. 5 entnimmt man für die Differenz der Anregungsfrequenzen etwa 890 GHz. Dies entspricht der Energiedifferenz

$$\Delta E = h \cdot \Delta f = 6{,}6261 \cdot 10^{-34}\,\text{Js} \cdot 890 \cdot 10^{9}\,\text{Hz} = \underline{\underline{5{,}90 \cdot 10^{-22}\,\text{J}}}$$

Ergebnis: Im Rahmen der Ablesegenauigkeit der Frequenzen stimmt die gemessene Energiedifferenz mit dem durch die Theorie vorhergesagten Wert gut überein. Damit wird die dargestellte Theorie der Rydberg-Atome bestätigt.

Den Wert 890 GHz „aus Abb. 5 entnehmen" bedeutet, dass Sie mit dem Lineal den Abstand der Spitzen A und B in cm messen und diesen Wert in Bezug setzen auf den cm-Abstand zweier (möglichst weit voneinander entfernter) Referenzfrequenzen auf der Abszissenachse (Dreisatz!). Beachten Sie, dass auf der Abszissenachse nur die Endziffern der Frequenzen, aber nicht die konkreten vollständigen Frequenzwerte angegeben sind. Für die Differenzbildung reicht dies aus.

Abiturprüfung Physik 2013 (Nordrhein-Westfalen) – Leistungskurs
Aufgabe 4: Anregung von Vanadium und Silber durch Neutronen

Punkte

Vanadium besteht in der Natur zu 99,75 % aus dem stabilen Isotop $^{51}_{23}\mathrm{V}$, Silber besteht aus den beiden stabilen Silberisotopen $^{107}_{47}\mathrm{Ag}$ (Anteil 51 %) und $^{109}_{47}\mathrm{Ag}$ (Anteil 49 %). Werden diese stabilen Isotope eine gewisse Zeit lang mit Neutronen einer Neutronenquelle bestrahlt, wandelt sich das Vanadiumisotop aufgrund des Neutroneneinfangs in ein radioaktives Vanadiumisotop mit einer Halbwertszeit in der Größenordnung „Minuten“ um, die beiden Silberisotope in radioaktive Silberisotope mit deutlich unterschiedlichen Halbwertszeiten.

4.1 Die Aktivierung von Vanadium und Silber mithilfe einer Neutronenquelle

a) Als Neutronenquelle verwendet man ein Gemisch aus $^{9}_{4}\mathrm{Be}$ und einem α-Strahler. Wird ein $^{9}_{4}\mathrm{Be}$-Kern von einem α-Teilchen getroffen, wandelt er sich bei Aussendung eines Neutrons in einen Kohlenstoffkern um.
Geben Sie die Kernumwandlungsgleichung für diesen Prozess an.

b) Die Neutronen aktivieren anschließend das Vanadiumisotop $^{51}_{23}\mathrm{V}$ und die beiden Silberisotope $^{107}_{47}\mathrm{Ag}$ und $^{109}_{47}\mathrm{Ag}$, indem diese Neutronen in Kerne des bestrahlten Materials aufgenommen werden. In allen drei Fällen entstehen dadurch neue Isotope, die durch β^--Zerfall jeweils in einen stabilen Kern zerfallen.
Geben Sie für das Vanadiumisotop und für eines der Silberisotope die Gleichungen für die Kernumwandlung und für den anschließenden β^--Zerfall an.

Hinweis: Sie können den nachstehenden Ausschnitt aus dem Periodensystem verwenden.

$_{21}\mathrm{Sc}$ Scandium 44,96	$_{22}\mathrm{Ti}$ Titan 47,88	$_{23}\mathrm{V}$ Vanadium 50,94	$_{24}\mathrm{Cr}$ Chrom 52,00	$_{25}\mathrm{Mn}$ Mangan 54,94	$_{26}\mathrm{Fe}$ Eisen 55,85	$_{27}\mathrm{Co}$ Cobalt 58,93	$_{28}\mathrm{Ni}$ Nickel 58,69	$_{29}\mathrm{Cu}$ Kupfer 63,55	$_{30}\mathrm{Zn}$ Zink 65,37	$_{31}\mathrm{Ga}$ Gallium 69,72
$_{39}\mathrm{Y}$ Yttrium 88,91	$_{40}\mathrm{Zr}$ Zirconium 91,22	$_{41}\mathrm{Nb}$ Niob 92,91	$_{42}\mathrm{Mo}$ Molybdän 95,94	$_{43}\mathrm{Tc}$ Technetium 97,91	$_{44}\mathrm{Ru}$ Ruthenium 44,96	$_{45}\mathrm{Rh}$ Rodium 101,07	$_{46}\mathrm{Pd}$ Palladium 102,91	$_{47}\mathrm{Ag}$ Silber 107,87	$_{48}\mathrm{Cd}$ Cadmium 112,41	$_{49}\mathrm{In}$ Indium 114,82

8

4.2 **Der Zerfall des radioaktiven Vanadiumisotops**

Abb. 1 zeigt die grafische Darstellung der gemessenen zeitabhängigen Zählraten für das aktivierte Vanadiumisotop. Die Daten sind bereits um den Nulleffekt bereinigt.

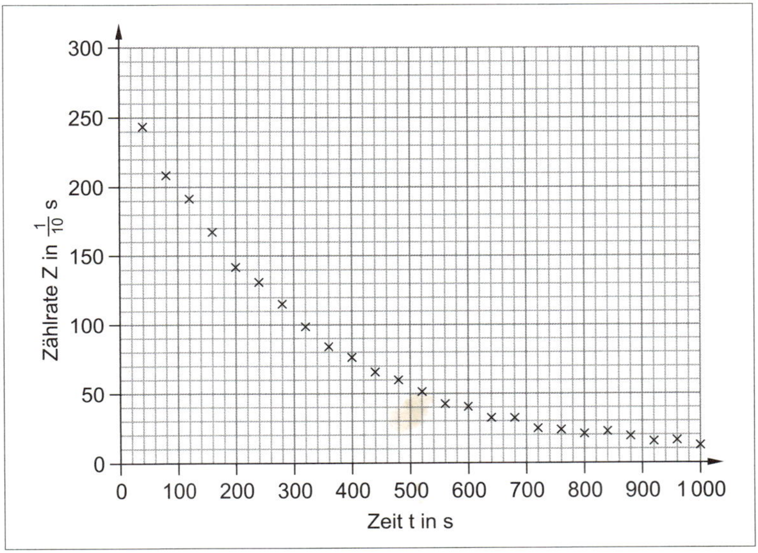

Abb. 1: Zählraten für das aktivierte Vanadiumisotop in Abhängigkeit von der Zeit

a) Zeichnen Sie eine Ausgleichskurve in Abb. 1 ein und ermitteln Sie damit die Halbwertszeit $T_{1/2\,V}$ für die Zählraten als Mittelwert aus drei verschiedenen Ablesungen.

b) Begründen Sie, dass die in a ermittelte Halbwertszeit für die Zählraten identisch ist mit der Halbwertszeit für das Vanadiumisotop.

c) Leiten Sie aus dem Zerfallsgesetz für radioaktive Isotope $N(t) = N_0 \cdot e^{-\lambda \cdot t}$ die Gleichung

$$T_{1/2} = \frac{\ln 2}{\lambda}$$

für die Halbwertszeit eines Isotops her.

d) Geben Sie die Bedeutung der Konstanten λ an und ermitteln Sie ihren Wert für Vanadium.

e) In Abb. 2 sind für das aktivierte Vanadiumisotop die natürlichen Logarithmen der um den Nulleffekt bereinigten Zählraten in Abhängigkeit von der Zeit aufgetragen.

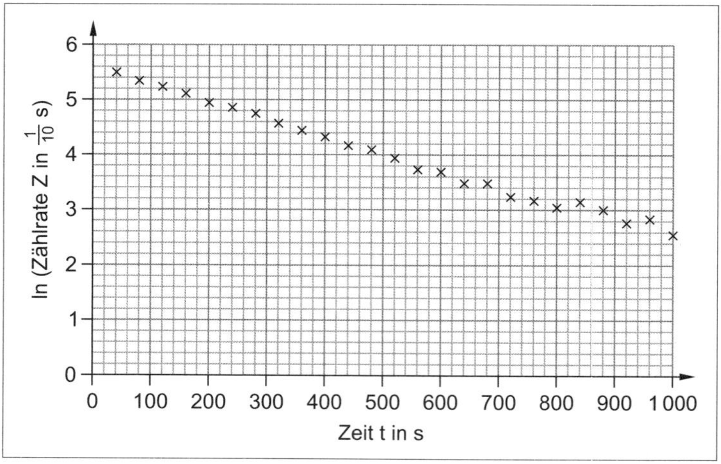

Abb. 2: Logarithmische Darstellung der Zählraten für das aktivierte Vanadiumisotop

Begründen Sie mathematisch, warum sich bei dieser Darstellung als Ausgleichskurve in guter Näherung eine Gerade ergibt.
Begründen Sie zusätzlich die Streuung der Messwerte um diese Ausgleichsgerade. 22

4.3 **Der Zerfall der zwei radioaktiven Silberisotope**

Abb. 3 zeigt für das Gemisch der beiden aktivierten Silberisotope die natürlichen Logarithmen der bereits um den Nulleffekt bereinigten gemessenen zeitabhängigen Zählraten.

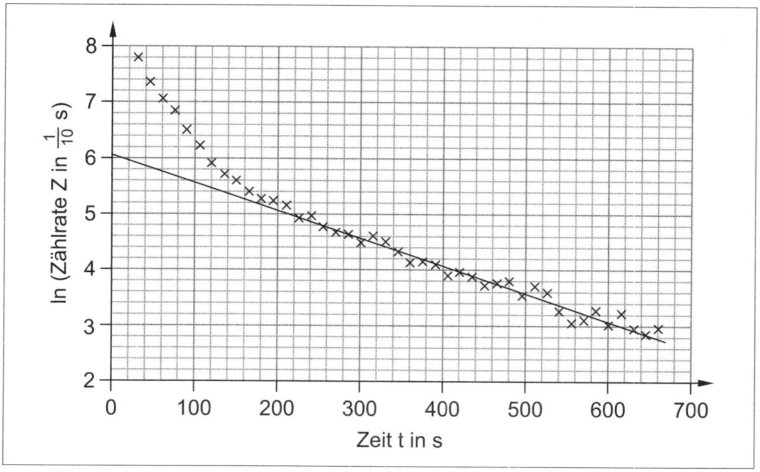

Abb. 3: Logarithmische Darstellung der Zählrate für das Gemisch der beiden Silberisotope

Abb. 3 zeigt, dass der Kurvenverlauf ab ca. t = 200 s annähernd geradlinig verläuft. Für diesen Bereich wurde die beste Gerade bereits ermittelt und zu kleinen Zeiten hin extrapoliert.

a) Ordnen Sie die Silberisotope (in Bezug auf ihre Lang- bzw. Kurzlebigkeit) den Kurvenabschnitten zu.

b) Erläutern Sie anhand des Kurvenverlaufs in Abb. 3, warum nach ca. $3\frac{1}{2}$ Minuten praktisch nur noch eines der beiden Silberisotope vorhanden ist.

c) Berechnen Sie für t = 60 s und für t = 135 s mithilfe der in Abb. 3 ablesbaren Ordinatenwerte die beiden in der folgenden Tabelle noch fehlenden Gesamtzählraten für das Isotopengemisch sowie für die beiden zum langlebigen und zum kurzlebigen Isotop gehörenden Zählraten.

Tabelle: Zählraten in Abhängigkeit von der Zeit

Zeit in s	30	45	60	75	90	105	120
Gesamtzählrate in $\frac{1}{10}$ s	2 451	1 576		952	677	511	378
Zählrate für das langlebige Isotop in $\frac{1}{10}$ s	361	336		290	269	250	232
Zählrate für das kurzlebige Isotop in $\frac{1}{10}$ s	2090	1240		662	408	261	146

Zeit in s	135	150	165	180	195	210
Gesamtzählrate in $\frac{1}{10}$ s		274	227	205	195	178
Zählrate für das langlebige Isotop in $\frac{1}{10}$ s		201	186	173	161	150
Zählrate für das kurzlebige Isotop in $\frac{1}{10}$ s		73	41	32	34	28

d) Zeichnen Sie die Logarithmen aller zum kurzlebigen Isotop gehörenden Zählraten (aus der Tabelle) in das Diagramm in Abb. 3 ein.

e) Bestimmen Sie anhand des vervollständigten Diagramms in Abb. 3 die Halbwertszeiten der beiden Silberisotope. 20

4.4 **Der Vorgang der Aktivierung der Atome der Ausgangsisotope**
Die Neutronenquelle liefert pro Zeiteinheit eine konstante Anzahl M Neutronen, von denen ein praktisch konstanter Prozentsatz μ Atome der Ausgangsisotope aktiviert. Mit N(t) werde die Zahl der aktivierten Atome als Funktion der Zeit bezeichnet.

a) Bereits mit dem Beginn der Bestrahlungszeit zerfallen erzeugte radioaktive Atome des Folgeisotops gemäß ihrer Zerfallskonstanten λ. Begründen Sie damit die Gültigkeit der Gleichung

$$\dot{N}(t) = +\mu \cdot M - \lambda \cdot N(t)$$

für den gesamten Zeitraum der Bestrahlung.

b) Erläutern Sie, unter welcher Bedingung der Prozentsatz μ als praktisch konstant angenommen werden darf.

c) Zeigen Sie, dass

$$N(t) = \frac{\mu}{\lambda} \cdot M \cdot \left(1 - e^{-\lambda \cdot t}\right)$$

eine Lösung der Differenzialgleichung aus Aufgabenteil a ist.

d) Abb. 4 stellt den zeitlichen Verlauf der Funktion N(t) grafisch dar.

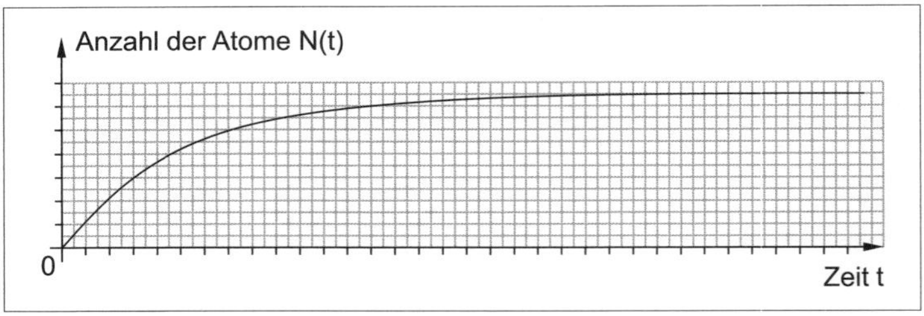

Abb. 4: Skizzierte grafische Darstellung des zeitlichen Verlaufs der oben genannten Funktion N(t).

Interpretieren Sie den Kurvenverlauf.

e) Begründen Sie qualitativ, welches der beiden radioaktiven Silberisotope (bei einer hinreichend langen Aktivierungszeit) schneller einem „Gleichgewichtszustand" näherkommt. 15

Tipps und Hinweise zur Lösung von Aufgabe 4

Vorbemerkung: Der Sachbereich der Kernphysik beinhaltet u. a. als einen bisher schon öfter in Abituraufgaben vorkommenden Teilbereich die Radioaktivität. Hierzu gehören insbesondere

- das radioaktive Zerfallsgesetz (in Form einer Differenzialgleichung und auch als Lösungsfunktion),
- die Zerfallskonstante und die Halbwertszeit sowie deren Zusammenhang,
- Mutter-Tochter-Generationen und Gemische radioaktiver Substanzen, bei denen auch ein besonderes Verständnis der systemischen zeitlichen Veränderungen gefragt ist.

Alle diese Inhalte bilden auch die Schwerpunkte bei dieser Aufgabe.
Weil bei der Umwandlung radioaktiver Substanzen immer mehrere bei einem solchen Prozess beteiligte Objekte (Atomkerne, Elementarteilchen etc.) eine Rolle spielen, ist es sinnvoll, sich diese Umwandlung in einer kleinen grafischen Übersicht darzustellen und diese Skizze geeignet zu beschriften (Namen, Kenngrößen). Dadurch lassen sich Fehler reduzieren (in dieser Aufgabe kommen Radium, Beryllium, α-Teilchen, Kohlenstoff, Neutronen, β-Teilchen sowie das Vanadium und das Silber vor!).

Teilaufgabe 4.1 a

- Skizzieren sie kurz den beschriebenen Prozess der Umwandlung des Berylliums durch ein darauf treffendes α-Teilchen.
- Alle beteiligten Objekte sind in der Aufgabenstellung angegeben.
- Beachten Sie, dass bei solchen Kernumwandlungsgleichungen immer die Anzahl der Protonen und Neutronen bzw. die entsprechenden Kennzahlen (auch für die Kennung von α-Teilchen und Neutronen) verwendet werden.

Teilaufgabe 4.1 b

- Sie müssen für jedes Atom **zwei** Umwandlungsprozesse beschreiben.
- Die in a erzeugten Neutronen werden von V- bzw. Ag-Kernen aufgenommen.
- Es entstehen dadurch β-Strahler mit der Aussendung von Elektronen. Überlegen Sie auch, woher diese Elektronen stammen.
- Beachten Sie, dass lediglich nur eine Umwandlungsgleichung für eines der Silberisotope gefordert ist. Notieren Sie hier aber zur Übung die Umwandlungsgleichung für beide Silberisotope.

Teilaufgabe 4.2

- **Vorbemerkung:** Unterscheiden Sie (für alle folgenden Teilaufgaben) gedanklich sehr konsequent zwischen den Größen „Zählrate Z(t)", „Aktivität A(t)" und „Anzahl N(t) von Atomen". Machen Sie sich klar, wie sich die zeitliche Veränderung von N(t) hinsichtlich der Aktivität A(t) auswirkt und wie sich anschließend die zeitliche Veränderung von A(t) hinsichtlich der Zählrate Z(t) auswirkt. Beachten Sie dabei: Die Zählrate ist das, was vom Zähler registriert wird. Die Aktivität ist die Anzahl aller Zerfälle einer Stoffmenge pro Zeit, wovon der Zähler (aufgrund der geometrischen Bedingungen) nur einen gewissen Bruchteil registriert (ändert sich dieser Bruchteil?).

Teilaufgabe 4.2 a

- Hier geht es um die Halbwertszeit bei der Zählrate, also derjenigen Größe, die als Messgröße im Diagramm aufgetragen ist.
- Warum sollen Sie die Halbwertszeit an drei – also an mehreren – verschiedenen Stellen bestimmen? Warum würde die Bestimmung einer Halbwertszeit an einer Stelle keinerlei Aussagekraft über den Verlauf der für den radioaktiven Zerfall typischen Exponential(!)-Kurve haben?

Teilaufgabe 4.2 b

- Hier müssen Sie sich an die oben stehende Vorbemerkung erinnern.
- Die Zählrate ist (bei einer vorgegebenen Versuchsanordnung) immer ein fester Bruchteil der Aktivität aufgrund der geometrischen Anordnung des Detektors.

Teilaufgabe 4.2 c

- Erinnern Sie sich an die im Unterricht durchgeführte Herleitung.
- Wählen Sie für die deduktive Herleitung als Ansatz $N(t+T_{1/2})=\frac{1}{2}N(t)$ und begründen Sie diese Gleichung.
- Sie können auch den einfacheren Ansatz $N(T_{1/2})=\frac{1}{2}N(0)$ wählen.

Teilaufgabe 4.2 d

- Den Namen der Konstanten finden Sie wahrscheinlich in der Formelsammlung, er gibt Ihnen einen Hinweis auf die Bedeutung.
- Machen Sie sich (zusätzlich zu der geforderten Aufgabe) den Unterschied zwischen Zerfallskonstante und Zerfallswahrscheinlichkeit klar.
- Den konkreten Wert erhalten Sie aus der Halbwertszeit, die Sie zuvor anhand des Diagramms bestimmt haben.

Teilaufgabe 4.2 e

- Beachten Sie die Bedeutung der Angabe, dass der Nulleffekt (was ist das?) bereits berücksichtigt wurde – was die Auswertung deutlich vereinfacht.
- Logarithmieren Sie die Zerfallsgleichung und interpretieren Sie das Ergebnis hinsichtlich des Auftretens einer für eine Gerade typischen Gleichungsform.
- Eine einfache Begründung der Streuung der Werte mit dem Hinweis auf Messungenauigkeiten kann sicherlich (für eine Aufgabe in einer Abiturklausur) nicht ausreichend sein. Es muss daher mindesten einen weiteren, stärker physikalischen Grund geben.
- Bedenken Sie, dass der radioaktive Prozess ein Zufallsprozess ist, sodass man „nur" bestimmte Wahrscheinlichkeitsaussagen machen kann.

Teilaufgabe 4.3 a

- Der (weitgehend) geradlinige(!) Verlauf der Messkurve bei der Auftragung in Abb. 2 (für das Vanadium am Ende von Teilaufgabe 4.2) gibt einen Hinweis.
- Da die beiden Silberisotope deutlich unterschiedliche Halbwertszeiten haben, ist das langlebigere Isotop deutlich länger registrierbar, während das kurzlebigere Isotop schon fast verschwunden ist. Welche Konsequenz ergibt sich daher für die Messkurve?

Teilaufgabe 4.3 b

Diese Teilaufgabe kann in engem Zusammenhang mit der Teilaufgabe a beantwortet werden.

Zur Übung (mathematisch etwas schwieriger): Begründen Sie rechnerisch, dass die Summe zweier Zählraten in der logarithmischen Darstellung nicht auf eine Gerade führt.

Teilaufgabe 4.3 c

Beachten Sie, dass Sie in Abb. 3 die Logarithmen von Messwerte vorliegen haben, dass Sie also die Zählratenwerte selbst erst noch ermitteln müssen.

In Abb. 3 ablesbare Werte liegen Ihnen für das Gemisch und für das langlebige Isotop vor – nicht aber direkt für das kurzlebige im Bereich bis ca. 200 s (warum nicht?).

Die Zählrate für das kurzlebige Isotop kann man dann bestimmen, wenn man die Zählrate für das Gemisch und das langlebige Isotop kennt.

Bemühen Sie sich, die Werte aus Abb. 3 möglichst genau abzulesen. Durch die anschließend auszuführende Exponentiation treten sonst größere Abweichungen auf.

Teilaufgabe 4.3 d

Sollten Sie die Teilaufgabe c nicht bearbeitet haben, können Sie wenigstens alle gegebenen Zählraten für das kurzlebige Isotop in Abb. 3 eintragen. Damit kann man hinreichend gut weiterarbeiten.

Beachten Sie, dass die Logarithmen der Zählratenwerte einzutragen sind.

Teilaufgabe 4.3 e

Die Halbwertszeiten lassen sich auf verschiedene Weisen ermitteln.

Ein einfacher Weg zur Bestimmung der Halbwertszeit nutzt die Halbierung der Aktivitäts- bzw. Zählratenwerte.

Nutzen Sie ggf. eine Zeitspanne über mehrere Halbwertszeiten, um die Ableseungenauigkeiten zu reduzieren.

Ermitteln Sie – zur eigenen Übung – die Halbwertszeiten auch auf mindestens eine weitere Art und Weise, z. B. über die Steigung der Geraden.

Teilaufgabe 4.4

Vorbemerkung: Machen Sie sich klar, dass bereits mit Beginn der eine Zeit lang andauernden Aktivierung der jeweiligen Atome diese bereits wegen ihrer Radioaktivität zu zerfallen beginnen. Es überlagern sich also während der Aktivierungszeit zwei gegenläufige Prozesse: die Zunahme der aktivierten Atome aufgrund der Neutronenbeschusses und die Abnahme der bereits entstandenen aktivierten Atome aufgrund ihrer Radioaktivität.

Teilaufgabe 4.4 a

Die Begründung der Differenzialgleichung sollte Ihnen nach der voran stehenden Vorbemerkung nicht mehr schwer fallen.

Teilaufgabe 4.4 b

- Der Neutronenfluss wird im Vortext der Aufgabe als konstant vorgegeben. Es muss also eine weitere Bedingung geben.
- Denken Sie daran, dass der Vorrat an aktivierbaren Atomen prinzipiell endlich ist. Was würde geschehen, wenn sehr viele oder sogar fast alle Atome dieses Vorrats bereits aktiviert worden wären?

Teilaufgabe 4.4 c

- Die Differenzialgleichung und ihre Lösungsfunktion sind gegeben.
- Berechnen Sie $\dot{N}(t)$ und setzen Sie das Ergebnis in die Differenzialgleichung ein.

Teilaufgabe 4.4 d

- Hier wird eine qualitative (also keine quantitative) Begründung gefordert.
- Ermitteln Sie, welchen Einfluss eine kleinere Halbwertszeit im Vergleich zu einer größeren darauf hat, wie schnell sich der radioaktive Zerfall der Atome während der Bestrahlungsphase auswirkt.

Lösungen zu Aufgabe 4

4.1 a) **Umwandlungsgleichung** für die Bereitstellung der Neutronen:

$$^{9}_{4}\text{Be} + {}^{4}_{2}\alpha \rightarrow {}^{12}_{6}\text{C} + {}^{1}_{0}\text{n}$$

b) **Aktivierung von Vanadium**:

$$^{51}_{23}\text{V} + {}^{1}_{0}\text{n} \rightarrow {}^{52}_{23}\text{V} \rightarrow {}^{52}_{24}\text{Cr} + {}^{0}_{-1}\beta$$

Aktivierung von Silber (eine der beiden Umwandlungsgleichungen genügt)

$$^{107}_{47}\text{Ag} + {}^{1}_{0}\text{n} \rightarrow {}^{108}_{47}\text{Ag} \rightarrow {}^{108}_{48}\text{Cd} + {}^{0}_{-1}\beta$$

$$^{109}_{47}\text{Ag} + {}^{1}_{0}\text{n} \rightarrow {}^{110}_{47}\text{Ag} \rightarrow {}^{110}_{48}\text{Cd} + {}^{0}_{-1}\beta$$

Beim Betazerfall treten Neutrinos bzw. Antineutrinos auf, deren Angabe aber an dieser Stelle sowie bei früheren Zentralabituraufgaben nicht verlangt war. Neben der hier verwendeten Notation gibt es auch weitere Notationen, die selbstverständlich genauso gut verwendet werden können, z. B. ${}^{4}_{2}\text{He}$ statt ${}^{4}_{2}\alpha$ bzw. ${}^{0}_{-1}\text{e}$ statt ${}^{0}_{-1}\beta$.

4.2. a) **Ausgleichskurve**

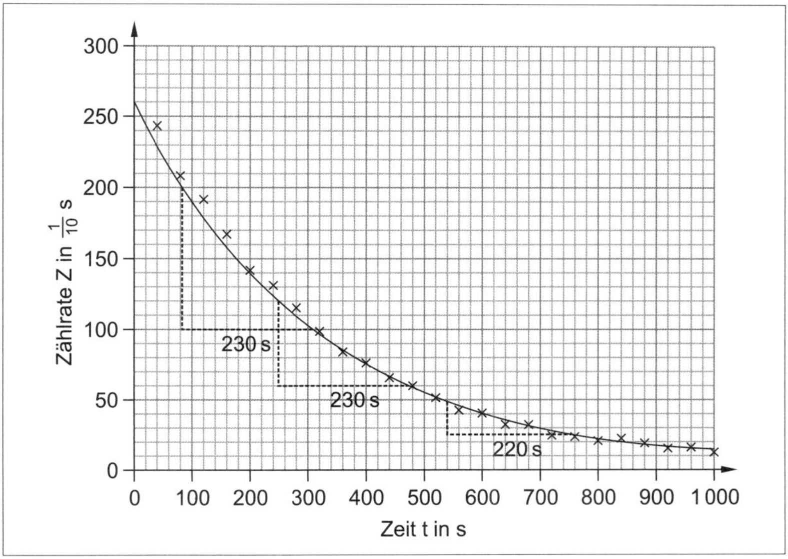

Abb. 5: Zählrate für Vanadium

In Abb. 5 sind exemplarisch für drei Halbierungen der Zählraten die zugehörigen Zeitspannen eingetragen. Der arithmetische Mittelwert daraus liefert die **Halbwertszeit**:

$$T_{1/2\,V} = \frac{230\text{ s} + 230\text{ s} + 220\text{ s}}{3} = \underline{\underline{227\text{ s}}}$$

Als Literaturwert wird $T_{1/2\,V} = 3{,}743\text{ min} \approx 225\text{ s}$ angegeben, der mit der oben verwendeten Messung sehr gut erreicht wird.

b) **Begründung des Vorgehens**

- Die Halbwertszeit eines radioaktiven Isotops kann sowohl in einer N(t)- als auch in einer A(t)-Kurve ermittelt werden, weil beide Größen proportional zueinander sind. Da die von einem Detektor registrierte Zählrate Z(t) als ein durch die Geometrie vorgegebener fester Bruchteil der Aktivität proportional zur Aktivität A(t) ist, ist die Halbwertszeit für die Zählrate zunächst gleich groß wie die Halbwertszeit der Aktivität und damit genau so groß wie die Halbwertszeit des Vanadiums selbst.
- Nach dem Einzeichnen einer Ausgleichskurve durch die gegebenen Messwertpaare prüft man für mehrere verschiedene Zeitpunkte nach, dass die jeweilige Zeitspanne bis zum Erreichen des hälftigen Zählratenwertes für alle gewählten Zeitpunkte (nahezu) identisch ist.
  Eine einmalige Bestimmung der Halbierungszeit reicht nicht aus, da damit nicht zugesichert ist, dass sich an einer anderen Stelle der Kurve dieselbe Halbierungszeit ergibt. *Nur* für Exponentialfunktionen ergibt sich überall *dieselbe* Halbwertszeit.

c) Definitionsgemäß versteht man unter der **Halbwertszeit** diejenige Zeit, die vergeht, bis (beginnend bei einem beliebigen Zeitpunkt t_0) nur noch die Hälfte des ursprünglich vorhandenen Isotops eines Stoffes vorhanden ist. Es ist also diejenige Zeitspanne $T_{1/2}$ zu berechnen, für die gilt:

$$N(t_0 + T_{1/2}) = \frac{1}{2}N(t_0) \qquad (*)$$

Mit $N(t_0) = N_0 \cdot e^{-\lambda \cdot t_0}$ ergibt sich:

$$N(t_0 + T_{1/2}) = N_0 \cdot e^{-\lambda \cdot (t_0 + T_{1/2})} = N_0 \cdot e^{-\lambda \cdot t_0} \cdot e^{-\lambda \cdot T_{1/2}} = N(t_0) \cdot e^{-\lambda \cdot T_{1/2}}$$

Eingesetzt in (∗) folgt:

$$N(t_0) \cdot e^{-\lambda \cdot T_{1/2}} = \frac{1}{2}N(t_0) \quad \Rightarrow \quad e^{-\lambda \cdot T_{1/2}} = \frac{1}{2}$$

$$-\lambda \cdot T_{1/2} = \ln\frac{1}{2}$$

$$T_{1/2} = \underline{\underline{\frac{\ln 2}{\lambda}}}$$

Weil es für eine Exponentialfunktion typisch ist, dass zu beliebigen Zeitpunkten sich immer dieselbe Halbwertszeit ergibt, können Sie als Startzeitpunkt auch $t = 0\,s$ wählen und dadurch sich die Rechnung erleichtern. Es gilt dann:

$$\left.\begin{array}{l} N(T_{1/2}) = \frac{1}{2} N_0 \\ N(T_{1/2}) = N_0 \cdot e^{-\lambda \cdot T_{1/2}} \end{array}\right\} \Rightarrow \frac{1}{2} N_0 = N_0 \cdot e^{-\lambda \cdot T_{1/2}} \overset{\text{wie oben}}{\Rightarrow} \underline{\underline{T_{1/2} = \frac{\ln 2}{\lambda}}}$$

Diese vereinfachte Herleitung wird ebenfalls als korrekt gewertet. Warum ist der zuerst genannte Ansatz aber der allgemeinere?

d) **Bedeutung der Konstanten λ**
λ heißt **Zerfallskonstante** und ist ein Maß für die Stärke des radioaktiven Zerfalls. Ihr Kehrwert $\frac{1}{\lambda}$ ist die Zeitspanne, in der die Menge der radioaktiven Substanz auf den e-ten Teil abgenommen hat – je größer λ, desto schneller der Zerfall.

Streng genommen ist die Anzahl der pro Zeiteinheit zerfallenen Kerne nicht stets exakt gleich – wie es die Bezeichnung Zerfallskonstante suggeriert –, sondern nur im Mittel für das jeweilige radioaktive Element konstant: Weil der radioaktive Zerfall ein statistischer Prozess ist, ergeben sich je nach Messung voneinander abweichende, streuende Werte. In diesem Sinne fasst man λ besser als Zerfallswahrscheinlichkeit auf, die zusammen mit dem Zerfallsgesetz Erwartungswerte der Größen N(t) bzw. A(t) liefert. (Diese physikalische Interpretation ist hier nicht verlangt.)

Für **Vanadium** erhält man mit dem oben ermittelten Wert $T_{1/2\,V} = 227\,s$:

$$\lambda_V = \frac{\ln 2}{T_{1/2\,V}} = \frac{\ln 2}{227\,s} = \underline{\underline{0{,}0031\,\frac{1}{s}}}$$

e) **Begründung der linearen Ausgleichskurve**
Das Diagramm der Abb. 2 entsteht, indem man die natürlichen Logarithmen der *Zahlenwerte* der Zählraten gegen die Zeit aufträgt. Wegen $Z(t) \sim N(t)$ (vgl. Teilaufgabe 4.2 b) ist $Z(t) = Z_0 \cdot e^{-\lambda \cdot t}$ und daher

$$\ln Z(t) = \ln\left(Z_0 \cdot e^{-\lambda \cdot t}\right) = \ln Z_0 + \ln\left(e^{-\lambda \cdot t}\right) = -\lambda \cdot t + \ln Z_0$$

$\ln Z(t)$ und t hängen also linear zusammen, der t-ln Z-Graph ist eine Gerade.

Beachten Sie, dass im Argument des Logarithmus nur dimensionslose Größen stehen dürfen, die Größen Z(t) bzw. Z_0 bezeichnen hier also tatsächlich nur die Maßzahlen der Zählrate. Mathematisch exakt gilt mit $Z(t) = x(t)\,\frac{1}{s}$:

$$\frac{Z(t)}{Z_0} = \frac{x(t)\,\frac{1}{s}}{x_0\,\frac{1}{s}} = \frac{x(t)}{x_0} = e^{-\lambda \cdot t} \Rightarrow \ln\frac{x(t)}{x_0} = -\lambda \cdot t$$

$$\ln x(t) - \ln x_0 = -\lambda \cdot t_0$$

$$\ln x(t) = -\lambda \cdot t + \ln x_0$$

Begründung der Streuung
Die Streuung der real gemessenen Zählraten ist dadurch bedingt, dass es sich beim radioaktiven Zerfall um einen **Zufallsprozess** handelt.

Daher genügt an dieser Stelle die alleinige Begründung der Streuung mit der „Ungenauigkeit" von Messwerten **nicht** den Anforderungen.
Zusätzliche Übung: Warum wird die Streuung für große Zeiten viel deutlicher sichtbar, als dieses für kleine Zeiten der Fall ist?

4.3 a) Im Kurvenabschnitt von 0 s bis ca. 180 s (also anfangs nach der Bestrahlung) sind beide Silberisotope vorhanden. Im Kurvenabschnitt ab ca. 180 s ist im Wesentlichen nur noch das langlebige Silberisotop vorhanden; das kurzlebige Silberisotop ist offenbar bereits (fast) vollständig zerfallen.

b) Für Zeiten nach ca. 3 Minuten (ab ungefähr 180 s bis 200 s) zeigt die Kurve, in der die Logarithmen der Zählratenwerte aufgetragen sind, einen geradlinigen Verlauf. Also liegt dort eine rein exponentielle Abnahme vor, woraus man auf den Zerfall eines alleinigen, hier also des langlebigen radioaktiven Isotops schließen kann.

Zusatzbegründung: Läge für $t > 200\,s$ weiterhin der voneinander unabhängige Zerfall zweier Isotope vor, wäre der Logarithmus der dann relevanten Summe nicht linear:

$$\ln\left(Z_{0A}\cdot e^{-\lambda_1\cdot t}+Z_{0B}\cdot e^{-\lambda_2\cdot t}\right)\neq \ln\left(Z_{0A}\cdot e^{-\lambda_1\cdot t}\right)+\ln\left(Z_{0B}\cdot e^{-\lambda_2\cdot t}\right)$$
$$=\ln Z_{0A}+\ln Z_{0B}-\lambda_1\cdot t-\lambda_2\cdot t=a-c\cdot t$$

Die zuletzt genannte formale Begründung wurde in der Abiturprüfung nicht erwartet. Zu einer vollständigen Darstellung gehört diese Begründung jedoch dazu, da man zuvor anhand der Geradlinigkeit der Kurve auf die Existenz eines einzigen Zerfalls schließt. Die formale Begründung kann ebenso gut für die Aktivität durchgeführt werden.

c) Für die Maßzahlen der Zählrate für das **Isotopengemisch** ergibt sich durch
- Ablesung bei $t=60\,s$ (Gesamtzählrate):
  $\ln Z(60\,s)=7{,}05 \;\Rightarrow\; Z(60\,s)=e^{7{,}05}=\underline{\underline{1153}}$
- Ablesung für bei $t=135\,s$ (Gesamtzählrate):
  $\ln Z(135\,s)=5{,}7 \;\Rightarrow\; Z(135\,s)=e^{5{,}7}=\underline{\underline{299}}$

Die Maßzahlen der Originalmessung betrugen 1 166 bzw. 309.

Für die Maßzahlen der Zählrate für das **langlebige Isotop** ergibt sich durch
- Ablesung bei $t=60\,s$ (Ausgleichsgerade):
  $\ln Z_{lang}(60\,s)=5{,}75 \;\Rightarrow\; Z_{lang}(60\,s)=e^{5{,}75}=\underline{\underline{314}}$
- Ablesung für Zählrate bei $t=135\,s$ (Ausgleichsgerade):
  $\ln Z_{lang}(135\,s)=5{,}35 \;\Rightarrow\; Z_{lang}(135\,s)=e^{5{,}35}=\underline{\underline{211}}$

Für die Maßzahlen der Zählrate für das **kurzlebige Isotop** ergibt sich durch Differenzbildung

- bei t = 60 s:

  $$Z_{kurz}(60\,s) = Z(60\,s) - Z_{lang}(60\,s) = 1153 - 314 = \underline{\underline{839}}$$

- t = 135 s:

  $$Z_{kurz}(135\,s) = Z(135\,s) - Z_{lang}(135\,s) = 299 - 211 = \underline{\underline{88}}$$

Damit ergibt sich die vervollständigte Tabelle:

Zeit in s	30	45	60	75	90	105	120
Z(t) in $\frac{1}{10}$ s	2 451	1 576	**1 153**	952	677	511	378
Z_{lang}(t) in $\frac{1}{10}$ s	361	336	**314**	290	269	250	232
Z_{kurz}(t) in $\frac{1}{10}$ s	2090	1240	**839**	662	408	261	146

Zeit in s	135	150	165	180	195	210
Z(t) in $\frac{1}{10}$ s	**299**	274	227	205	195	178
Z_{lang}(t) in $\frac{1}{10}$ s	**211**	201	186	173	161	150
Z_{kurz}(t) in $\frac{1}{10}$ s	**88**	73	41	32	34	28

Die begriffliche Unterscheidung zwischen Größe und Maßzahl wird in der Abiturprüfung nicht verlangt.
Eventuell weichen Ihre Ergebnisse von den oben genannten Ergebnissen ab. Ableseungenauigkeiten wirken sich aufgrund der Exponentiation der gemessenen Werte relativ stark aus.

d)

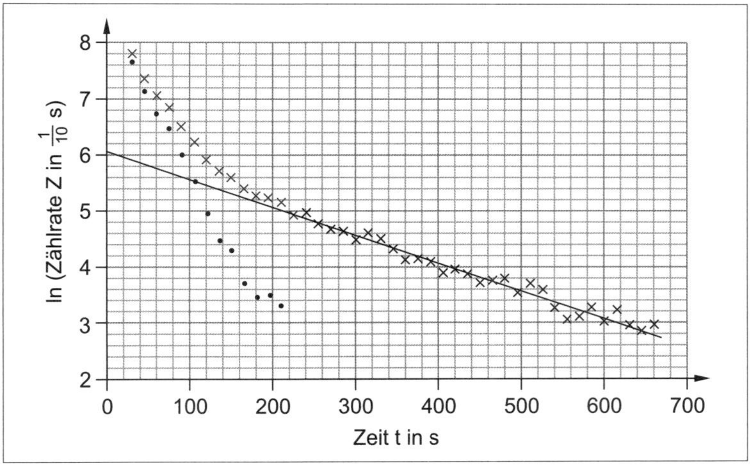

Abb. 6: Zählraten für die Silberisotope

In der realen Situation einer Klausur sollten Sie beachten, dass Sie auch dann, wenn Sie in Aufgabenteil c die Zählrate für das kurzlebige Isotop nicht bestimmen konnten, auf jeden Fall die restlichen Werte aus Tabelle 1 für die Zählraten für das kurzlebige Isotop in das Diagramm eintragen.

e) Man erkennt in Abb. 7, dass die Messpunkte für das kurzlebige Silberisotop auf einer Geraden liegen.

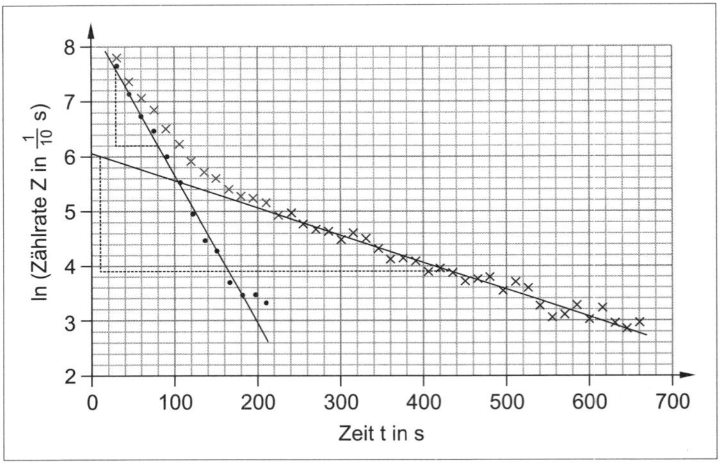

Abb. 7: Zählraten für die Silberisotope

Mithilfe dieser neuen Geraden für das kurzlebige Silberisotop und der gegebenen Geraden für das langlebige Silberisotop kann man die beiden Halbwertszeiten leicht ermitteln, indem man geeignete Zeitintervalle für die Halbierung, zweifache Halbierung oder auch dreifache Halbierung der Zählraten abliest.

Kurzlebiges Silberisotop

Abnahme für (z. B.) zwei Halbwertszeiten von $N = 2000$ auf $N = 500$, also von $7{,}6 \approx \ln 2000$ auf $6{,}2 \approx \ln 500$ (vgl. „kleines“ Steigungsdreieck in Abb. 7):

$$2 \cdot T_{1/2\ \text{Ag kurz}}(N = 2\,000 \text{ auf } N = 500) = 80\text{ s} - 30\text{ s} = 50\text{ s}$$

$$\Rightarrow \quad T_{1/2\ \text{Ag kurz}} = \underline{\underline{25\text{ s}}}$$

Langlebiges Silberisotop

Abnahme für (z. B.) drei Halbwertszeiten von $N = 400$ auf $N = 50$, also von $6{,}0 \approx \ln 400$ auf $3{,}9 \approx \ln 50$ (vgl. „großes“ Steigungsdreieck in Abb. 7):

$$3 \cdot T_{1/2\ \text{Ag lang}}(N = 400 \text{ auf } N = 50) = 435\text{ s} - 10\text{ s} = 425\text{ s}$$

$$\Rightarrow \quad T_{1/2\ \text{Ag lang}} = \underline{\underline{142\text{ s}}}$$

Literaturwerte: $T_{1/2\ ^{110}Ag} = 24{,}6\ s$; $T_{1/2\ ^{108}Ag} = 2{,}37\ min = 142\ s$.

Alternative Auswertungsmethode: Sie bestimmen zunächst die Zerfallskonstante λ aus der Steigung der beiden Geraden und mit deren Hilfe die Halbwertszeit (vgl. Teilaufgaben 4.2c und e):

$$\lambda = -\frac{\Delta(\ln Z(t))}{\Delta t} \quad \Rightarrow \quad T_{1/2} = \frac{\ln 2}{\lambda} = \ln 2 \cdot \frac{\Delta t}{\Delta(\ln Z(t))}$$

4.4 a) Der zeitlich konstanten Zunahme der aktivierten Atome

$$\dot{N}_{Zunahme}(t) = +\mu \cdot M$$

wirkt die von ihrer Anzahl abhängige Abnahme

$$\dot{N}_{Abnahme}(t) = -\lambda \cdot N(t)$$

infolge radioaktiven Zerfalls entgegen. Zusammengenommen führt dies auf die in der Aufgabenstellung benannte **Gleichung der Gesamtänderung**:

$$\dot{N}(t) = +\mu \cdot M - \lambda \cdot N(t) \qquad (**)$$

b) Der Prozentsatz μ ist dann praktisch konstant, wenn für den konstanten Neutronenfluss (M Neutronen pro Zeiteinheit) praktisch immer dieselbe Anzahl von aktivierbaren Atomen des Ausgangsisotops zur Verfügung steht. Das heißt: Die Anzahl der bereits *aktivierten* Atome des Ausgangsisotops darf im Vergleich zur Gesamtzahl der *aktivierbaren* Atome des Ausgangsisotops nur verschwindend gering sein. Denn wenn ein merklicher Anteil der aktivierbaren Atome bereits aktiviert worden ist, stehen nicht mehr hinreichend viele zur Aktivierung zur Verfügung, was den Prozentsatz μ verkleinert.

c) Gegeben ist die Lösungsfunktion $N(t) = \frac{\mu}{\lambda} \cdot M \cdot \left(1 - e^{-\lambda \cdot t}\right)$.

Um zu zeigen, dass diese Funktion tatsächlich die Differenzialgleichung erfüllt, muss man für $N(t)$ und für $\dot{N}(t)$ die entsprechenden Terme in die Differenzialgleichung einsetzen und nachschauen, ob dadurch sich die Gleichung für alle Zeiten als erfüllt erweist.
Für die zeitliche Ableitung $\dot{N}(t)$ errechnet man zunächst $\dot{N}(t) = \mu \cdot M \cdot e^{-\lambda \cdot t}$.
Eingesetzt in (**) ergibt sich dann:

$$\mu \cdot M \cdot e^{-\lambda \cdot t} \stackrel{?}{=} \mu \cdot M - \lambda \cdot N(t)$$

$$\mu \cdot M \cdot e^{-\lambda \cdot t} \stackrel{?}{=} \mu \cdot M - \lambda \cdot \left(\frac{\mu}{\lambda} \cdot M \cdot \left(1 - e^{-\lambda \cdot t}\right)\right)$$

$$\mu \cdot M \cdot e^{-\lambda \cdot t} \stackrel{?}{=} \mu \cdot M - \mu \cdot M + \mu \cdot M \cdot e^{-\lambda \cdot t}$$

$$\mu \cdot M \cdot e^{-\lambda \cdot t} \stackrel{!}{=} \mu \cdot M \cdot e^{-\lambda \cdot t}$$

Die letzte Zeile ist für alle Zeiten eine wahre Aussage.

Auch folgende Argumentation ist richtig: Es ergibt sich durch Einsetzen

$$\begin{aligned} +\mu \cdot M - \lambda \cdot N(t) &= \mu \cdot M - \lambda \cdot \frac{\mu}{\lambda} \cdot M \cdot \left(1 - e^{-\lambda \cdot t}\right) \\ &= \mu \cdot M - \mu \cdot M \cdot \left(1 - e^{-\lambda \cdot t}\right) \\ &= \mu \cdot M \cdot e^{-\lambda \cdot t} \\ &= \dot{N}(t), \end{aligned}$$

also die angegebene Differenzialgleichung $\dot{N}(t) = +\mu \cdot M - \lambda \cdot N(t)$.

d) **Interpretation des Kurvenverlaufs**

- Beginn der Kurve bei (0 s | 0):
  Anfangs sind überhaupt keine aktivierten Silberatome vorhanden.
- Anstieg der Kurve:
  Nach dem Beginn der Bestrahlung nimmt ihre Anzahl zu.
- Waagerechte Asymptote:
  Die Anzahl strebt einem endlichen Sättigungswert zu („Gleichgewichtszustand“).

e) Das **Silberisotop mit der kleineren Halbwertszeit** (also mit der größeren Zerfallskonstanten) kommt (bei einer hinreichend langen Aktivierungszeit) schneller einem „Gleichgewichtszustand“ entgegen.

Qualitative Begründung
Je kleiner die Halbwertszeit ist, desto schneller macht sich der Zerfall der aktivierten Kerne gegenüber der zeitlich konstanten Neubildung durch den Neutronenbeschuss bemerkbar.
Oder andersherum: Wenn die Halbwertszeit sehr groß wäre, dann würden zunächst über einen großen Zeitraum immer mehr aktivierte Kerne entstehen. Erst später würde sich deren Zerfall anteilmäßig signifikant bemerkbar machen.

Sicher durch das Abitur!

Klare Fakten, systematische Methoden, prägnante Beispiele sowie Übungsaufgaben mit schülergerechten, kommentierten Lösungen zur Selbstkontrolle.

Mathematik

Analytische Geometrie – Mit Hinweisen zur GTR-/CAS-Nutzung .... Best.-Nr. 540038
Analysis – Mit Hinweisen zur CAS-Nutzung ...... Best.-Nr. 540021
Analytische Geometrie und lineare Algebra ...... Best.-Nr. 54008
Stochastik .... Best.-Nr. 94009
Kompakt-Wissen Abitur Analysis .... Best.-Nr. 900151
Kompakt-Wissen Abitur Analytische Geometrie Best.-Nr. 900251
Kompakt-Wissen Abitur Wahrscheinlichkeitsrechnung und Statistik .... Best.-Nr. 900351
Klausuren Mathematik Oberstufe .... Best.-Nr. 900461
Stark in Klausuren Funktionen ableiten Oberstufe .... Best.-Nr. 940012

Physik

Physik 1 – Elektromagnetisches Feld und Relativitätstheorie .... Best.-Nr. 943028
Physik 2 – Aufbau der Materie .... Best.-Nr. 943038
Mechanik .... Best.-Nr. 94307
Abitur-Wissen Elektrodynamik .... Best.-Nr. 94331
Abitur-Wissen Aufbau der Materie .... Best.-Nr. 94332
Kompakt-Wissen Abitur Physik 1 – Mechanik, Thermodynamik, Relativitätstheorie Best.-Nr. 943012
Kompakt-Wissen Abitur Physik 2 – Elektrizitätslehre, Magnetismus, Elektrodynamik, Wellenoptik .... Best.-Nr. 943013
Kompakt-Wissen Abitur Physik 3 Atom-, Kern- und Teilchenphysik .... Best.-Nr. 943011
Klausuren Physik Oberstufe .... Best.-Nr. 103011

Biologie

Biologie 1 – Zellbiologie, Genetik, Informationsverarbeitung, Ökologie .... Best.-Nr. 54701
Biologie 2 – Angewandte Genetik · Evolution ... Best.-Nr. 54702
Grundlagen, Arbeitstechniken und Methoden ... Best.-Nr. 94710
Abitur-Wissen Genetik .... Best.-Nr. 94703
Abitur-Wissen Neurobiologie .... Best.-Nr. 94705
Abitur-Wissen Verhaltensbiologie .... Best.-Nr. 94706
Abitur-Wissen Evolution .... Best.-Nr. 94707
Abitur-Wissen Ökologie .... Best.-Nr. 94708
Abitur-Wissen Zell- und Entwicklungsbiologie ... Best.-Nr. 94709
Kompakt-Wissen Abitur Biologie Zellen und Stoffwechsel Nerven · Sinne und Hormone · Ökologie .... Best.-Nr. 94712
Kompakt-Wissen Abitur Biologie Genetik und Entwicklung · Immunbiologie · Evolution · Verhalten .... Best.-Nr. 94713
Kompakt-Wissen Abitur Biologie Fachbegriffe der Biologie .... Best.-Nr. 94714
Klausuren Biologie Oberstufe .... Best.-Nr. 907011

Alle so gekennzeichneten Titel sind auch als eBook über **www.stark-verlag.de** erhältlich.

Chemie

Chemie 1 – Gleichgewichte · Energetik Säuren und Basen · Elektrochemie .... Best.-Nr. 84731
Chemie 2 – Naturstoffe · Aromatische Verbindungen · Kunststoffe .... Best.-Nr. 84732
Methodentraining Chemie .... Best.-Nr. 947308
Rechnen in der Chemie .... Best.-Nr. 84735
Abitur-Wissen Protonen und Elektronen .... Best.-Nr. 947301
Abitur-Wissen Stoffklassen organischer Verbindungen .... Best.-Nr. 947304
Abitur-Wissen Biomoleküle .... Best.-Nr. 947305
Abitur-Wissen Chemie am Menschen – Chemie im Menschen ... Best.-Nr. 947307
Kompakt-Wissen Abitur Chemie Organische Stoffklassen · Natur-, Kunst- und Farbstoffe .... Best.-Nr. 947309
Kompakt-Wissen Abitur Chemie – Anorganische Chemie · Energetik · Kinetik · Kernchemie .... Best.-Nr. 947310
Klausuren Chemie Oberstufe .... Best.-Nr. 107311

Erdkunde

Geographie – Grundkurs · Leistungskurs .... Best.-Nr. 54902
Prüfungswissen Geographie Oberstufe .... Best.-Nr. 14901
Abitur-Wissen GUS-Staaten/Russland .... Best.-Nr. 94908
Abitur-Wissen Entwicklungsländer .... Best.-Nr. 94902
Abitur-Wissen Europa .... Best.-Nr. 94905
Abitur-Wissen Der asiatisch-pazifische Raum .... Best.-Nr. 94906
Kompakt-Wissen Abitur Erdkunde .... Best.-Nr. 949010

Sport

Bewegungslehre · Sportpsychologie .... Best.-Nr. 94981
Trainingslehre .... Best.-Nr. 94982
Kompakt-Wissen Abitur Sport .... Best.-Nr. 949801

Erziehungswissenschaft/Psychologie

Erziehungswissenschaft Zentralabitur ab 2014 – NRW .... Best.-Nr. 54942
Pädagogik · Psychologie 1 .... Best.-Nr. 102482

Kunst

Abitur-Wissen Malerei · Plastik · Architektur ..... Best.-Nr. 949618
Abitur-Wissen Werkerschließung .... Best.-Nr. 949628
Kompakt-Wissen Abitur Kunst .... Best.-Nr. 949601

(Bitte blättern Sie um)

Sozialwissenschaften

Sozialwissenschaften .... Best.-Nr. 54801
Abitur-Wissen Demokratie .... Best.-Nr. 94803
Abitur-Wissen Sozialpolitik .... Best.-Nr. 94804
Abitur-Wissen Die Europäische Einigung .... Best.-Nr. 94805
Abitur-Wissen Politische Theorie .... Best.-Nr. 94806
Abitur-Wissen Internationale Beziehungen .... Best.-Nr. 94807
Abitur-Wissen Volkswirtschaft .... Best.-Nr. 94881
Klausuren Politik Oberstufe .... Best.-Nr. 108011
Kompakt-Wissen Abitur Grundlagen der nationalen und internationalen Politik .... Best.-Nr. 948001
Kompakt-Wissen Abitur Volkswirtschaft .... Best.-Nr. 948501
Kompakt-Wissen Abitur Grundbegriffe Politik ... Best.-Nr. 948002

Geschichte

Geschichte 1 – Nationalstaatsgedanke und Nationalismus, Kaiserreich, Industrialisierung und Imperialismus, Erster Weltkrieg, Weimarer Republik und nationalsozialistische Diktatur .... Best.-Nr. 54761
Geschichte 2 – Deutschland nach dem Zweiten Weltkrieg, die bipolare Welt nach 1945, der Umbruch in der DDR, Wiedervereinigung, europäische Einigung, Wendepunkte des 20. Jahrhunderts .... Best.-Nr. 54762
Grundlagen, Arbeitstechniken und Methoden – Geschichte .... Best.-Nr. 94789
Abitur-Wissen Die Antike .... Best.-Nr. 94783
Abitur-Wissen Das Mittelalter .... Best.-Nr. 94788
Abitur-Wissen Französische Revolution .... Best.-Nr. 947812
Abitur-Wissen Die Ära Bismarck: Entstehung und Entwicklung des deutschen Nationalstaats .... Best.-Nr. 94784
Abitur-Wissen Imperialismus und Erster Weltkrieg .... Best.-Nr. 94785
Abitur-Wissen Die Weimarer Republik .... Best.-Nr. 47815
Abitur-Wissen Nationalsozialismus und Zweiter Weltkrieg ...... Best.-Nr. 94786
Abitur Wissen Deutschland von 1945 bis zur Gegenwart .... Best.-Nr. 947811
Abitur Wissen USA .... Best.-Nr. 947813
Abitur Wissen Naher Osten .... Best.-Nr. 947814
Kompakt-Wissen Abitur Geschichte Oberstufe ... Best.-Nr. 947601
Klausuren Geschichte Oberstufe .... Best.-Nr. 107611

Alle so gekennzeichneten Titel sind auch als eBook über **www.stark-verlag.de** erhältlich.

Zentralabitur

Optimale Unterstützung für Schülerinnen und Schüler bei der Vorbereitung auf das **Zentralabitur in Nordrhein-Westfalen:**

- Wertvolle **Hinweise** zum Ablauf des Zentralabiturs.
- **Original-Prüfungsaufgaben und Übungsaufgaben im Stil des Abiturs** zu den aktuellen Schwerpunktthemen machen mit den Inhalten vertraut und geben Gelegenheit zum selbstständigen Üben unter Prüfungsbedingungen.
- **Schülergerechte Lösungen.**

Abiturprüfung Mathematik LK mit CD – NRW ... Best.-Nr. 55000
Abiturprüfung Mathematik GK mit CD – NRW ... Best.-Nr. 55100
Abiturprüfung Physik GK/LK – NRW .... Best.-Nr. 55300
Abiturprüfung Deutsch LK – NRW .... Best.-Nr. 55400
Abiturprüfung Deutsch GK – NRW .... Best.-Nr. 55410
Abiturprüfung Englisch LK – NRW .... Best.-Nr. 55460
Abiturprüfung Englisch GK – NRW .... Best.-Nr. 55470
Abiturprüfung Französisch GK/LK – NRW .... Best.-Nr. 55500
Abiturprüfung Spanisch GK/LK – NRW .... Best.-Nr. 55540
Abiturprüfung Latein GK/LK – NRW .... Best.-Nr. 55600
Abiturprüfung Biologie LK – NRW .... Best.-Nr. 55700
Abiturprüfung Biologie GK – NRW .... Best.-Nr. 55710
Abiturprüfung Chemie GK/LK mit CD – NRW ... Best.-Nr. 55730
Abiturprüfung Geschichte LK – NRW .... Best.-Nr. 55760
Abiturprüfung Geschichte GK – NRW .... Best.-Nr. 55780
Abitur Sozialwissenschaften GK/LK – NRW ...... Best.-Nr. 55800
Abiturprüfung Erdkunde GK/LK – NRW .... Best.-Nr. 55900
Abitur Erziehungswissenschaft LK – NRW .... Best.-Nr. 55940
Abitur Erziehungswissenschaft GK – NRW .... Best.-Nr. 55941
Abiturprüfung Sport LK – NRW .... Best.-Nr. 55980
Abiturprüfung Kunst GK/LK – NRW .... Best.-Nr. 55960

■ Best.-Nr. E10485
■ Best.-Nr. E10484
■ Best.-Nr. E10479

Was kommt nach dem Abitur?

Die STARK Ratgeber helfen weiter!

Weitere STARK Fachbücher zur Studien- und Berufswahl finden Sie unter **www.berufundkarriere.de**

23_VM5

Bestellungen bitte direkt an:

STARK Verlagsgesellschaft mbH & Co. KG · Postfach 1852 · 85318 Freising
Tel. 0180 3 179000* · Fax 0180 3 179001* · www.stark-verlag.de · info@stark-verlag.de
*9 Cent pro Min. aus dem deutschen Festnetz, Mobilfunk bis 42 Cent pro Min.
Aus dem Mobilfunknetz wählen Sie die Festnetznummer: 08167 9573-0

Lernen • Wissen • Zukunft
STARK